靓丽学生

毛衣 365 款

谭阳春 主编

辽宁科学技术出版社

·沈阳·

001

做法请参考
P089~P090

可爱的粉色与胸前装饰的花朵增添了文静的气质，延伸的花裙下摆漂亮极了。

002

003

006

005

006

做法请参考

P091~P092

007

008

柔和的粉红色衬托出文静的性格，搭配一双短靴，让你的孩子美美地过个秋天吧！

010

011

009

012

做法请参考——

PO93~PO94

长长的下摆，交叠搭配的衣领设计，纯净的白
色毛衣穿在身上犹如白雪公主一样漂亮。

013

015

016

做法请参考

P095~P096

温馨的田园风格设计，领结式领子的点缀，十足的气质女孩，谁能比？

017

018

016

019

做法请参考
P096~P098

整洁的穿着方式，搭配上甜美靓丽的花朵，穿在女孩身上给人以温馨和甜美的感觉。

006

020

021

022

023

做法请参考
P098~P100

甜美的粉色花边，漂亮的手工织花镶嵌着精美的珍珠，妈妈们一定能编织出每个小·公主都梦寐以求的衣裳。

025

026

026

027

做法请参考
P100~P102

简洁的设计透着纯真和无瑕，高领的设计，让这个冬天不再寒冷。

029

028

030

做法请参考
P102~P104

纯正清纯的白色，胸前"一"字花
结纽扣的装饰非常有特色，女孩穿上
它一定能成为众人瞩目的焦点。

031

032

035

033

036

做法请参考

P104~P106

柔美的粉色和白色在花纹的衬托下，让你感受到春天明媚的气息，穿上它出行，会有一个好心情。

036

037

038

做法请参考

P106~P107

粗毛线给人温暖的感觉，非常简洁的设计，别致的翻领，在平淡中添加小小的趣味，显得十分可爱。

做法请参考
P108~P109

V领毛衣配上雪白衬衫，娇俏甜蜜的形象给人留下深刻的印象。

059

060

061

062

做法请参考
P110~P111

043

066

065

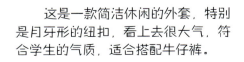

046

这是一款简洁休闲的外套，特别是月牙形的纽扣，看上去很大气，符合学生的气质，适合搭配牛仔裤。

068

做法请参考
P112~P113

简单的白色纽扣排列而下，宽松的中袖设计增添几分成熟甜美的气质，很适合穿在小女孩身上。

067

069

050

051

做法请参考

P113~P114

麻花纹有膨胀的效果，建议偏瘦的女孩子穿着，百搭的白色，显得清纯可爱。

052

056

做法请参考

P115~P116

053

腰部和衣摆的设计就像美丽的公主裙，衣领褶皱的设计显得活泼美丽。

055

做法请参考

P117~P118

　　独具风格的小·口袋设计，
整体增添了视觉焦点，突显出
小·女孩的时尚感。

057

056

058

059

做法请参考
P118~P119

十分柔软的质地，可以选择淡粉色、白色等颜色。谁说简简单单不好，简单的衣服也可穿出自己的精彩。

060

061

062

做法请参考

P119~P120

以白色为主色调，胸前点缀可爱的小·花，十足的邻家乖巧女孩形象，非常惹人爱！

063

064

做法请参考

P121~P122

毛茸茸的衣身非常保暖哦！穿上它显得乖巧恬静，绝对是个听话的乖乖女。

065

做法请参考
P122~P123

066

067

068

这是一款很特别的毛衣，清
爽明亮的条纹、胸前的运动图标
给整件衣服增添了不少生气。

做法请参考
P124~P125

069

070

071

　　红色代表青春与活力，胸前的英文标识显出
这款毛衣的独特魅力，喜欢彰显个性的孩子，穿
上这款毛衣显得非常潇洒。

做法请参考
P125~P127

072

073

075

076

错落有致的条纹设计，让穿上它的孩子略显成熟，毛衣加上字母的点缀，恰到好处地保留了孩子的纯真，是一款兼具美观和实用的毛衣。

076

077

078

079

做法请参考
P127~P129

这是一款略显朴素的毛衣，但是设计者巧妙地加上了蕾丝花边的装饰，让穿上它的小·女孩显得纯真和可爱。

080

081

082

做法请参考

P129~P130

粉红色和大红色是女孩子最喜欢的颜色，这款毛衣将两种色调配合得十分精美，让穿上它的小女孩具有一种优雅的气质。

做法请参考

P131~P132

粉色的小·毛衣，胸前配上一只女孩子最喜欢的卡通猫，让看到它的女孩都会由衷地惊叹：真是好可爱的毛衣哦！

083

086

085

086

087

088

089

做法请参考

P133~P134

粉红色的毛衣上面搭配白色的雪花状花纹，让人一眼看上去就觉得纯净如水。女孩子穿上它，让人感觉纯真、洒脱，是一款超清爽的毛衣。

090

091

092

做法请参考

P135~P136

粉红色的毛衣本就非常可爱，加上两边的毛绒口袋，冬天小手插在里面一定非常温暖，穿上它既美观又实用，是女孩子冬装的首选。

092

096

095

做法请参考
P137~P138

气质，这是大多数人看
到这款毛衣后想到的一个词，
粉色中略微带红，下摆呈现
连衣裙的形状，穿上它走一
走，多有淑女的气质啊！

做法请参考
P138~P140

096

097

098

099

粉色的大翻领毛衣，冬天几乎可以省下沉重的围巾了，两侧设计两个温暖的口袋，美观又实用，这么漂亮的毛衣一定会让女孩子爱不释手！

030

做法请参考

P140~P141

好一款帅气的毛衣，全部由横条花纹组成，体现出小男孩的线条美，穿上它显得特别精神，衣服后面的帽子风雨天可以挡风遮雨很是实用。

100

101

102

103

106

105

做法请参考

P142~P143

　　天蓝色让人感觉宁静而温馨，上半身的小·披肩状设计让穿上它的女孩子平添了几分春天的气息，让人感受到一丝丝的古典美。

做法请参考
P143~P144

106

107 108

蓝色的毛衣加上白色的横条纹，胸前再装饰一朵小花，让女孩子看起来显得清纯又可爱哦！

做法请参考
P145~P147

灰色是成熟的颜色，穿上它小女孩顿时成了大姑娘，想成为气质美女吗，试穿一件吧！

110

109

111

112

113

116

115

116

117

做法请参考

P147~P151

　　纯红的颜色显得并不单调，加上漂亮的花边和下摆再配上一条时尚的腰带，小·女孩的气质一下子显示出来了。

118

做法请参考

P151~P153

119

灰色的基调，立领的
设计，穿在小·男孩身上竟
显朝气与活力。

120

121

122

123

做法请参考

P153~P154

白色的主色调充满着温馨，立领的设计充满着动感，两者相结合让穿上它的小·男孩显得既时尚又帅气，运动型男孩必备！

126

125

127

126

做法请参考

P154~P156

蓝色的元素，胸前还有一个飞鹰的标志，穿上它的男孩子特别醒目和精神。

128

129

做法请参考
P156^P157

这是一款充满动感的毛衣，白色本就是青春亮丽的颜色，加上一些数字作为时尚元素，让整件衣服百看不厌！

130

131

132

做法请参考

P157~P158

　　深蓝色的主色调，前面有一个大大的足球和一只球鞋，喜欢踢足球的小男孩一定会非常喜欢这款毛衣！

133

136

135

136

137

做法请参考

P159~P161

红色的毛衣，加上小翻领和方形口袋，让穿上这件毛衣的小姑娘平添了几分大姑娘的气质，想让自己显得成熟吗，穿一件吧！

138

139

160

做法请参考

P161~P164

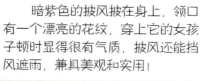

161

162

暗紫色的披风披在身上，领口有一个漂亮的花纹，穿上它的女孩子顿时显得很有气质，披风还能挡风遮雨，兼具美观和实用！

做法请参考
P165~P166

简约的造型，让穿上这件毛衣的小·男孩平添几分成熟，谁不喜欢小·男子汉呢，就让他穿上一件吧！

160

168

167

做法请参考
P166~P167

　　红色的主色调非常耀眼，左下角的星星造型充满了时尚感，男孩子穿起来既好看又实用，一定能脱颖而出！

169

150

151

做法请参考

P168~P169

横式花纹体现出男孩子的线条美，左下方一个足球俱乐部的标志很符合男孩子的胃口，让整件毛衣充满动感！

045

做法请参考

P169~P170

红色的主色调让人看起来很精神，袖子和下摆的设计加入了时尚的元素，男孩子穿起来一定很潮吧！

156

155

做法请参考

P170~P171

白色让男孩显得充满朝气，在胸前点缀了一些时尚元素，男孩子穿上后看起来更帅哦！

做法请参考
P171~P172

157

156

158

简单就是美，正如这款毛衣，虽
然设计上走简单路线，但是追求简约
的女孩子穿起来一定非常时尚！

159

160

161

做法请参考

P173~P174

红色的毛衣,立领的设计,让穿上它的小男孩显得特别有朝气,袖子是深蓝色的,这样就很耐脏,实用吧!

162

163

165

166

做法请参考
P174~P176

暗红色是耐脏的颜色，胸前点缀上小·花饰，两边做上两个小·口袋，让毛衣看起来显得不单调，而且很实用！

166

167

168

169 170

做法请参考

P176~P178

宽松的衣领穿起来感觉很舒适，加上
大片荷叶花边领，让整件毛衣看起来非常
休闲，走休闲路线的女孩可以穿一穿！

171

172

173

做法请参考

P179~P180

蓝色的毛衣穿起来非常精神，小翻领的设计，斜插式口袋，让毛衣看起来既美观又实用，穿这款毛衣是男孩子不错的选择！

做法请参考

P180~P181

简单的花纹设计非常符合男孩子简约就是美的定位，男孩子穿衣服本来就不需要花哨，只要穿得精神就行！

176

175

176

做法请参考
P182~P183

灰色的选择让这款毛衣显得非常成熟，穿上它的女孩在成熟中带着一丝纯真，让人百看不厌！

178

179

177

180

181

182

做法请参考
P183~P184

修长的毛衣将女孩子苗条的身材显示出来，设计虽然简单，但是穿着它却显得非常有气质，是女孩们的最爱！

做法请参考
P185~P186

183

186

185

深蓝加浅蓝，虽然属于一个色系，但是搭配巧妙显得非常美观，加上两边斜插的口袋设计，让这款毛衣兼具美观和实用性！

186

187

188

190

189

做法请参考

P186~P188

朴素的灰色加上一些白色的条纹,将男孩子朴素的个性彰显无遗,天然去雕饰,这样才能让孩子更纯真!

191

192

做法请参考
P189

好帅气的毛衣哦，立领让男孩子显得有气质，颜色虽然不艳丽，但是男孩子穿起来却让人感觉很帅！

193

196

195

做法请参考

P190~P191

一般来说时尚属于女孩子，但是这款
毛衣的横式花纹设计，胸前配英文字母，
让穿上它的男孩子也引领一回时尚潮流！

196

197

198

做法请参考

P191~P192

灰色和黑色搭配，让穿上它的小男孩显得更有精神，父母亲人一定对孩子刮目相看！

199

200

做法请参考

P193

　　蓝色的下半部十分耐脏，红色的衣领和袖子体现着男孩子的活力，非常实用的一款毛衣，加上一些漂亮的纹饰，让人看起来非常舒服！

做法请参考
P194

蓝白相间的颜色，让男孩子显得特有气质；立领的设计，让穿上它的男孩子显得帅气十足，小伙伴一定会赞一句"有型"！

201

202

P195

花形设计得非常朴素，但是平平淡淡才是真，穿上它的男孩体现的是自身原生态的魅力，让人过目不忘！

205

206

207

208

209

做法请参考
P196~P198

红得真可爱啊！胸前一圈碎花的小·条纹，体现着女孩对鲜花和美丽的追求，穿上它让人眼前一亮！

210

211

212

213

做法请参考

P199~P200

红得好耀眼哦，胸前的英文显示着时尚，手臂上的彩色条纹让男孩的线条美一览无余！

215

做法请参考
P200~P201

216

216

　　粉色的毛衣，下摆加上两朵漂亮的
形状似向日葵的钩花，让人体会到什么是
时尚，喜欢时尚的女孩就穿上它吧！

做法请参考
P202~P203

217

218

219

白得好清纯的一款毛衣哦，特别适合小·女孩穿，让人一眼就看到她的纯净如水，让她的美和可爱浑然天成！

220

221

222

做法请参考
P203~P204

橘色是温暖的颜色，穿上它不管走多远，还是身边有多少人，都能一眼就被认出来，胸前的小·花衬托出女孩子的温柔，非常漂亮！

223

做法请参考
P205~P206

纯白的颜色就如同孩子纯洁的脸庞一般，再吊上几颗红樱桃，既显示可爱的童趣，又恰到好处地点缀了整件衣服，让人百看不厌！

226

225

226

227

228

做法请参考

P206~P207

好清纯的毛衣啊，它白得纯净，设计师独具匠心地将几朵红色小·花放在衣领两侧，恰如其分地体现出女孩子的可爱与调皮！

229

230

232

231

做法请参考
P208~P209

粉色本就是可爱的颜色，胸前再设计一朵绽放的花朵，如同正在茁壮成长的女孩子像一朵将要盛开的鲜花般美丽！

236

233

235

做法请参考
P210~P211

花纹很朴素,设计也非常低调,穿上它的
女孩子显得既干练又潇洒。其实漂亮的女孩子
不需要太多装扮,简单本来就很美!

236

237

238

239

260

261

做法请参考

P211~P215

粉色的毛衣，胸前设计成一个"心"形，真是将女孩子的可爱表达到了极致，喜欢时尚可爱装的女孩子千万不能错过这款毛衣！

做法请参考
P215~P216

深灰色的毛衣特耐脏,加上独具匠心设计的藤蔓状花纹、两个大大的口袋,真是一款非常实用的毛衣啊!

243

262

266

粉色的毛衣，下摆类似于一条长裙，女孩子穿上它既显示出可爱，又显得有气质，感觉冷了也不要紧，赶紧将后面的帽子戴上吧！

266

265

267

268

做法请参考

P217~P218

粉色的毛衣，下摆类似于一条长裙，女孩子穿上它既显示出可爱，又显得有气质，感觉冷了也不要紧，赶紧将后面的帽子戴上吧！

269

250

251

252

做法请参考

P219~P220

粉色的色调，胸前打了一个漂亮的领结，将女孩子的温柔气质体现无遗，冬天穿温暖，春天穿时尚！

253

256

做法请参考

P221

白色充满着动感，蓝色的衣领体现着男孩的力与美，胸前加上一行英文字母，让整件毛衣看起来前卫了不少，男孩子穿上特精神。

P222

不花哨、耐脏，这是一款朴素的毛衣，它适合活泼好动的男孩子穿，后面的小帽子冬天可以让孩子的头不受冻哦！

255

256

257

258

做法请参考
P223

　　深蓝色显出沉稳，橘色的五角星和圆领显示出男孩子的活泼，好动的男孩穿很合适，既时尚美观又耐脏易洗！

260

做法请参考
P224~P225

259

261

纯净的白色毛衣很配女孩子
纯净的笑脸，毛衣上的粉色"心"
形小·花饰，让整件衣服看起来可
爱不少，肯定受女孩子欢迎！

做法请参考

P225~P226

黑色的袖子最适合喜欢乱摸乱动的男孩子，毛衣胸前的斗牛图案，体现了男孩子的活泼好动，既美观又实用！

做法请参考
P227~P228

265

266

267

墨绿色的毛衣看起来非常动感，前面的大
口袋起到画龙点睛的作用，既实用又有装饰作
用，让穿着它的男孩子不受拘束！

268

269

270

271

272

273

做法请参考

P228~P231

红得好醒目啊，衣领上漂亮的花纹突显了女孩子的可爱，而下摆上的小·花饰体现着女孩子的活泼和调皮，惹人怜爱！

276

做法请参考

P232~P233

276

277

纯白的毛衣穿在身上看起来是那样的精神，加上一点花边的装饰，整件毛衣就显得不那么单调了，喜欢简约美吗？那就选这件毛衣吧！

278

279

280

281

282

283

286

285

做法请参考

P233~P237

蓝色的套装好像校服哦，不过它比校服漂亮，
衣服上的波浪状纹饰让整件衣服充满动感！

做法请参考
P237~P240

287

288

289

286

粉色的可爱毛衣，带着超宽松的灯笼衣袖。高领的泡泡状设计让你在冬天里不再怕冷了哦，而且穿起来颇有点公主的气质！

291

290

292

293

295

296

296

297

做法请参考
P241~P243

粉色的横条花纹加上白色修饰本是一件非常淑女的毛衣，但是前部加上一个可爱的口袋，恰如其分地保留着孩子的天真，让人爱不释手！

299

300

301　　　　302　　　　303

306

做法请参考
P243~P246

在衣身上搭配可爱的立体勾花，小公主
穿上后一定会开心地给妈妈一个拥抱。

【成品尺寸】衣长50cm　胸围72cm　袖长44cm

【工具】3.5mm棒针

【材料】粉红色羊毛线500g　花边1条

【密度】10cm²：24针×34行

【制作过程】1. 后片：起108针，编织花样29cm，然后打折（上针部分折进去）编织平针6cm后收袖窿，还剩2cm时收后领。　2. 前片：起108针，同后片编织方法相同，还剩6cm时收前领。　3. 袖片：起72针，编织双罗纹针3cm，然后织平针6cm后收袖山，再反过来从罗纹与平针交界处挑72针编织平针，并如图示进行减针，织28cm后结束，并往里折进去1cm缝合，编织两片。　4. 缝合：将前片、后片与袖片进行缝合。　5. 领：圈挑80针，编织双罗纹针20行后，进行双折。　6. 最后将小花与花边装好。

（注：双罗纹是一种基本针法，本书提到双罗纹针法时，不再出现图解，请参照此图）

002

【成品尺寸】衣长33cm　胸围54cm　袖长33cm

【工具】12号棒针

【材料】粉红色毛线400g　粉红色小球毛线100g　蕾丝花边适量　粉红色小珠子适量　拉链1条

【密度】10cm²：20针×26行

【制作过程】1. 左右前片：起24针，编织7cm花样A后，改织花样B，织至21cm时留袖窿，平收2针，然后隔一行减1针，减两行，织至27cm收前领窝，先平收4针，再隔1针收1针，收两行，织至31cm后开始收肩。开始收第1针和第2针留下不织，织第二行时不留，织第三行再留两针不织，依次类推。最后一行把所有针全织，一起收针。　2. 后片：起52针，编织7cm花样A后，改织花样B，织至21cm时留袖窿，两边各平收2针，然后隔行减1针，减两行，织至31cm开始收后领窝，在中间平收4针，两边隔一行减1针，共减两行。（收领窝同时也收肩膀，同前片）　3. 袖片：起28针，编织7cm花样A后，改织花样B织袖管要放针，每4行放1针，放6次，使针数加到46针，织至21cm，开始收袖山，两边各平收2针，每隔一行两边各收1针，共收6次，剩余针数全部平收。　4. 领：起44针织花样B，织至9cm，全部平收。　5. 衣襟：从胸前连领子共挑起140针，织花样A1cm。最后缝上拉链、蕾丝花边及小珠子。

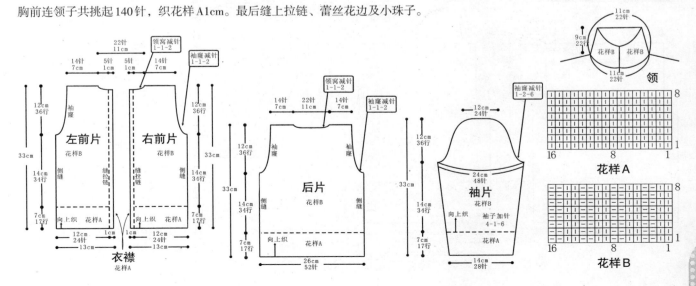

【成品尺寸】衣长38cm　胸围74cm　袖长34cm

【工具】3.5mm棒针

【材料】粉红色羊毛绒线　丝绸布料缝制的衣袋2只　亮片若干

【密度】10cm²：20针×28行

【制作过程】1. 前片、后片：按图起74针，织5cm双罗纹后，后片改织全下针，前片织花样，左右两边按图示收成袖窿。前领分2次收针，后领按图示均匀减针，形成领口。　2. 袖片：按图起40针，织5cm双罗纹后，改织全下针，织20cm后按图示均匀减针，收成袖山。　3. 缝合：编织结束后，将前后片侧缝，并将肩部、袖子缝合。　4. 领：挑针，织5cm双罗纹，形成翻领。　5. 装饰：缝上亮片，将衣袋与前片缝合。

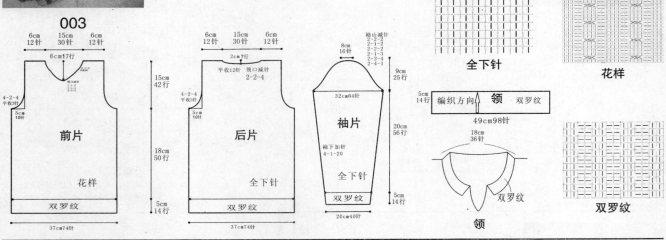

003

【成品尺寸】衣长47cm　胸围74cm　袖长42cm

【工具】3.5mm棒针　2mm钩针

【材料】粉色棉线500g　白色棉线少许　装饰珠子6颗　纱带40cm

【密度】10cm²：19针×27行

【制作过程】1. 前片、后片：以平针方式起70针，编织10行后上下两行两两并针，形成双层底边，改织花样D。编织26cm后改织花样A，并在左右两边同时按图解减针，形成袖窿。前后片各按图示均匀减针，形成领口。　2. 袖片：按前片底边方式编织袖口，按图示在两侧均匀加针，编织29cm后减针形成袖山。在图示位置挑针，编织花样C形成装饰袖边。　3. 领：各片缝合后挑针编织衣领，按图示均匀挑针并编织花样B。　4. 装饰：用钩针钩出装饰花，并在最后一圈改用白色棉线。完成后在花心位置缝上6颗装饰珠子。将纱带缝在前片胸口位置，可略微抽褶。

004

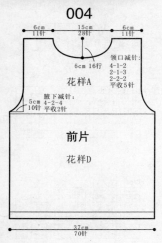

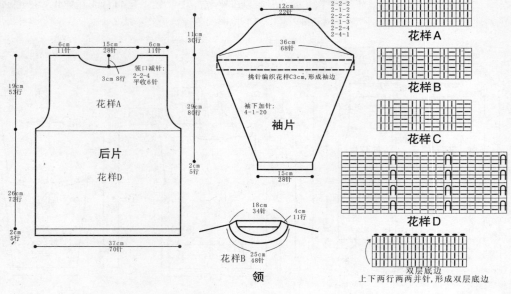

005

【成品尺寸】衣长48cm　胸围60cm　袖长45cm

【工具】3.5mm棒针

【材料】粉色毛线400g　大红色毛线、白色毛线各50g　拉链1条

【密度】10cm²：40针×38行

【制作过程】1. 后片：起136针，用粉色线织花样A至4cm，换大红线织2cm，换粉色线织1cm，再换白色线织1cm，换粉色线织至32cm开始收袖窿，两边各平收2针，再每隔2行减1针，共收4次。织至45cm开始收肩和后领窝，后领在中间平收16针，然后每隔1行减1针，减8次。织至48cm收针。　2. 左、右前片：起68针织花样A，织至32cm（换线同后片）收袖窿，织至41cm收前领窝，先平收6针，再每隔1行减1针，减4次，再每隔2行减1针，减2次。织至48cm，收针。　3. 袖片：起54针织花样A，每隔6行两边各加1针，加6次，再每隔4行两边各加1针，加4次，织至32cm开始收袖山，两边各平收2针，然后再每隔4行1针收8次，织至45cm收针。　4. 领：挑起领围144针，织花样A织至6cm收针。　5. 缝合：将前后片、袖片及领缝合（领对折缝合）。

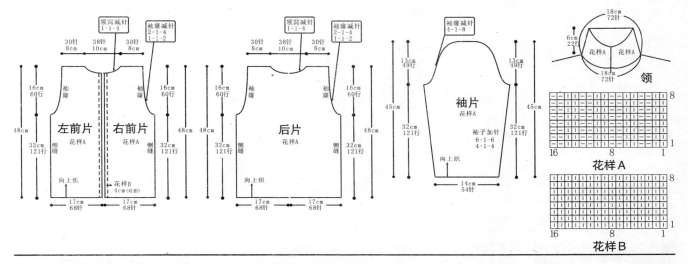

006

【成品尺寸】衣长40cm　胸围58cm　袖长38cm

【工具】3.5mm棒针

【材料】粉红色毛线400g

【密度】10cm²：44针×44行

【制作过程】1. 前片、后片：起160针，编织花样B5cm后，改织花样A，织至26cm后留袖窿，在两边同时各平收2针，然后隔4行两边收1针，收5次，织至38cm（前片织至34cm）后，留领窝同时收肩，先平收20针，隔1行收1针，收5次。　2. 袖片：起72针织花样B，织至5cm后，改织花样A，织袖管要放针，每4行放1针，放6次，织至21cm后开始收袖山，两边各平收2针，每隔一行两边各收1针，共收6次，剩余针数全部平收。　3. 领：起96针织花样B，织至7cm后全部平收。　4. 缝合：将前片、后片及领子进行缝合。

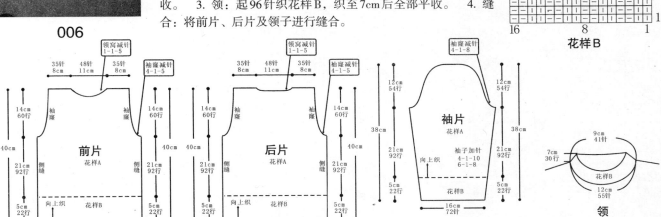

【成品尺寸】衣长50cm　胸围56cm　袖长45cm
【工具】3.5mm棒针
【材料】白色毛线350g　蓝色毛线、红色毛线、绿色毛线、黄色毛线各50g
【密度】10cm²：40针×35行
【制作过程】1. 前片、后片：起160针，编织花样A6cm后，改织花样B，每隔15行两边各收1针，收8次，织至28cm后不加不减织至32cm，再每隔10行两边各加1针，加4次，织至38cm后留袖窿，在两边同时各平收2针，然后隔4行两边收1针，收4次，织至48cm后收前后领窝（前片织至43cm），平收20针，每隔1行收1针，收4次。　2. 袖片：起54针，织花样A6cm后，改织花样B，每隔5针加1针，织至34cm后开始收袖山，两边各平收2针，每隔4行两边各收1针，收4次，织至45cm后全部收针（每种颜色的线是1cm）。　3. 领：挑86针，织花样B6cm后，缝合胸花（花样E）。

007

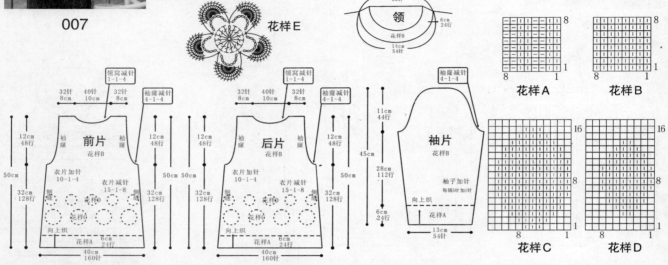

花样E

领
花样B

花样A　花样B

前片
花样B

后片
花样B

袖片
花样B

花样C　花样D

【成品尺寸】衣长52cm　胸围74cm　袖长42cm
【工具】3.5mm棒针
【材料】粉红色　黄色、蓝色、白色羊毛绒线　装饰花　亮片若干
【密度】10cm²：20针×28行
【制作过程】1. 前片、后片：按图起74针，先织双层平针底边，后改织花样16cm，并间色，再织全下针18cm，左右两边按图示收成袖窿。前、后领各按图示均匀减针，形成领口。　2. 袖片：按图起40针，先织双层平针底边后，改织全下针，织至31cm后按图示均匀减针，收成袖山。　3. 缝合：编织结束后，将前片、后片侧缝，并将肩部、袖片缝合。　4. 领：按图示挑针，织4cm单罗纹后褶边缝合，形成双层圆领。　5. 装饰：把装饰花绣于胸口的位置，并缝上亮片。

008

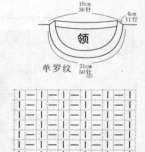

领
单罗纹

单罗纹

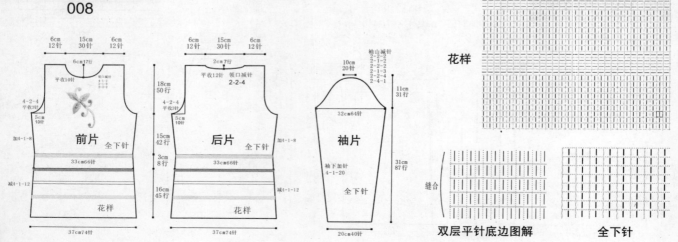

前片
全下针

花样

后片
全下针

花样

袖片
全下针

花样

缝合

双层平针底边图解　全下针

009

【成品尺寸】衣长55cm 胸围74cm 袖长42cm
【工具】3.5mm棒针 绣花针
【材料】白色毛线 绣花图案 亮片若干 扣子若干
【密度】10cm²：20针×28行
【制作过程】1. 前片、后片：按图起74针，织23cm花样后，改织14cm全下针，左右两边按图示收成袖窿。前后领各按图示均匀减针，形成领口。 2. 袖片：按图起40针，织10cm双罗纹后，改织全下针，织至21cm后按图示均匀减针，收成袖山。 3. 缝合：编织结束后，将前片、后片侧缝，并将肩部、袖子缝合。 4. 领带：按图示重叠少许挑针，织12cm双罗纹，形成翻领。 5. 装饰：缝上扣子，绣上绣花图案和亮片。

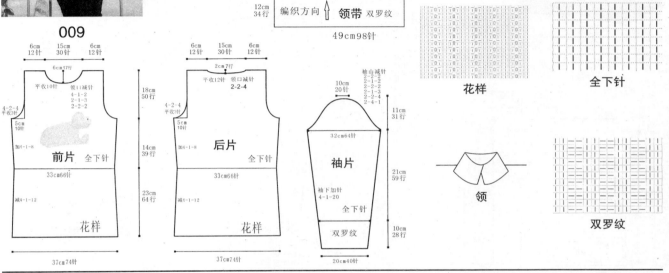

领带 双罗纹 编织方向 ↑ 12cm 34行 49cm98针

前片 全下针
6cm 12针 / 15cm 30针 / 6cm 12针
6cm17针
平收10针 领口减针 4-1-2 2-1-3 2-2-2
18cm 50行
4-2-4 平收3针
5cm 10行
减4-1-8
33cm66针 14cm 39行
减4-1-12
23cm 64行 花样
37cm74针

后片 全下针
6cm 12针 / 15cm 30针 / 6cm 12针
2cm 7行
平收12针 领口减针 2-2-4
加4-1-8
5cm 10行
33cm66针
减4-1-12
花样 37cm74针

袖片
袖山减针 2-2-2 2-2-1 2-1-2 2-2-4 2-2-1 2-2-1 2-4-1
10cm 20针
32cm64针 11cm 31行
21cm 59行
袖下加针 4-1-20
全下针
双罗纹 10cm 28行
20cm40针

花样 全下针 领 双罗纹

010

【成品尺寸】衣长45cm 胸围58cm 袖长40cm
【工具】3.5mm棒针 小号钩针
【材料】白色毛线400g
【密度】10cm²：40针×40行
【制作过程】1. 后片：起152针，织花样C，织4cm织花样A，织至15cm，每隔2行两边各收1针，收8次，织至18cm再每隔2行两边各加1针，加4次，织至32cm留袖窿，在两边同时各平收2针，然后隔4行两边收1针，收5次，织至45cm全部平收。 2. 前片：花样A织至28cm后分开织，留前开口，中间平收12针，左边织至32cm收袖窿，织至38cm收前领窝，平收20针，每隔1行收1针，收2次。（右边同左边）3. 袖片：分上片和下片编织。下片：起64针织花样C，织至4cm织花样B，每隔8针加1针，织灯笼袖至16cm，全部平收。上片：起55针织花样B，每隔6行两边各加1针，加8次，织至12cm开始收袖山，两边各平收2针，每隔2行两边各收1针，收6次，织至12cm，全部平收。
4. 领：先织门襟，竖挑起36针织花样B2cm后全部收针，左边每隔9针留扣眼。缝合前后片，挑起130针织花样C，织至2cm后全部平收。注：装饰小花用钩针钩出（花样D），缝在前片上。

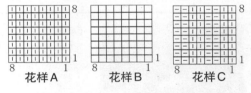

花样A (8 1) 花样B (8 1) 花样C (8 1)

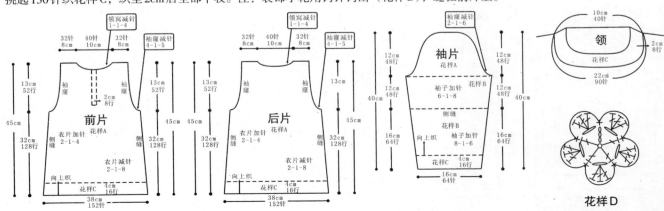

前片
领窝减针 1-1-4
32针8cm / 40针10cm / 32针8cm 袖窿减针 4-1-5
13cm52行 袖窿 2cm8行
45cm
衣片加针 2-1-4 前片 花样A 侧缝
衣片减针 2-1-8
向上织 花样C 4cm16行
38针 152针 32cm128行

后片
领窝减针 1-1-4
32针8cm / 40针10cm / 32针8cm 袖窿减针 4-1-5
13cm52行 袖窿
45cm
衣片加针 2-1-4 后片 花样A 侧缝
衣片减针 2-1-8
向上织 花样C 4cm16行
38针 152针 32cm128行

袖片
袖窿减针 2-1-6
12cm48行 袖片 花样A 12cm48行
袖子加针 6-1-8
40cm 侧缝 花样B
12cm48行
向上织 花样B 袖子加针 8-1-6
16cm64行 花样C 4cm16行 16cm64行
16cm64针 40cm

领
10cm40针 领 花样C 2cm8针
22cm 90针

花样D

093

011

【成品尺寸】衣长38cm　胸围45cm　袖长35cm
【工具】3.5mm棒针
【材料】2股开司米线9两
【密度】10cm²：28针×24行
【制作过程】1. 后片：起80针，编织花样B，织6cm后改织花样C，织至23cm留袖窿，平收2针，然后隔一行减1针，减两行，织至36cm时收前领窝，在中间先平收16针，再隔1行两边各收1针，收至两肩各22针为止，最后将针数一起平收。　2. 前片：起80针，编织花样B，织至6cm后改织花样A。　3. 袖片：起56针织花样B，织7cm后改织花样C，织至13cm，每隔4行两边各加1针，共加4次，再每隔6行两边各加1针，加8次，织至22cm后开始收袖山，两边各平收2针，每隔一行两边各收1针，共收6次，织至35cm后全部平收。　4. 领：起48针，编织花样B，织至13cm后全部平收。

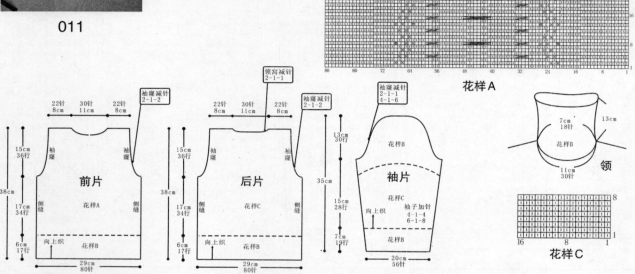

花样B

花样A

花样C

领

前片　后片　袖片

012

【成品尺寸】衣长52cm　胸围74cm　袖长42cm
【工具】3.5mm棒针　绣花针
【材料】白色毛线　装饰扣2枚　绣花图案若干
【密度】10cm²：20针×28行
【制作过程】1. 前片、后片：按图起74针，织5cm双罗纹后，改织29cm全下针，前领部位织全上针，左右两边按图示收成袖窿。前、后领各按图示均匀减针，形成领口。　2. 袖片：按图起40针，织10cm双罗纹后，改织花样，织至21cm后按图示均匀减针，收成袖山。　3. 缝合：编织结束后，将前片、后片侧缝，并将肩部、袖片缝合。　4. 领带：按图示重叠少许挑针。织12cm双罗纹，形成翻领。　5. 装饰：缝上扣子，绣上绣花图案。

领结构图

编织方向　领带 双罗纹
12cm 34行　49cm98针

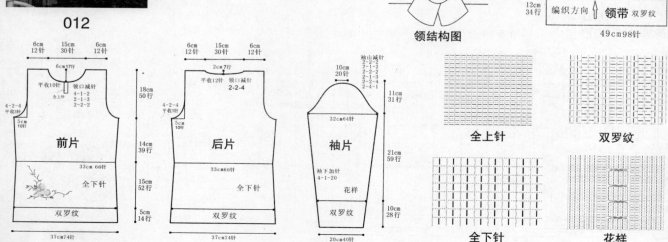

前片　后片　袖片

全上针　双罗纹

全下针　花样

【成品尺寸】 衣长52cm 胸围74cm 袖长42cm

【工具】 3.5mm棒针

【材料】 白色羊毛绒线 原毛线吊领若干

【密度】 10cm²：20针×28行

【制作过程】 1. 前片、后片：按图起74针，织16cm花样后，改织5cm单罗纹，再改织全下针，左右两边按图示收成袖窿。前、后领各按图示均匀减针，形成领口。 2. 袖片：按图起40针，织8cm双罗纹后，改织全下针，织至23cm时按图示均匀减针，收成袖山。 3. 缝合：编织结束后，将前片、后片侧缝，并将肩部、袖片缝合。 4. 领带：另起32针，织252行下针，折边缝合，形成双层领带，中间部分与领缝合，多会部分形成领带，用原毛线做成吊领。

013

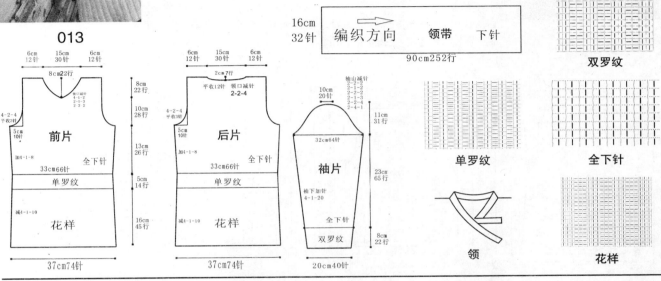

16cm
32针 编织方向 领带 下针
90cm252行

双罗纹

单罗纹

全下针

领

花样

【成品尺寸】 衣长52cm 胸围74cm 袖长42cm

【工具】 3.5mm棒针

【材料】 白色、红色羊毛绒线 袖口带子

【密度】 10cm²：20针×28行

【制作过程】 1. 前片、后片：按图起74针，织16cm花样后，改织全下针，左右两边按图示收成袖窿。前、后领各按图示均匀减针，形成领口。 2. 袖片：按图起40针，织12cm花样后，改织全下针，织至19cm时按图示均匀减针，收成袖山。 3. 缝合：编织结束后，将前片、后片侧缝，并将肩部、袖片缝合。 4. 领带：另起16针，织252行单罗纹，中间部分与领圈缝合，多余部分形成领带，系上袖口带。

8cm
16针 编织方向 领带 单罗纹
90cm252行

014

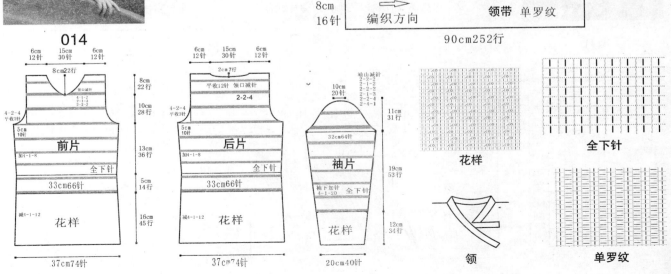

花样

全下针

领

单罗纹

015

【成品尺寸】衣长40cm　胸围34cm　袖长34cm
【工具】3.5mm棒针
【材料】白色毛线400g
【密度】10cm²：30针×30行

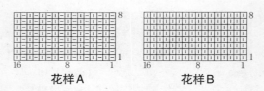

花样A　　　花样B

【制作过程】1. 前片、后片：起50针，编织花样A1cm后改织花样C，织至10cm时每隔一行减1针，减8次，织至28cm后开始收袖窿，两边各平收22针，然后隔一行减1针，共收2次，织至40cm后全部收针（后片不留后领窝；前片织至32cm后留前领窝，中间平收10针，再每隔1行收1针，收4次）。　2. 袖片：起23针，编织花样A1cm后，开始织花样C，每隔4行两边各加1针，加6次，再每隔6行两边各加1针，加8次，织至24cm后开始收袖山，两边各平收1针，织至34cm后全部平收。　3. 领：起22针，编织花样B至54cm后，收针。（将线剪成等份的段，系在下方）　4. 缝合前片、后片、袖片及领；参考毛衣成品图缝制图案。

领

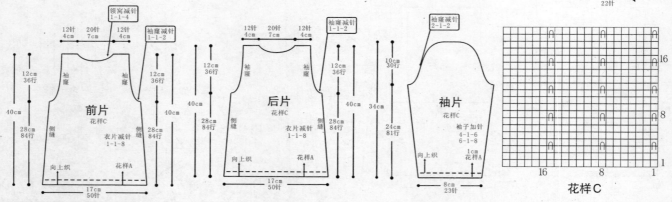

花样C

016

【成品尺寸】衣长47cm　胸围74cm　袖长42cm
【工具】3.5mm棒针　绣花针
【材料】白色羊毛绒线　绣花图案若干　拉链1条
【密度】10cm²：20针×28行

双层立领

【制作过程】1.前片：分左右两片编织，分别按图起37针，织10cm双罗纹后，改织全下针，左右两边按图示收成袖窿。　2. 后片：按图起74针，织10cm双罗纹后，改织全下针，左右两边按图收成袖窿。前后领各按图示均匀减针，形成领口。　3. 袖片：按图起40针，织10cm双罗纹后，改织全下针，织至21cm后按图示均匀减针，收成袖山。　4. 缝合：编织结束后，将前片、后片侧缝，并将肩部、袖片缝合。　5. 领：挑针，织12cm双罗纹，折边缝合，形成双层立领。　6. 门襟：拉链边另织，折边缝合，形成双层门襟拉链边。　7. 衣袋：另织，袋口挑针，织双罗纹，再用绣花针锁边装饰，与前片缝合。　8. 装饰：装上拉链，绣上绣花图案。

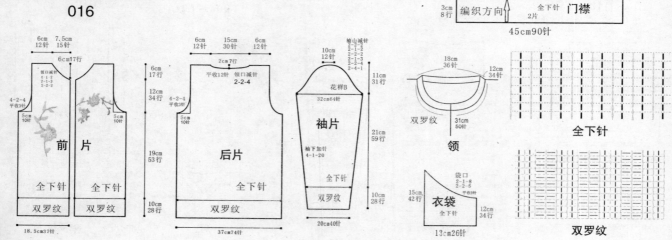

【成品尺寸】衣长38cm　胸围70cm　袖长34cm

【工具】3.5mm棒针　绣花针

【材料】白色羊毛绒线　粉红色毛绒线少许　拉链1条　装饰图案若干

【密度】10cm²：20针×28行

【制作过程】1. 前片：分左右两片编织，按图起35针，织5cm单罗纹后，改织全下针，并间色，左右两边按图示收成袖窿。　2. 后片：按图起70针，织5cm单罗纹后，改织全下针，左右两边按图收成袖窿。前后领各按图示均匀减针，形成领口。　3. 袖片：按图起36针，织5cm单罗纹后，改织全下针，并间色，织至20cm后按图示均匀减针，收成袖山。　4. 缝合：编织结束后，将前片、后片侧缝，并将肩部、袖片缝合。　5. 领：挑针，织5cm单罗纹，形成开襟圆领。　6. 装饰：缝上拉链，用粉红色毛绒线绣上图案。

017

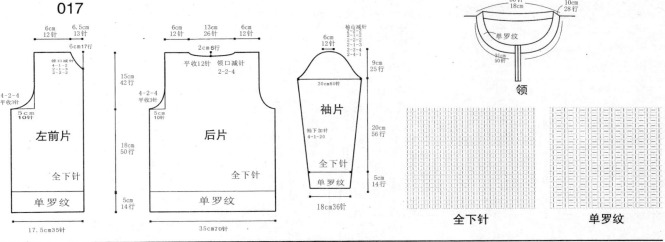

【成品尺寸】衣长38cm　胸围70cm　袖长34cm

【工具】3.5mm棒针

【材料】白色羊毛绒线　粉红色毛绒线少许　拉链1条　亮珠若干

【密度】10cm²：20针×28行

【制作过程】1. 前片：分左右两片，按图起35针，织5cm双罗纹后，改织全下针，并间色，左右两边按图示收成袖窿。　2. 后片：按图起70针，织5cm双罗纹后，改织全下针，左右两边按图收成袖窿。前后领各按图示均匀减针，形成领口。　3. 袖片：按图起36针，织5cm双罗纹后，改织全下针，并间色，织至20cm后按图示均匀减针，收成袖山。　4. 缝合：编织结束后，将前片、后片侧缝，并将肩部、袖片缝合。　5. 领：挑针，织10cm双罗纹，折边缝合，形成双层开襟圆领。　6. 装饰：缝上拉链和亮珠。

018

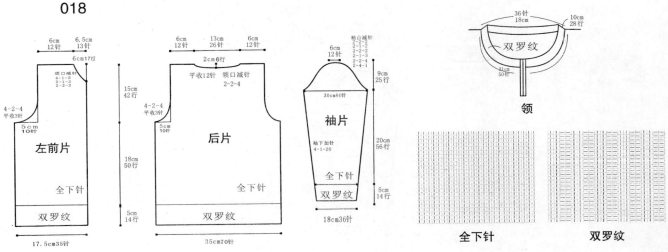

019

【成品尺寸】衣长47cm 胸围72cm 袖长44cm

【工具】3mm棒针 绣花针

【材料】白色羊毛线500g 各色彩色线少许 拉链1条

【密度】10cm²：30针×36行

【制作过程】1. 后片：起108针，编织双罗纹针6cm，然后改织平针，织26cm后收袖窿，还剩2cm时收后领。 2. 前片：各起54针，编织方法与后片相同，还剩6cm时收前领，编织2片。 3. 袖：起54针，编织双罗纹针6cm，然后平针，织30cm后收袖山，编织2片。 4. 缝合：将前后片与袖片进行缝合。 5. 领口：挑起144针，编织双罗纹针40行后双折缝合。 6. 门襟：沿着门襟衣领边挑起152针编织单罗纹针8行，然后再向里折并缝合，将拉链藏于门襟边下。 7. 装饰：在左右前片绣花。

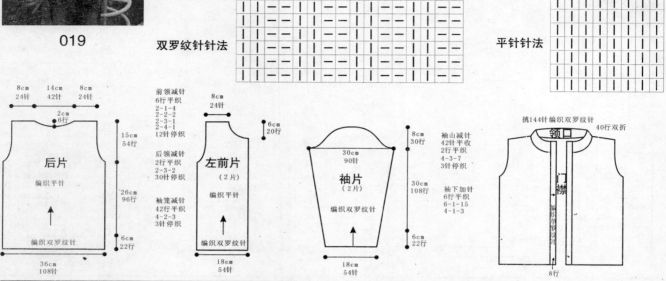

双罗纹针针法　　　　　　　　　　　　　　　　　　　　平针针法

后片
编织平针
编织双罗纹针

左前片（2片）
编织平针
编织双罗纹针

袖片（2片）
编织双罗纹针

领口
门襟

020

【成品尺寸】衣长47cm 胸围74cm 袖长42cm

【工具】3.5mm棒针 绣花针

【材料】白色、粉红色羊毛绒线 扣子5枚

【密度】10cm²：20针×28行

【制作过程】1. 前片：分左右两片编织，按图起37针，织10cm双罗纹后，改织全下针，并间色，左右两边按图示收成袖窿。 2. 后片：按图起37针，织10cm双罗纹后，改织全下针，并间色，左右两边按图收成袖窿。前后领各按图示均匀减针，形成领口。 3. 袖片：按图起40针，织10cm双罗纹后，改织全下针，并间色，织至21cm后按图示均匀减针，收成袖山。 4. 缝合：编织结束后，将前片、后片侧缝，并将肩部、袖片缝合。 5. 门襟：另织5cm双罗纹，并间色与前片缝合。 6. 领：挑针，织5cm双罗纹，并间色，形成开衫圆领。 7. 装饰：绣上装饰图案，缝上扣子。

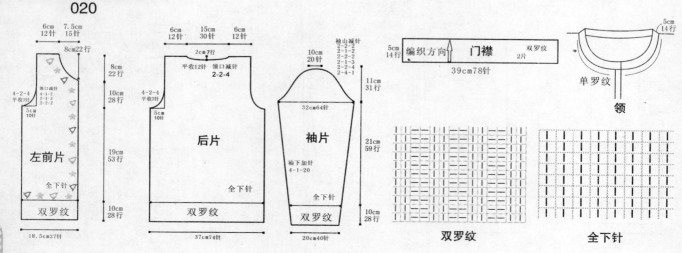

左前片
后片
袖片
门襟
领
双罗纹
全下针

【成品尺寸】衣长47cm　胸围74cm　袖长42cm
【工具】3.5mm棒针　绣花针
【材料】白色、粉红色羊毛绒线　扣子5枚
【密度】10cm²：20针×28行
【制作过程】1. 前片：分左右两片编织，分别按图起37针，织10cm双罗纹后，改织全下针，并间色，左右两边按图示收成袖窿。　2. 后片：按图起针，织10cm双罗纹后，改织全下针，并间色，左右两边按图收成袖窿。前后领各按图示均匀减针，形成领口。　3. 袖片：按图起40针，织10cm双罗纹后，改织全下针，并间色，织至21cm后按图示均匀减针，收成袖山。　4. 缝合：编织结束后，将前片、后片侧缝，并将肩部、袖片缝合。　5. 门襟：另织5cm双罗纹，并间色与前片缝合。　6. 领：挑针，织5cm双罗纹，并间色，形成开衫圆领。　7. 装饰：绣上装饰图案，缝上扣子。

021

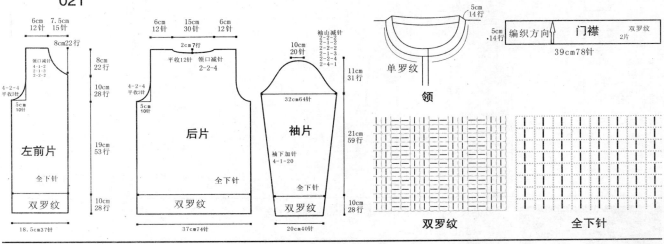

【成品尺寸】衣长38cm　胸围70cm　袖长34cm
【工具】3.5mm棒针
【材料】白色羊毛绒线　粉红色毛绒线少许　拉链1条
【密度】10cm²：20针×28行
【制作过程】1. 前片：分左右两片编织，分别按图起35针，织5cm双罗纹后，改织全下针，并编入图案，左右两边按图示收成袖窿。　2. 后片：按图起70针，织5cm双罗纹后，改织全下针，并编入图案，左右两边按图收成袖窿。前后领各按图示均匀减针，形成领口。　3. 袖片：按图起36针，织5cm双罗纹后，改织全下针，并编入图案，织至20cm后按图示均匀减针，收成袖山。　4. 缝合：编织结束后，将前片、后片侧缝，并将肩部、袖片缝合。　5. 领：挑针，织10cm双罗纹，折边缝合，形成双层开襟圆领。　6. 装饰：缝上拉链。

022

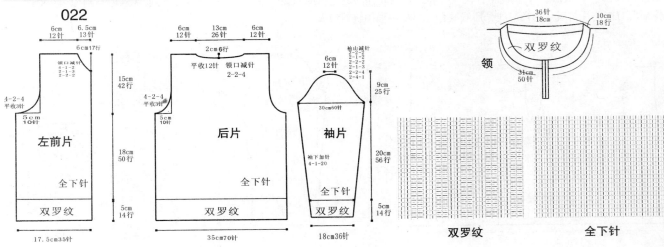

【成品尺寸】衣长38cm　胸围70cm　袖长34cm

【工具】3.5mm棒针

【材料】白色羊毛绒线　粉红色长毛绒线少许　拉链1条　前片心形装饰图案1个

【密度】10cm²：20针×28行

【制作过程】1. 前片：分左右两片编织，分别按图起35针，织5cm单罗纹后，改织全下针，左右两边按图示收成袖窿。　2. 后片：按图起70针，织5cm单罗纹后，改织全下针，左右两边按图收成袖窿。前后领各按图示均匀减针，形成领口。　3. 袖片：按图起36针，织5cm单罗纹后，改织全下针，织至20cm后按图示均匀减针，收成袖山。　4. 缝合：编织结束后，将前片、后片侧缝，并将肩部、袖片缝合。　5. 领：挑针，织16cm单罗纹，形成开襟圆领。　6. 装饰：缝上拉链和心形装饰图案。

023

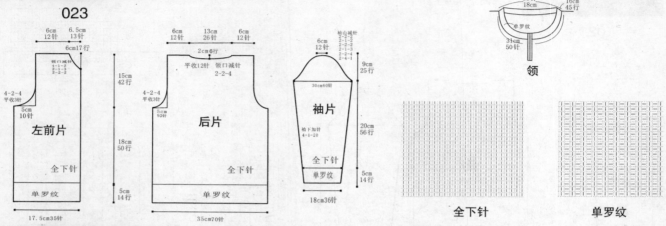

全下针　　　单罗纹

【成品尺寸】衣长50cm　胸围74cm　袖长54cm

【工具】11号棒针

【材料】白色棉线400g

【密度】10cm²：20针×26行

【制作过程】1. 后片：双罗纹针起针法起80针，编织花样A，共织16行，然后改织花样B，织至88行后，两侧同时减针织成袖窿，方法为1-2-1，2-1-4，各减6针，余下72针不加减针往上织至127行，中间留38针不织，两端按相反方向减针编织，各减2针，方法为2-1-2，最后两肩部各余下12针，收针断线。　2. 前片：双罗纹针起针法起80针，编织花样A，共织16行，然后改织花样B与花样C组合编织，组合方法见结构图所示，织至88行，两侧同时减针织成袖窿，方法为1-2-1，2-1-4，各减6针，余下72针不加减针往上织至99行，将织片从中间分开成左前片和右前片，分别编织，中间减针织成前领，方法为2-2-9，2-1-4，各减22针，最后两肩部各余下12针，收针断线。前片与后片的两侧缝对应缝合，两肩部对应缝合。　3. 袖片：双罗纹针起针法，起38针，编织花样A，织16行后，改织花样B，一边织一边两侧加针，加10-1-9，两侧的针数各增加9针，织至114行后，开始编织袖山。袖山减针编织，两侧同时减针，方法为1-2-1，2-1-13，两侧各减少15针，最后织片余下26针，收针断线。用同样的方法再编织另一袖片。　4. 缝合：将袖片从内与袖山边重叠缝合，将袖山对应前片与后片的袖窿线，用线缝合，再将两袖侧缝对应缝合。

024

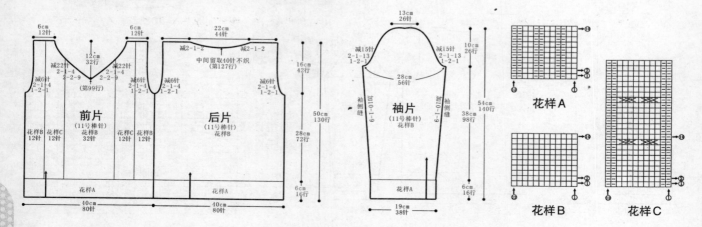

100

【成品尺寸】衣长42cm　胸围50cm　袖长43cm

【工具】3.5mm棒针

【材料】白色毛线450g　亮片适量　黄色、绿色、玫红色毛线各适量

【密度】10cm²：38针×35行

【制作过程】1. 前片、后片：起90针，编织花样B7cm后，改织花样A10cm，每隔4行两边各加1针，加4次，织至20cm后，每隔2行两边各加1针，加2次，织至27cm留袖窿，在两边同时各平收2针，然后隔2行两边收1针，收4次，织至40cm时，留后领窝同时收肩，先平收12针，再隔1行两边各收1针，收4次，织至42cm后，平收（前片织至35cm收前领窝）。　2. 袖片：起40针，编织花样B7cm后，改织花样C，每隔4行两边各放1针，放10次，再每隔6行两边各加1针，加6次，织至25cm后，开始收袖山，每隔4行两边各收1针，共收4次，剩余针数全部平收。　3. 领：挑领围120针织花样B，织至7cm，全部平收。　4. 缝合：将前后片、领缝合后，再缝合亮片、图案（如图）。

025

领

14cm
50针

花样B

20cm
70针

花样A

花样B

8
16　1

花样C

领窝减针
1-1-4

27针
7cm
35针
9cm
27针
7cm

袖窿减针
2-1-4

15cm
52行

42cm

袖窿

前片
花样A

侧缝

20cm
70行

衣片加针
4-1-4
2-1-2

7cm
24行

向上织
花样B

23cm
90针

领窝减针
1-1-4

27针
7cm
35针
9cm
27针
7cm

袖窿减针
2-1-4

15cm
52行

42cm

袖窿

后片
花样A

侧缝

20cm
70行

衣片加针
4-1-4
2-1-2

7cm
24行

向上织
花样B

23cm
90针

袖窿减针
4-1-4

16cm
56行

43cm

袖片
花样C

袖子加针
4-1-10
6-1-6

20cm
70行

7cm
24行

向上织
花样B

11cm
40针

【成品尺寸】衣长49cm　胸围76cm　袖长42cm

【工具】2mm棒针

【材料】白色毛线

【密度】10cm²：42针×42行

【制作过程】1. 前片、后片：起160针，织双罗纹针7cm，然后织全下针，织到袖窿处，在领窝处留2cm。　2. 袖片：起76针，先织7cm双罗纹针，然后按照花样织至袖山处。　3. 缝合：将前后片及袖片缝合，挑起领窝54针，织12cm双罗纹针，收针。　4. 装饰：按图完成字线绣花和水晶图案。

026

领

双罗纹

12cm
50行

13cm
54针

花样 □ = □

中心

10cm
42针
11.5cm
48针
10cm
42针

4-1-1
2-1-2
2-2-2
2-3-1
平摊织

15cm
64行

全下针

前（后）片

27cm
109行

双罗纹

38cm　160针

11cm
46针

2-2-1
2-3-3
2-2-8
2-3-2
2-4-2
2-6-1

袖片
花样

29cm
122行

双罗纹

7cm
30行

18cm
76针

双罗纹

全下针

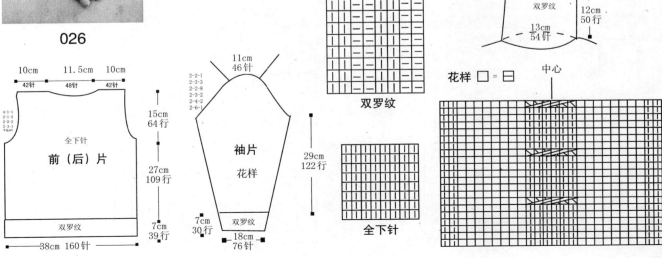

101

【成品尺寸】 衣长47cm　胸围74cm　袖长42cm
【工具】 3.5mm棒针
【材料】 白色毛线　亮珠若干
【密度】 10cm²：20针×28行
【制作过程】 1. 前片、后片：按图起74针，织8cm双罗纹后，改织花样，左右两边按图示收成袖窿。前后领各按图示均匀减针，形成领口。　2. 袖片：按图起40针，织10cm双罗纹后，改织全下针，织至21cm后按图示均匀减针，收成袖山。　3. 缝合：编织结束后，将前、后片侧缝，并将肩部、袖片缝合。　4. 领：按图示另织，与领圈缝合。　5. 装饰：缝上亮珠。

027

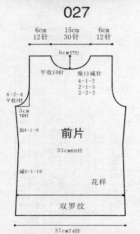

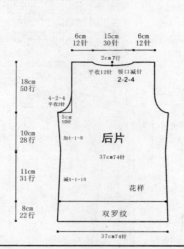

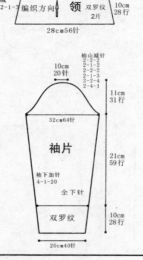

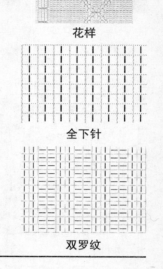

花样

全下针

双罗纹

【成品尺寸】 衣长52cm　胸围74cm　袖长42cm
【工具】 3.5mm棒针
【材料】 白色羊毛绒线　金属扣1枚　装饰扣3枚
【密度.】 10cm²：20针×28行
【制作过程】 1. 前片：分上下两片编织，上片按图起37针，织12cm全下针，左右两边按图示均匀减针，收成袖窿，其中门襟留10针织单罗纹；下片起42针，织22cm全下针，其中门襟留10针织单罗纹。　2. 后片：分上下两片编织，上片按图起74针，织12cm全下针，左右两边按图示均匀减针，收成袖窿；下片起84针，织22cm全下针，下片打皱褶与上片缝合。　3. 袖片：按图起40针，织10cm双罗纹后，改织全下针，织至21cm后按图示均匀减针，收成袖山。　4. 缝合：编织结束后，将前片、后片侧缝，并将肩部、袖片缝合。　5. 领：前后领圈按图挑针，织10cm双罗纹，形成翻领，扣上扣子，可成为立领。　6. 装饰：缝上扣子和装饰带。

028

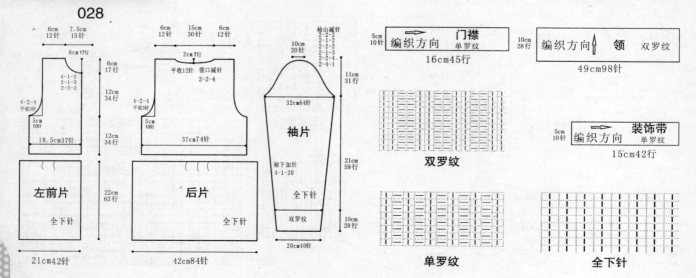

双罗纹

单罗纹

全下针

【成品尺寸】衣长34cm　胸围56cm　袖长15cm

【工具】3.5mm棒针

【材料】白色毛线350g

【密度】10cm²：30针×32行

【制作过程】1. 前片、后片：起80针，编织花样B，织15cm后留袖窿，两边各平收2针，然后隔2行两边各收1针，收4次，织至24cm后收领窝（前片织至21cm），中间平收15针，再每隔1行收1针，收4次，织至26cm时全部平收。从衣片下方挑80针织花样A8cm后收针。　2. 袖片：起64针，编织花样C，织至2cm后，改织花样B，每1行放1针，放4次，织至5cm后开始收袖山，两边各平收2针，每隔4行两边各收1针，共收4次，剩余针数全部平收。　3. 领：挑起100针织花样B，织至3cm后全部平收。

029

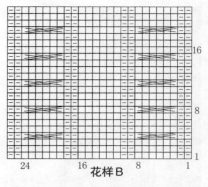
花样B

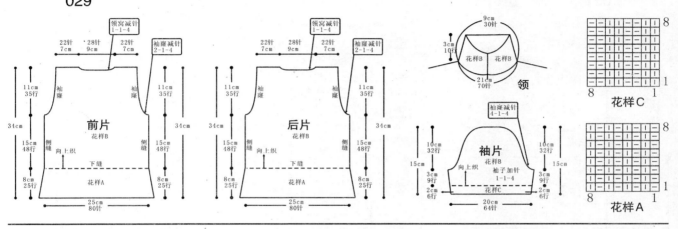

前片
花样B

后片
花样B

领

花样C

袖片
花样B

花样A

【成品尺寸】衣长38cm　胸围70cm　袖长34cm

【工具】3.5mm棒针

【材料】白色羊毛绒线　扣子2枚　绳子1条

【密度】10cm²：20针×28行

【制作过程】1. 前片：分左右两片编织，按图起40针，织全下针，左右两边按图示收成袖窿。后片：按图起80针，织全下针，左右两边按图收成袖窿。前后领各按图示均匀减针，形成领口。　2. 袖片：按图起36针，织全下针，织至25cm后按图示均匀减针，收成袖山。袖口挑针，织18cm双罗纹。　3. 缝合：编织结束后，将前片、后片侧缝，并将肩部、袖片缝合。4. 领：挑针，织10cm花样，形成翻领，衣袋另织，与前片缝合。　5. 装饰：缝上衣袖扣子，穿上绳子。

030

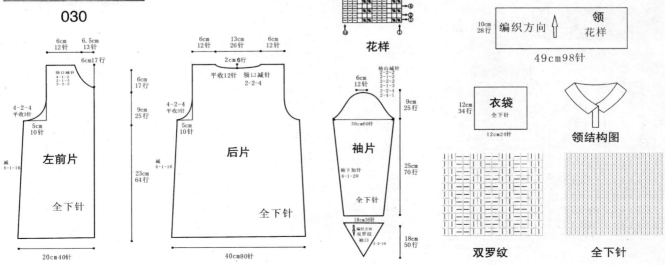

花样

编织方向　　领
花样

49cm98针

左前片
全下针

后片
全下针

袖片
全下针

衣袋
全下针

领结构图

双罗纹　　全下针

031

【成品尺寸】衣长52cm　胸围74cm　袖长42cm
【工具】3.5mm棒针
【材料】白色羊毛绒线　装饰扣3枚
【密度】10cm²：20针×28行
【制作过程】1. 前片：分上下两片编织，上片按图起37针，织12cm全下针，左右两边按图示均匀减针，收成袖隆；下片起42针，先织双层平针底边，后改织22cm全下针。　2. 后片：分上下2片编织，上片按图起74针，织12cm全下针，左右两边按图示均匀减针，收成袖隆；下片起84针，先织双层平针底边，后改织22cm全下针。下片打皱褶与上片缝合门襟挑针，织5cm下针，褶边缝合，形成双层门襟。　3. 袖片：由上下两部分组成，上片按图起50针，织全下针，织至15cm后按图示均匀减针，收成袖山；下片起70针，织16cm全下针，打皱褶与上片缝合，袖口打皱褶后挑针，织5cm下针，褶边缝合，形成双层袖口。　4. 缝合：编织结束后，将前片、后片侧缝，并将肩部、袖片缝合。　5. 领：前后领圈按图挑针，织8cm单罗纹，并按图减针，形成圆角翻领，领边挑针，织5cm下针，折边缝合，形成双层领边。　6. 装饰：缝上和装饰扣。

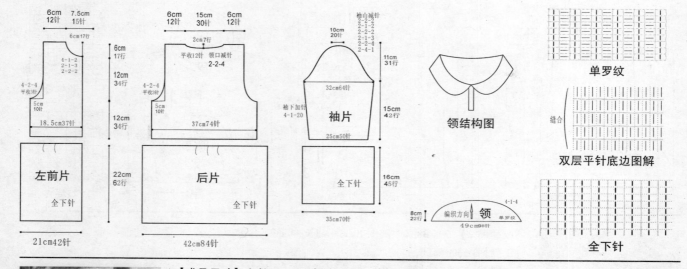

032

【成品尺寸】衣长47cm　胸围74cm　袖长42cm
【工具】3.5mm棒针　绣花针
【材料】白色、粉红色羊毛绒线　绣花图案若干　拉链1条
【密度】10cm²：20针×28行
【制作说明】1. 前片：分左右两片编织，按图起37针，织8cm双罗纹后，改织全下针，并间色，左右两边按图示收成袖隆。　2. 后片：按图起74针，织8cm双罗纹后，改织全下针，并间色，左右两边按图收成袖隆。前后领各按图示均匀减针，形成领口。　3. 袖片：按图起40针，织8cm双罗纹后，改织全下针，并编入图案，织至23cm后按图示均匀减针，收成袖山。　4. 缝合：编织结束后，将前片、后片侧缝，并将肩部、袖子缝合。　5. 帽子：按图另织，与领圈缝合。　6. 门襟：至帽缘拉链边另织，折边缝合，形成双层门襟拉链边。　7. 装饰：装上拉链，绣上绣花图案。

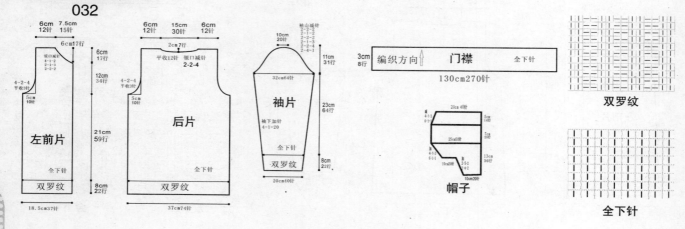

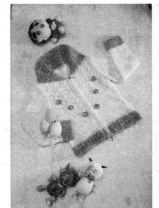

033

【成品尺寸】衣长45cm 胸围58cm 袖长43cm
【工具】3.5mm棒针
【材料】白色毛线400g 蓝色毛线、粉色毛线、黄色毛线各50g 拉链1条
【密度】10cm²：40针×40行
【制作过程】1. 后片：起88针，编织花样B5cm后，改织花样A，织至15cm后两边各收1针，收3次，织至18cm后两边各加1针，加3次，织至30cm后留袖窿，在两边同时各平收2针，然后隔1行两边收1针，收5次。 2. 左、右前片：起44针，编织花样B5cm后，改织花样A，织至27cm后收领窝，在靠近门襟处平收4针，再每隔1行收1针，收5次，织至30cm后留袖窿，在两边同时各平收2针，然后隔4行两边收1针，收3次。 3. 袖片：起48针，编织花样B5cm后，改织花样A，每4行放1针，放4次，再每隔4行两边各加1针，加6次，织至29cm后开始收袖山，两边各平收2针，每隔4行两边各收1针，共收5次。 4. 缝合：将前片、后片和袖片缝合。

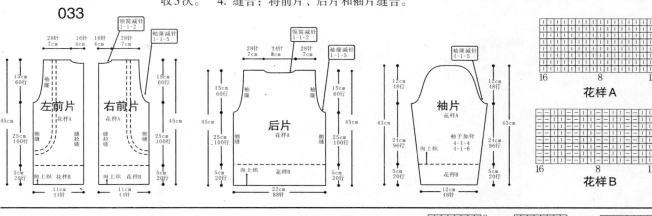

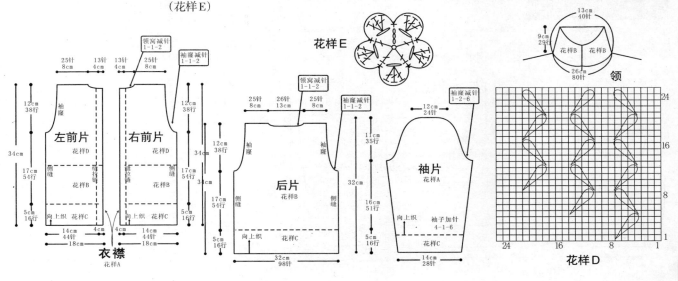

034

【成品尺寸】衣长34cm 胸围42cm 袖长32cm
【工具】3.5mm棒针
【材料】白色毛线400g 西瓜红绒线100g 拉链1条
【密度】10cm²：30针×32行
【制作过程】1. 左、右前片：起44针，编织花样C5cm后，改织花样B，织至12cm后，改织花样D，织至22cm时留袖窿，在两边同时各平收2针，然后隔一行两边收1针，收4次，织至30cm后留前领窝同时收肩，先平收4针，再隔1针收1针，收6次。 2. 后片：起88针，编织花样C，织5cm后，改织花样B，织至22cm时留袖窿，两边各平收2针，然后隔1行两边各收1针，收4次，织至32cm后，这时针数为76针，把76针分为三等份，两肩各25针，中间26针，留下不织，开始收斜肩，平收4针，两边隔一行减1针，共减两行。（收领窝同时也收肩膀，同前片） 3. 袖片：起5针织花样C，织至5cm后，改织花样A，织袖管要放针，每4行放1针，放6次，织至21cm后开始收袖山，两边各平收2针，每隔一行两边各收1针，共收6次，剩余针数全部平收。 4. 领：起120针，编织花样B，织至9cm时全部平收。 5. 衣襟：从胸前连领子共挑起100针，编织花样A1cm。 6. 缝合：将前片、后片、领、衣襟、拉链及装饰小花缝合。注：装饰小花用钩针钩出（花样E）

花样E

【成品尺寸】 衣长47cm　胸围74cm　袖长42cm

【工具】 3.5mm棒针　绣花针

【材料】 白色羊毛绒线　绣花图案若干　拉链1条　下摆绳子1条

【密度】 10cm²：20针×28行

【制作过程】 1. 前片：分左右两片编织，按图起37针，织5cm双罗纹后，改织花样A，左右两边按图示收成袖窿。　2. 后片：按图起针，织5cm双罗纹后，改织花样A，左右两边按图收成袖窿。前后领各按图示均匀减针，形成领口。　3. 袖片：按图起40针，织5cm双罗纹后，改织花样B，织至26cm时按图示均匀减针，收成袖山。　4. 缝合：编织结束后，将前片、后片侧缝，并将肩部、袖片缝合。　5. 帽子：按图另织，与领圈缝合。　6. 门襟：至帽缘拉链边另织，折边缝合，形成双层门襟拉链边。　7. 装饰：装上拉链，绣上绣花图案，系上绳子。

035

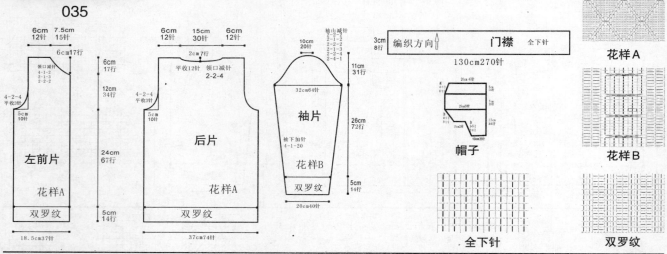

【成品尺寸】 衣长47cm　胸围74cm　袖长42cm

【工具】 3.5mm棒针

【材料】 白色羊毛绒线　拉链1条

【密度】 10cm²：20针×28行

【制作过程】 1. 前片：分左右两片编织，按图起37针，织5cm双罗纹后，改织花样，左右两边按图示收成袖窿。　2. 后片：按图起74针，织5cm双罗纹后，改织全下针，左右两边按图收成袖窿。前后领各按图示均匀减针，形成领口。　3. 袖片：按图起40针，织5cm双罗纹后，改织全下针后，织至26cm时按图示均匀减针，收成袖山。　4. 缝合：编织结束后，将前、后片侧缝，并将肩部、袖片缝合。　5. 领：挑针，织10cm双罗纹，形成翻领。　6. 装饰：缝上拉链。

036

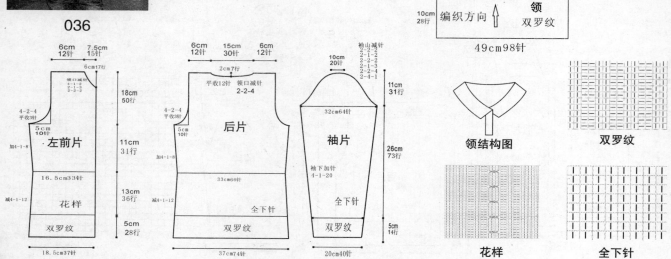

【成品尺寸】衣长47cm　胸围74cm　袖长42cm

【工具】3.5mm棒针

【材料】白色羊毛绒线　拉链1条

【密度】10cm²：20针×28行

【制作过程】1. 前片：分左右两片编织，按图起37针，织5cm双罗纹后，改织花样，左右两边按图示收成袖窿。　2. 后片：按图起74针，织5cm双罗纹后，改织全下针，左右两边按图收成袖窿。前后领各按图示均匀减针，形成领口。　3. 袖片：按图起40针，织5cm双罗纹后，改织全下针，织至26cm时按图示均匀减针，收成袖山。　4. 缝合：编织结束后，将前片、后片侧缝，并将肩部、袖片缝合。　5. 领：挑针，织10cm双罗纹，形成翻领。　6. 装饰：缝上拉链。

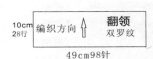

领子结构图

037

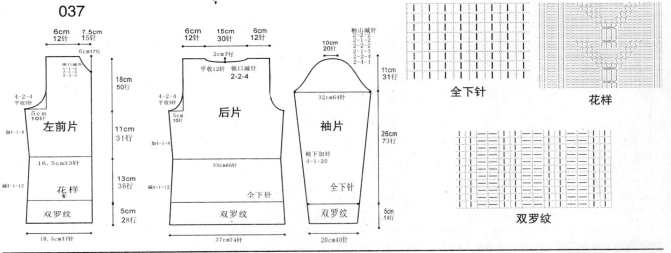

全下针　花样

双罗纹

【成品尺寸】衣长38cm　胸围70cm　袖长34cm

【工具】3.5mm棒针

【材料】白色羊毛绒线　拉链1条

【密度】10cm²：20针×28行

【制作过程】1. 前片：分左右两片编织，按图起35针，织5cm双罗纹后，改织花样，左右两边按图示收成袖窿。　2. 后片：按图起70针，织5cm双罗纹后，改织全下针，左右两边按图收成袖窿。前后领各按图示均匀减针，形成领口。　3. 袖片：按图起36针，织5cm双罗纹后，改织全下针后，织至20cm时按图示均匀减针，收成袖山。　4. 缝合：编织结束后，将前、后片侧缝，并将肩部、袖片缝合。　5. 领：挑针，织10cm双罗纹，形成翻领。　6. 装饰：缝上拉链。

领结构图

038

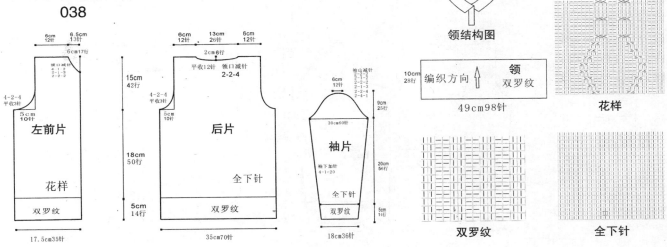

花样　全下针

双罗纹

【成品尺寸】衣长47cm　胸围74cm　袖长42cm

【工具】3.5mm棒针

【材料】白色羊毛绒线

【密度】10cm²：20针×28行

【制作过程】1. 前片、后片：按图起74针，织8cm双罗纹后，改织花样，左右两边按图示收成袖窿。前后领各按图示均匀减针，形成领口。　2. 袖片：按图起40针，织10cm双罗纹后，改织花样，织至21cm按图示均匀减针，收成袖山。　3. 缝合：编织结束后，将前片、后片侧缝，并将肩部、袖片缝合。　5. 领：挑针，按领口花样图解织5cm双罗纹，形成V领。

039

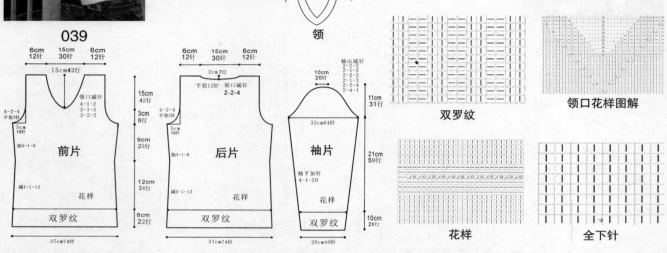

领

6cm 12针　15cm 30针　6cm 12针

15cm42行

领口减针 4-1-2 2-1-3 2-2-2

15cm 42行

3cm 8行

9cm 25行

4-2-4 平收3针

5cm 10针

加4-1-8

前片

减4-1-12

花样

双罗纹

37cm74针

12cm 34行

8cm 22行

6cm 12针　15cm 30针　6cm 12针

2cm 7针　领口减针 平收12针　2-2-4

4-2-4 平收3针

5cm 10针

加4-1-8

后片

减4-1-12

花样

双罗纹

37cm74针

袖山减针 2-1-2 2-1-2 2-1-3 2-2-3 2-4-1

10cm 20针

11cm 31行

32cm64针

21cm 59行

袖下加针 4-1-20

袖片

花样

双罗纹

20cm40针

10cm 28行

双罗纹

领口花样图解

花样　全下针

【成品尺寸】衣长47cm　胸围74cm　袖长42cm

【工具】3.5mm棒针

【材料】白色羊毛绒线　扣子5枚　丝绸花边　刺绣花布若干

【密度】10cm²：20针×28行

【制作过程】1. 前片：分左右两片编织，按图起28针，织8cm双罗纹后，改织花样，左右两边按图示收成袖窿。　2. 后片：按图起74针，织8cm双罗纹后，改织花样，左右两边按图收成袖窿。前后领各按图示均匀减针，形成领口。　3. 袖片：按图起40针，织8cm双罗纹后，改织花样，织至23cm时按图示均匀减针，收成袖山。　4. 缝合：编织结束后，将前片、后片侧缝，并将肩部、袖片缝合。　5. 门襟：按图另织，与门襟至领圈缝合。用刺绣花布缝制前领片，按图缝合。　6. 装饰：缝上扣子和丝绸花边。

040

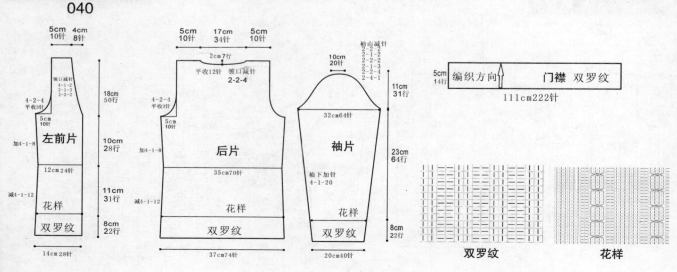

5cm 10针　4cm 8针

领口减针 4-1-2 2-1-3 2-2-2

4-2-4 平收3针

5cm 10针

加4-1-8

左前片

减4-1-12

12cm24针

花样

双罗纹

14cm28针

18cm 50行

10cm 28行

11cm 31行

8cm 22行

5cm 10针　17cm 34针　5cm 10针

2cm 7针　领口减针 平收12针　2-2-4

4-2-4 平收3针

5cm 10针

加4-1-8

后片

35cm70针

花样

双罗纹

37cm74针

袖山减针 2-1-2 2-1-2 2-2-2 2-1-3 2-4-1 2-4-1

10cm 20针

11cm 31行

32cm64针

23cm 64行

袖下加针 4-1-20

袖片

花样

双罗纹

20cm40针

8cm 22行

5cm 14行　编织方向　**门襟 双罗纹**

111cm222针

双罗纹　花样

【成品尺寸】衣长38cm　胸围74cm　连肩袖长46cm

【工具】3.5mm棒针

【材料】白色羊毛绒线　拉链1条　装饰扣子若干　绣花图案若干

【密度】10cm²：20针×28行

【制作过程】 1. 前片：分左右两片编织，按图起36针，织5cm双罗纹后，改织花样，左右两边按图示收成插肩袖。　2. 后片：按图起74针，织5cm双罗纹后，改织全下针，左右两边按图示收成插肩袖。前后领各按图示均匀减针，形成领口。　3. 袖片：按图起40针，织5cm双罗纹后，改织全下针，织至25cm时按图示均匀减针，收成插肩袖山。　4. 缝合：编织结束后，将前片、后片侧缝，并将肩部、袖片缝合。　5. 领：挑针，织10cm双罗纹，形成翻领。　6. 衣袖和前领的衬边：另织全下针，按图缝合。　7. 衣袋：另织，与前片缝合。　8. 装饰：装上拉链，缝上扣子和绣花图案。

041

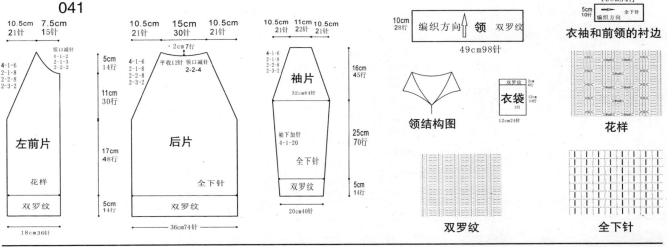

042

【成品尺寸】衣长34cm　胸围42cm　袖长32cm

【工具】3.5mm棒针

【材料】白色毛线400g　大红色绒线少量

【密度】10cm²：30针×32行

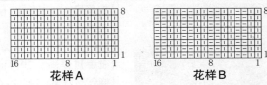

花样A　　花样B

【制作过程】 1. 左右前片：起44针，编织花样B5cm后，改织花样C，织至22cm时留袖窿，在两边同时各平收2针，然后隔一行两边收1针，收4次，织至30cm后留前领窝同时收肩，先平收4针，再隔1针收1针，收6次。　2. 后片：起98针，编织花样B5cm后，改织花样A，织至22cm时留袖窿，两边各平收2针，然后隔1行两边各收1针，收4次，织至32cm后这时针数为76针，把76针分为三等份，两肩各25针，中间26针，留下不织，开始收斜肩，平收4针，两边隔一行减1针，共减两行。（收领窝同时也收肩膀，同前片）　3. 袖片：起5针，编织花样B，织至5cm后，改织花样A，织袖管另放针，每4行放1针，放6次，织至21cm时开始收袖山，两边各平收2针，每隔一行两边各收1针，共收6次，剩余针数全部平收。　4. 领：起120针，编织花样B，织至9cm后全部平收。　5. 衣襟：从胸前连领子共挑起100针，织花样B4cm。　6. 缝合前后片、领及衣襟。注：红色绒线花边的运用。

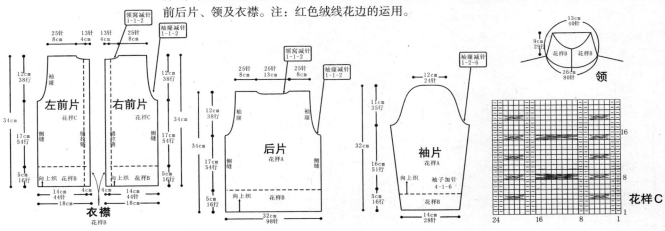

花样C

043

【成品尺寸】衣长55cm　胸围74cm　袖长42cm

【工具】3.5mm棒针

【材料】白色羊毛绒线　装饰扣4枚

【密度】10cm²：20针×28行

【制作过程】1. 前片：分左右两片编织，按图起37针，织5cm双罗纹后，改织花样，左右两边按图示收成袖窿。　2. 后片：按图起74针，织5cm双罗纹后，改织全下针，左右两边按图收成袖窿。前后领各按图示均匀减针，形成领口。　3. 袖片：按图起40针，织10cm双罗纹后，改织全下针，织至21cm时按图示均匀减针，收成袖山。　4. 缝合：编织结束后，将前、后片侧缝，并将肩部、袖片缝合。　5. 帽子：按图另织，与领圈缝合。　6. 门襟：按图另织，与前片门襟和帽缘缝合。　7. 装饰：缝上扣子和衣袋。

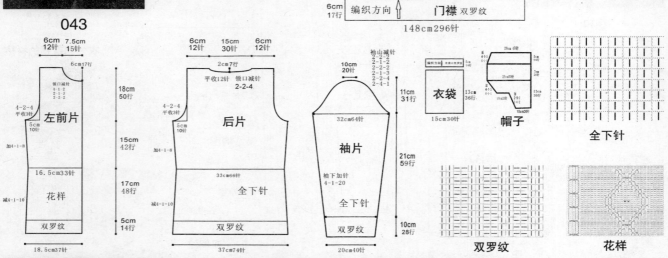

044

【成品尺寸】衣长55cm　胸围74cm　袖长42cm

【工具】3.5mm棒针

【材料】白色羊毛绒线　装饰扣3枚　衣袋绳子2条

【密度】10cm²：20针×28行

【制作过程】1. 前片：分左右两片编织，按图起37针，织10cm双罗纹后，改织花样，左右两边按图示收成袖窿。　2. 后片：按图起74针，织10cm双罗纹后，改织全下针，左右两边按图收成袖窿。前后领各按图示均匀减针，形成领口。　3. 袖片：按图起40针，织10cm双罗纹后，改织全下针，织至21cm时按图示均匀减针，收成袖山。　4. 缝合：编织结束后，将前片、后片侧缝，并将肩部、袖片缝合。　5. 帽子：按图另织，与领圈缝合。　6. 门襟：按图另织，与前片门襟和帽缘缝合。　7. 装饰：缝上扣子和衣袋。

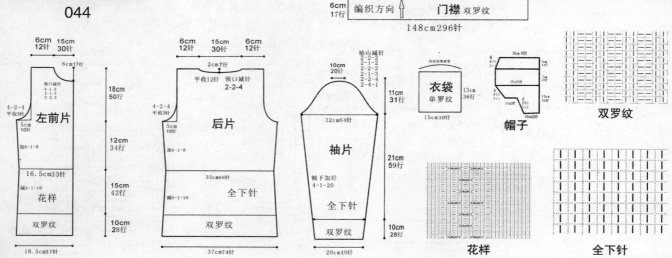

045

【成品尺寸】衣长48cm 胸围56cm 袖长45cm
【工具】12号棒针
【材料】乳白色毛线400g 大红色毛线100g 拉链1条
【密度】10cm²：42针×42行
【制作过程】1. 后片：起108针，编织花样B5cm后，改织花样A，织至33cm时收袖隆，两边各平收2针，每隔1行两边各收1针，收2次，织至45cm后同时留后领窝，先平收4针，再隔1行收1针，收两行。 2. 左右前片：起50针，编织花样B，织花样A5cm，共织3行，织至42cm时收前领窝，领窝的收针法是先平收2针，再每隔1行收1针，收4次，织至45cm后开始收肩，先平收4针，再隔1行收1针，收两行。 3. 袖片：起60针，编织花样A2cm，每隔4针加1针，共加10针，织至28cm后开始收袖山，先两边各平收2针，然后每隔1行两边各收1针，收4次，每隔1行收2针，收8次，最后平收并缝合前后片。 4. 帽子：起92针，中间留1针，开始织上针，在中间1针的两边隔1行两边各加1针，织至22cm时收针。 5. 衣襟：挑起170针织单罗纹1cm，收机器针，两边相同，最后缝上拉链、帽子及拉链。注：编织时注意换线。

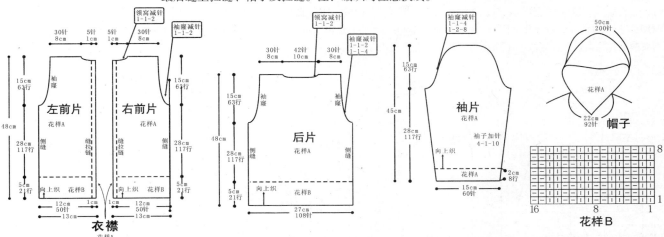

花样A
左前片 花样A
右前片 花样A
后片 花样A
袖片 花样A
帽子
衣襟 花样A
花样B

046

【成品尺寸】衣长38cm 胸围70cm 袖长34cm
【工具】3.5mm棒针
【材料】白色羊毛绒线 粉红色毛线 拉链1条 亮珠若干
【密度】10cm²：20针×28行
【制作过程】1. 前片：分左右两片编织，按图起35针，织5cm双罗纹后，改织全下针，左右两边按图示收成袖隆。外前片和门襟另织好。 2. 后片：按图起70针，织5cm双罗纹后，改织全下针，左右两边按图收成袖隆。前后领各按图示均匀减针，形成领口。 3. 袖片：按图起36针，织5cm双罗纹后，改织全下针，织至20cm后按图示均匀减针，收成袖山。 4. 缝合：编织结束后，前片和外前片重叠后，将前片、后片侧缝，并将肩部、袖片缝合。 5. 领：挑针，织10cm花样，形成翻领。门襟边挑针，织3cm下针，折边缝合，形成双层拉链边。 6. 装饰：缝上拉链和亮珠。

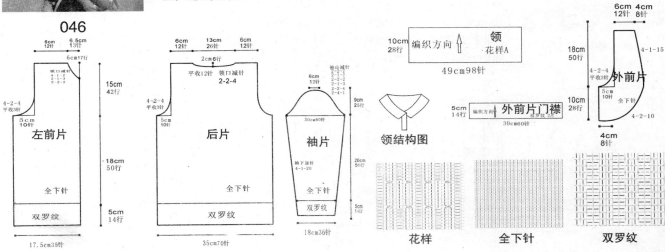

领 花样A
左前片 全下针 双罗纹
后片 全下针 双罗纹
袖片 全下针 双罗纹
领结构图
外前片门襟
外前片 全下针
花样 全下针 双罗纹

111

047

【成品尺寸】衣长62cm　胸围74cm　袖长31cm
【工具】10号棒针
【材料】白色棉线共500g
【密度】10cm²：13针×17行
【制作过程】1. 后片：单罗纹起针法起52针，起织花样A，织14行后，改织花样B，织至86行时，第87行两侧各减3针，然后减针织成插肩袖窿，减针方法为4-2-5，两侧针数减少10针，织至106行，织片收下26针，收针断线。　2. 前片：分左、右两片编织，起织左前片，左前片的右侧为衣襟侧，下针起针法起29针，起织花样A，织14行后，改织花样B，织至86行时，第87行左侧减3针，然后减针织成插肩袖窿，减针方法为4-2-5，两侧针数减少10针，织至96行时，第97行织片右侧收针6针，然后减针织成前领，方法为2-2-5，织至106行，织片余下1针，收针断线；用相同方法相反方向编织右前片。左右前片与后片的两侧缝对应缝合，编织衣摆。　3. 口袋：编织左片口袋。起18针，织14针花样B，再织4针花样C作为袋边，重复往上编织，一边织一边左侧减针，方法为6-1-6，织38行后，余下12针，收针断线。用相同方法相反方向编织右片口袋，完成后按结构图所示缝合。　4. 袖片：袖口横向编织，下针起针法起17针，编织6针双罗纹针后，改织花样D，共织58行，收针断线，然后在左侧挑针起织花样B，织10行后，开始编织插肩袖山。袖山减针编织，两侧同时减针，方法为1-3-1，4-2-5，两侧各减少13针，最后织片余下18针，收针断线。用同样的方法再编织另一袖片。缝合方法：将袖片从内与袖山边重叠缝合，将袖山对应前片与后片的袖窿线，用线缝合，再将两袖侧缝对应缝合。

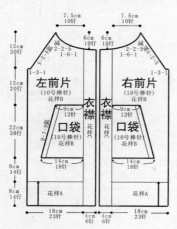
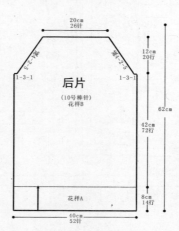
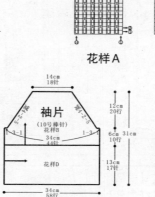
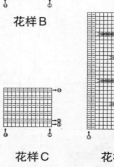

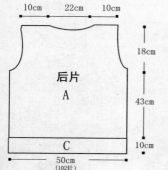

048

【成品尺寸】衣长71cm　胸围100cm　袖长52cm
【工具】3mm棒针
【材料】白色中粗羊毛线　牛角扣5枚
【密度】10cm²：21针×28行
【制作过程】1. 前片：分左右两片编织，左前片起75针25cm，织双罗纹针10cm，然后按图分别织花样A和花样B，留袖窿，然后挑起边横织6cm双罗纹针作为衣边，留5个扣眼。用同样方法编织右前片。　2. 后片：起102针50cm，织10cm双罗纹针，然后全织下针，直到43cm处分袖，照图留领窝。　3. 袖片：起42针织袖，织10cm双罗纹针，然后按图织下针和拉针袖山。　4. 领：挑起领窝182针，织双罗纹针到第8排，两边每隔8行加4针3次，到8cm处收针。

挑起领窝182针，织双罗纹针到第8排，两边每隔8行加4针3次，到8cm处收针。

领口

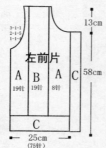
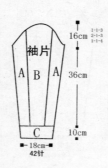
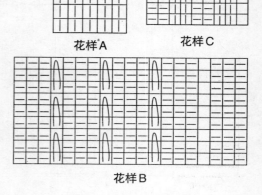

花样A
花样C
花样B

049

【成品尺寸】衣长55cm 胸围74cm 袖长42cm

【工具】3.5mm棒针

【材料】白色羊毛绒线 扣子5枚

【密度】10cm²：20针×28行

【制作说明】1. 前片：分左右两片编织，按图起37针，织10cm双罗纹后，改织花样，左右两边按图示收成袖窿。 2. 后片：按图起74针，织10cm双罗纹后，改织全下针，左右两边按图收成袖窿。前后领各按图示均匀减针，形成领口。 3. 袖片：按图起40针，织10cm双罗纹后，改织花样，织至21cm后按图示均匀减针，收成袖山。 4. 缝合：编织结束后，将前片、后片侧缝，并将肩部、袖片缝合。 5. 门襟：另织，与前片门襟缝合。 6. 领：挑针，织10cm双罗纹，形成翻领。 7. 装饰：缝上扣子。

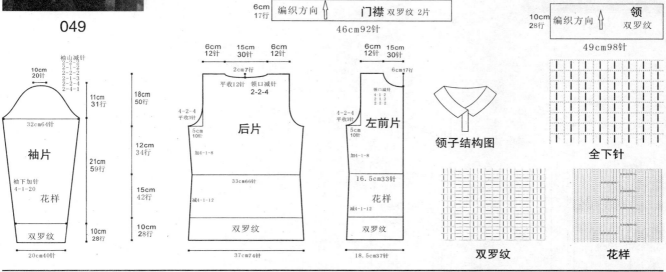

050

【成品规格】衣长52cm 胸围74cm 袖长42cm

【工具】3.5mm棒针

【材料】白色羊毛绒线 扣子4枚 装饰丝绸 亮片若干 绳子1条

【密度】10cm²：20针×28行

【制作说明】1. 前片、后片：前片按图起82针，织5cm双罗纹后，改织17cm花样，再分成左右两片，织全下针。后片按图起82针，织5cm双罗纹后，改织17cm花样，再织12cm全下针。左右两边按图示均匀减针，收成袖窿。 2. 门襟：另织，与前片左右两片缝合。 3. 袖片：按图起40针，织5cm双罗纹后，改织全下针，织至26cm按图示均匀减针，收成袖山。 4. 缝合：编织结束后，将前片、后片侧缝，并将肩部、袖片缝合。 5. 领：前后领圈按图，以前片中心为中点，重叠挑针，织12cm双罗纹，形成翻领。 6. 装饰：把装饰丝绸绣于胸口的位置，系上绳子，并缝上扣子和亮片。

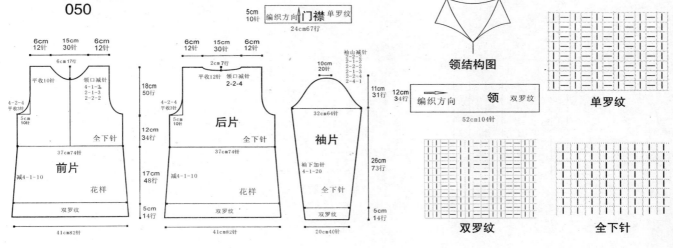

051

【成品尺寸】衣长55cm　胸围74cm　袖长42cm
【工具】3.5mm棒针
【材料】白色羊毛绒线　扣子8枚
【密度】10cm²：20针×28行
【制作过程】1. 前片：分左右两片编织，左前片按图起24针，织5cm双罗纹后，改织花样，按图示收成袖窿，用同样方法编织右前片。　2. 门襟：另织，与前片缝合。　3. 后片：按图起74针，织5cm双罗纹后，改织全下针，左右两边按图收成袖窿。前后领各按图示均匀减针，形成领口。　4. 袖片：按图起40针，织5cm双罗纹后，改织全上针后，织至26cm按图示均匀减针，收成袖山。　5. 缝合：编织结束后，将前片、后片侧缝，并将肩部、袖片缝合。　6. 领：挑针，织10cm双罗纹，形成翻领。　7. 衣袋：另织，与前片缝合。　8. 装饰：缝上扣子。

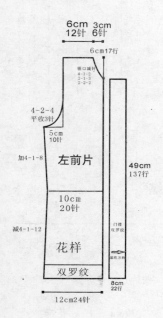

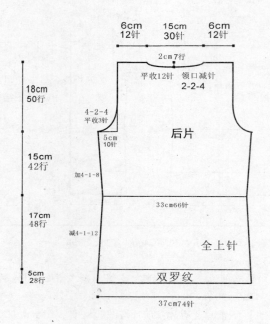

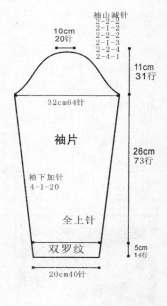

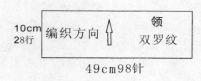

领结构图

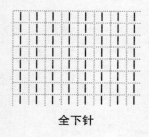

全下针

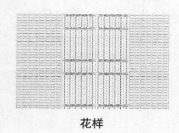

花样

双罗纹

052

【成品尺寸】衣长56cm　胸围74cm　袖长46cm

【工具】12号棒针　防解别针

【材料】白色棉线500g

【密度】10cm²：26针×34行

【制作过程】1. 后片：下针起针法起168针环织，起织花样A，共织14行后改织花样B，织至68行后改织花样C，织至82行后改织花样D，织至136行后将织片分片，分为前片和后片，前片与后片各取84针。先编织后片，而前片的针眼用防解别针扣住，暂时不织。分配后片的针数到棒针上，起织时两侧需要同时减针织成袖窿，减针方法为1-4-1，2-1-5，两侧针数减少9针，余下66针继续编织，两侧不再加减针，织至第187行时，中间留取28针不织，两端相反方向减针编织，各减少2针，方法为2-1-2，最后两肩部余下17针，收针断线。　2. 前片：前片的编织方法与后片相同，两侧袖窿减针方法也相同，织至第171行时，中间留取16针不织，两端相反方向减针编织，各减少8针，方法为2-2-2，2-1-4，最后两肩部余下17针，收针断线。前片与后片的两肩部对应缝合。另起168针，编织花样A，织14行后，收针，缝合于下摆8cm高处。另起168针，编织花样A，织14行后，收针，缝合于下摆12cm高处。起10针，编织花样C，织一条长约75cm的腰带，系于腰部。　3. 袖片：单罗纹针起针法起52针，编织花样C，织20行后，改织花样D，一边织一边两侧加针，加12-1-8，两侧的针数各增加8针。将织片织成68针，织至122行后收针断线。另起线编织袖山，起68针，编织花样C，织8行后，改织花样D，袖山减针编织，两侧同时减针，方法为1-4-1，2-1-17，两侧各减少21针，最后织片余下26针，收针断线。用同样的方法再编织另一袖片。缝合方法：将袖片从内与袖山边重叠缝合，将袖山对应前片与后片的袖窿线，用线缝合，再将两袖侧缝对应缝合。　4. 领：挑起70针，编织花样C，织14行后，收针断线。沿领边挑针编织领口花边，挑起70针，编织花样A，织14行后，用下针收针法收针断线。

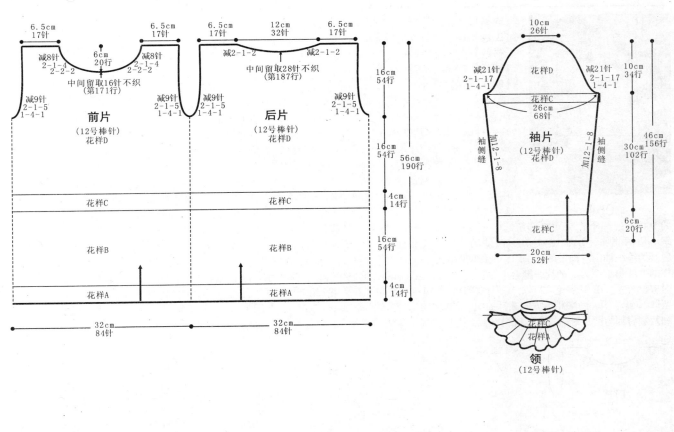

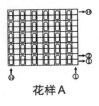

花样A

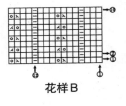

花样B

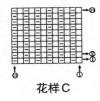

花样C

花样D

115

【成品尺寸】衣长52cm 胸围74cm 袖长42cm
【工具】3.5mm棒针
【材料】白色羊毛绒线 亮珠和图案若干
【密度】10cm²：20针×28行
【制作过程】1. 前片、后片：按图起74针，织17cm花样后，改织3cm单罗纹，再织全下针，左右两边按图示收成袖窿。前后领各按图示均匀减针，形成领口。 2. 袖片：按图起40针，织8cm单罗纹后，改织全下针，织至23cm后按图示均匀减针，收成袖山。 3. 缝合：编织结束后，将前片、后片侧缝，并将肩部、袖片缝合。 4. 领：挑针。织6cm单罗纹，形成圆领。 5. 装饰：缝上亮珠、图案领圈花边和下摆花边按图缝合。

053

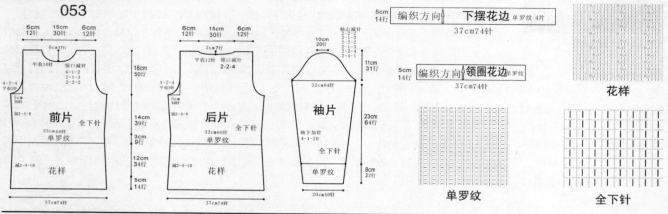

【成品尺寸】衣长56cm 胸围74cm 袖长50cm
【工具】12号棒针 防解别针
【材料】白色棉线500g
【密度】10cm²：26针×34行
【制作过程】1. 前片、后片：双罗纹针起针法起168针环织，起织花样A，共织14行后改织花样B，织至68行后改织花样A，第78行在上针的位置留起一个孔眼，用来穿腰绳，织至88行后改织花样C，织至136行后将织片分为前片和后片编织，前片与后片各起84针。先编织后片，而前片的针眼用防解别针扣住，暂时不织。分配后片的针数到棒针上，起织时两侧需要同时减针织成袖窿，减针方法为1-4-1，2-1-5，两侧针数减少9针，余下66针继续编织，两侧不再加减针，织至第187行时，中间留取28针不织，两端相反方向减针编织，各减少2针，方法为2-1-2，最后两肩部余下17针，收针断线。前片的编织方法与后片相同，两侧袖窿减针方法也相同，织至第171行时，中间留取16针不织，两端相反方向减针编织，各减少8针，方法为2-2-2，2-1-4，最后两肩部余下17针，收针断线。前片与后片的两肩部对应缝合。编织一条长

054

约100cm的绳子，穿入腰部留起的小孔。 2. 袖片：双罗纹针起针法，起48针，编织花样A，织14行后，改织花样C，一边织一边两侧加针，加12-1-10，两侧的针数各增加10针，织至64行后改织花样A，织至84行后，改回编织花样C，织至136行后开始编织袖山。袖山减针编织，两侧同时减针，方法为1-4-1，2-1-17，两侧各减少21针，最后织片余下26针，收针断线。用同样的方法再编织另一袖片。缝合方法：将袖片从内与袖山边重叠缝合，将袖山对应前片与后片的袖窿线，用线缝合，再将两袖侧缝对应缝合。 3. 领：起42针，编织花样D，每14针一组单元花，共3组花样，织12行后，全部改为全下针编织，第13行起，中间留取16针不织，两端相反方向减针编织，各减少8针，方法为2-2-2，2-1-4，共织32行，最后两肩部余下5针，收针断线。将领口和两侧肩部与前片对应缝合。挑织衣领，挑起70针，编织花样A，织4行后，收针断线。

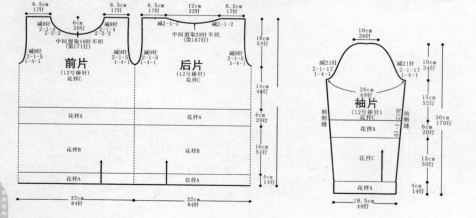

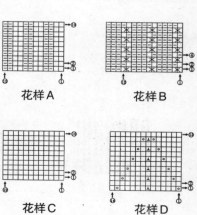

052

【成品尺寸】衣长56cm　胸围74cm　袖长46cm

【工具】12号棒针　防解别针

【材料】白色棉线500g

【密度】10cm²：26针×34行

【制作过程】1. 后片：下针起针法起168针环织，起织花样A，共织14行后改织花样B，织至68行后改织花样C，织至82行后改织花样D，织至136行后将织片分片，分为前片和后片，前片与后片各84针。先编织后片，而前片的针眼用防解别针扣住，暂时不织。分配后片的针数到棒针上，起织时两侧需要同时减针织成袖窿，减针方法为1-4-1，2-1-5，两侧针数减少9针，余下66针继续编织，两侧不再加减针，织至第187行时，中间留取28针不织，两端相反方向减针编织，各减少2针，方法为2-1-2，最后两肩部余下17针，收针断线。 2. 前片：前片的编织方法与后片相同，两侧袖窿减针方法也相同，织至第171行时，中间留取16针不织，两端相反方向减针编织，各减少8针，方法为2-2-2，2-1-4，最后两肩部余下17针，收针断线。前片与后片的两肩部对应缝合。另起168针，编织花样A，织14行后，收针，缝合于下摆8cm高处。另起168针，编织花样A，织14行后，收针，缝合于下摆12cm高处。起10针，编织花样C，织一条长约75cm的腰带，系于腰部。 3. 袖片：单罗纹针起针法起52针，编织花样C，织20行后，改织花样D，一边织一边两侧加针，加12-1-8，两侧的针数各增加8针，将织片织成68针，织至122行后收针断线。另起线编织袖山，起68针，编织花样C，织8行后，改织花样D，袖山减针编织，两侧同时减针，方法为1-4-1，2-1-17，两侧各减少21针，最后织片余下26针，收针断线。用同样的方法再编织另一袖片。缝合方法：将袖片从内与袖山边重叠缝合，将袖山对应前片与后片的袖窿线，用线缝合，再将两袖侧缝对应缝合。 4. 领：挑起70针，编织花样C，织14行后，收针断线。沿领边挑针编织领口花边，挑起70针，编织花样A，织14行后，用下针收针法收针断线。

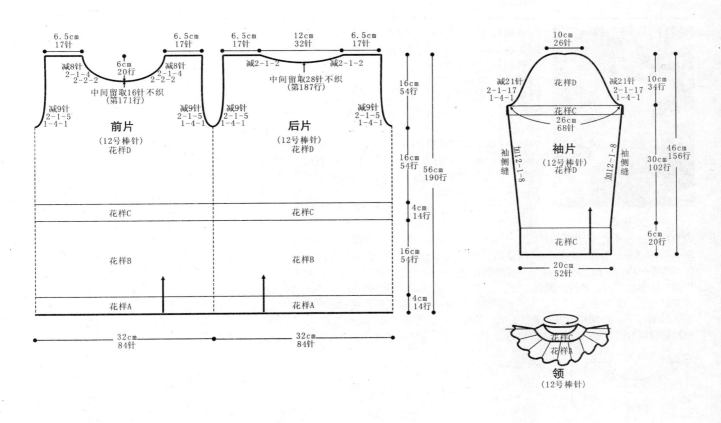

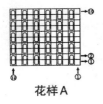

花样A

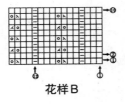

花样B

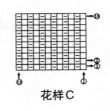

花样C

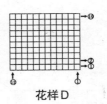

花样D

【成品尺寸】衣长52cm　胸围74cm　袖长42cm

【工具】3.5mm棒针

【材料】白色羊毛绒线　亮珠和图案若干

【密度】10cm²：20针×28行

【制作过程】1. 前片、后片：按图起74针，织17cm花样后，改织3cm单罗纹，再织全下针，左右两边按图示收成袖窿。前后领各按图示均匀减针，形成领口。　2. 袖片：按图起40针，织8cm单罗纹后，改织全下针，织至23cm后按图示均匀减针，收成袖山。　3. 缝合：编织结束后，将前片、后片侧缝，并将肩部、袖片缝合。　4. 领：挑针。织6cm单罗纹，形成圆领。5. 装饰：缝上亮珠、图案领圈花边和下摆花边按图缝合。

053

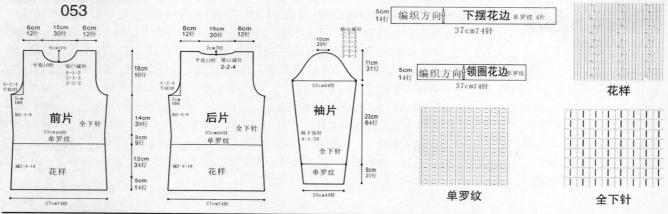

【成品尺寸】衣长56cm　胸围74cm　袖长50cm

【工具】12号棒针　防解别针

【材料】白色棉线500g

【密度】10cm²：26针×34行

领
（12号棒针）

【制作过程】1. 前片、后片：双罗纹针起针法起168针环织，起织花样A，共织14行后改织花样·B，织至68行后改织花样A，第78行在上针的位置留起一个孔眼，用来穿腰绳，织至88行后改织花样C，织至136行后将织片分为前片和后片编织，前片与后片各起84针。先编织后片，而前片的针眼用防解别针扣住，暂时不织。分配后片的针数到棒针上，起织时两侧需要同时减针织成袖窿，减针方法为1-4-1，2-1-5，两侧针数减少9针，余下66针继续编织，两侧不再加减针，织至第187行时，中间留取28针不织，两端相反方向减针编织，各减少2针，方法为2-1-2，最后两肩部余下17针，收针断线。前片的编织方法与后片相同，两侧袖窿减针方法也相同，织至第171行时，中间留取16针不织，两端相反方向减针编织，各减少8针，方法为2-2-2，2-1-4，最后两肩部余下17针，收针断线。前片与后片的两肩部对应缝合。编织一条长

054

约100cm的绳子，穿入腰部留起的小孔。　2. 袖片：双罗纹针起针法，起48针，编织花样A，织14行后，改织花样C，一边织一边两侧加针，加12-1-10，两侧的针数各增加10针，织至64行后改织花样A，织至84行后，改回编织花样C，织至136行后开始编织袖山。袖山减针编织，两侧同时减针，方法为1-4-1，2-1-17，两侧各减少21针，最后织片余下26针，收针断线。用同样的方法再编织另一袖片。缝合方法：将袖片从内与袖山边重叠缝合，将袖山对应前片与后片的袖窿线，用线缝合，再将两袖侧缝对应缝合。　3. 领：起42针，编织花样D，每14针一组单元花，共3组花样，织12行后，全部改为全下针编织，第13行起，中间留取16针不织，两端相反方向减针编织，各减少8针，方法为2-2-2，2-1-4，共织32行，最后两肩部余下5针，收针断线。将领口和两侧肩部与前片对应缝合。挑织衣领，挑起70针，编织花样A，织4行后，收针断线。

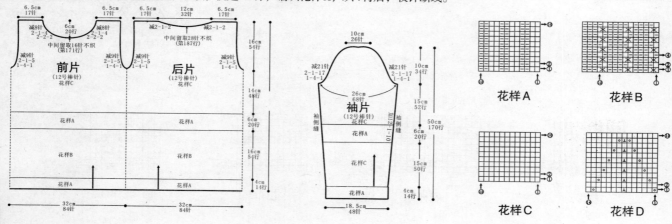

【成品尺寸】衣长45cm　胸围58cm　袖长42cm

【工具】13号棒针

【材料】白色毛线400g

【密度】10cm²：33针×33行

【制作过程】1. 前片、后片（分上片、中片和下片）：a. 中片起100针，织花样B2cm，改织花样A到12cm时留袖窿，在两边同时各平收2针，然后隔4行两边收1针，收5次，织至16cm后全部平收。b. 上片起100针织花样A2cm，然后织花样C至12cm，开始收领窝，中间平收20针，每隔1行两边各收1针，收2次，织至45cm后全部平收。c. 下片起64针织花样B至30cm，全部平收。（前片：上片织8cm收领窝）　2. 袖片：起54针，编织花样C，织至10cm后，改织花样A，每4行放1针，放8次，再每隔6行两边各加1针，加4次，织至30cm后开始收袖山，两边各平收2针，每隔4行两边各收1针，共收8次，剩余针数全部平收。　3. 领：起118针织花样D，织至3cm后全部平收，对折缝合。　4. 胸花花样：花样E和花样F，花样E钩三片，缝合。

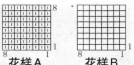

花样A　　花样B

055

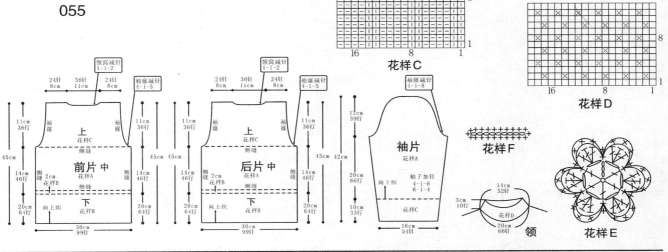

花样C

花样D

前片　中

后片　中

袖片

花样F

领

花样E

【成品尺寸】衣长55cm　胸围74cm　袖长42cm

【工具】3.5mm棒针　4.5mm棒针

【材料】白色羊毛绒线　装饰扣4枚

【密度】10cm²：20针×28行

【制作过程】1. 前片：分左右两片编织，左前片按图起37针，先用4.5mm棒针织17cm花样A后，改用3.5mm棒针织5cm双罗纹，再织花样B，按图示收成袖窿，用同样方法编织右前片。2. 后片：按图起74针，先用4.5mm棒针织17cm花样A后，改用3.5mm棒针织5cm双罗纹，再织花样B，左右两边按图收成袖窿。前后领各按图示均匀减针，形成领口。　3. 袖片：按图起40针，织10cm双罗纹后，改织全下针，织至21cm后按图示均匀减针，收成袖山。　4. 缝合：编织结束后，将前片、后片侧缝，并将肩部、袖片缝合。　5. 帽子：另织，与领圈缝合。　6. 门襟：另织，与前片门襟和帽缘缝合。　7. 装饰：缝上扣子。

双罗纹

056

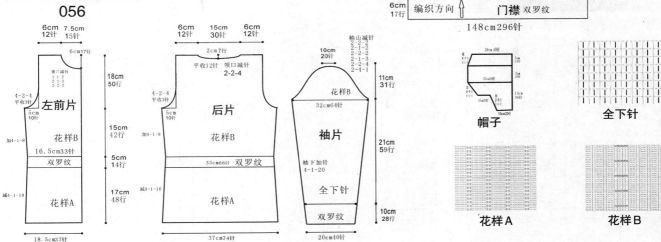

左前片

后片

袖片

门襟　双罗纹

帽子

全下针

花样A

花样B

117

【成品尺寸】衣长55cm　胸围74cm　袖长48cm
【工具】3.5mm棒针
【材料】白色羊毛绒线　装饰扣5枚
【密度】10cm²：20针×28行
【制作过程】1. 前片：分左右两片编织，左前片按图起37针，织17cm花样A后，改织8cm双罗纹，再织全下针，按图示收成袖窿，用同样方法编织右前片。　2. 后片：按图起74针，织17cm花样A后，改织双罗纹，再织全下针，左右两边按图收成袖窿。前后领各按图示均匀减针，形成领口。　3. 袖片：按图起40针，织25cm花样A后，改织全下针，织至12cm后按图示均匀减针，收成袖山，袖口卷起。　4. 缝合：编织结束后，将前片、后片侧缝，并将肩部、袖片缝合。　5. 帽子：另织，与领圈缝合。　6. 门襟：另织，与前片门襟和帽缘缝合。　7. 装饰：缝上扣子和前片装饰片。

帽子

057

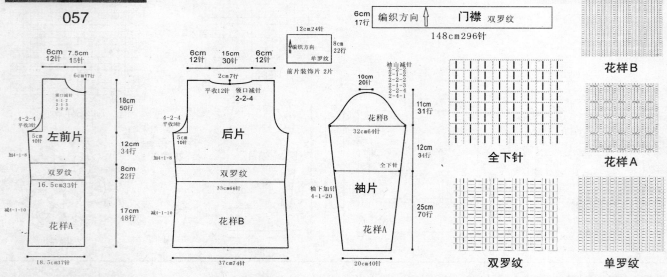

左前片　后片　袖片　花样B　全下针　花样A　双罗纹　单罗纹　门襟　前片装饰片2片

【成品尺寸】衣长50cm　胸围72cm　袖长44cm
【工具】2.5mm棒针
【材料】白色羊毛线400g　贴花1套　拉链1条
【密度】10cm²：34针×46行
【制作过程】1. 后片：起122针，编织双罗纹针3cm，然后织花样22cm之后，再织4cm双罗纹针，然后织平针6cm后收袖窿，还剩2cm时收后领。　2. 前片：起122针，编织方法与后片相同，还剩10cm时收前领。　3. 袖片：起62针，编织双罗纹针5cm，然后织平针31cm后收袖山，编织2片。　4. 缝合：将前片、后片与袖片进行缝合。　5. 领：挑128针，编织双罗纹针60行后对折缝合。　6. 装饰：沿着门襟边线挑42针编织单罗纹针10行，然后再里折缝合。将拉链藏于门襟边下。

双罗纹针针法

058

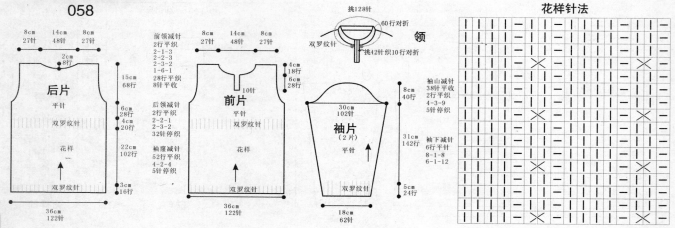

后片　前片　袖片（2片）　领　花样针法

118

059

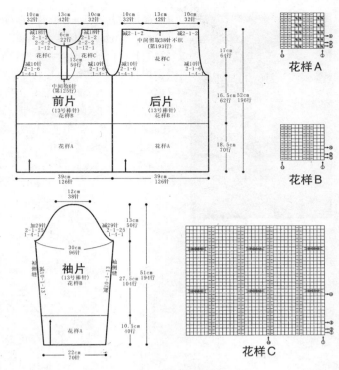

【成品尺寸】衣长52cm 胸围78cm 袖长51cm

【工具】13号棒针 1.5mm钩针

【材料】白色棉线500g

【密度】10cm²：32针×38行

【制作过程】1. 前片、后片：后片为一片编织，从衣摆往上编织，双罗纹针起针法起126针，先织2行单罗纹针，然后改织花样A，不加减针织至70行后，改织花样B，织至132行后，改织花样C，两侧开始袖窿减针，方法为1-4-1、2-1-6，减针后不加减针往上织至192行，第193行开始后领减针，方法是中间留取38针不织，两侧各减2针，织至196行后，两肩部各余下32针，后片共织52cm长。前片为一片编织，从衣摆往上编织，双罗纹针起针法起126针，先织2行单罗纹针，改织花样A，不加减针织至70行后，改织花样B，织至124行后，将织片中间收6针，两侧分为左右两片分别编织，先织左片，左片的右边是衣襟侧，织至132行后，改织花样C，左侧开始袖窿减针，方法为1-4-1、2-1-6，织至174行，第175行将右侧收针12针，然后开始减针织成前领，方法为2-2-2、2-1-2，减针后不加减针至196行的总长度，肩部余下32针，前身片共织62cm长。用同样的方法相反方向编织右前片。编织完成后，将前后身片侧缝缝合，肩缝缝合。前衣襟两侧分别横向挑针起织，织下针，织6行后，与起针缝合成双层，缝好拉链。 2. 袖片：起70针，起织单罗纹针，织4行后，改织花样A，两侧一边织一边加针，方法是10-1-13，两侧的针数各增加13针，织至40行后，改织花样B，织至144行时，将织片织成96针，接着就编织袖山，袖山减针编织，两侧同时减针，方法为1-4-1、2-1-25，两侧各减少29针，织至194行后，最后织针余下38针，收针断线。用同样的方法再编织另一袖片。缝合方法：将袖山对应前片与后片的袖窿线，用线缝合，再将两袖侧缝对应缝合。

060

【成品尺寸】衣长52cm 胸围74cm 袖长42cm

【工具】3.5mm棒针

【材料】白色、粉红色羊毛绒线 腰间绳子1条

【密度】10cm²：20针×28行

【制作过程】1. 前片、后片：分上下两片编织，上片按图起74针，织全下针，并编入图案，左右两边按图示收成袖窿；下片先织双层平针底边后，改织全下针，并间色，然后将上下片缝合。前后领各按图示均匀减针，形成领口。 2. 袖片：按图起40针，先织双层平针底边后，改织全下针，并间色，织至31cm后按图示均匀减针，收成袖山。 3. 缝合：编织结束后，将前片、后片侧缝，并将肩部、袖片缝合。 4. 领：按图示挑针。织10cm单罗纹，形成半高领。 5. 装饰：系上腰间绳子。

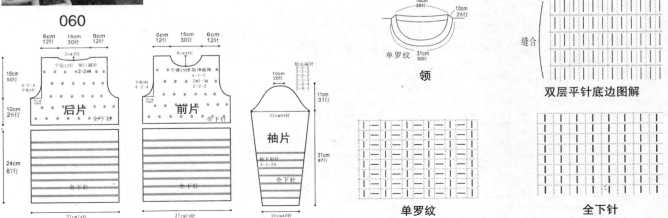

【成品尺寸】衣长52cm　胸围74cm　袖长42cm

【工具】3.5mm棒针

【材料】白色羊毛绒线　腰带1条

【密度】10cm²：20针×28行

【制作过程】1. 前片、后片：按图起74针，织5cm双罗纹后，改织29cm全下针，并编入图案，左右两边按图示收成袖窿。前后领各按图示均匀减针，形成领口。　2. 袖片：按图起40针，织10cm双罗纹后，改织下针，并间色，织至21cm后按图示均匀减针，收成袖山。　3. 缝合：编织结束后，将前片、后片侧缝，并将肩部、袖片缝合。　4. 领：挑针，织6cm单罗纹，形成圆领。

061

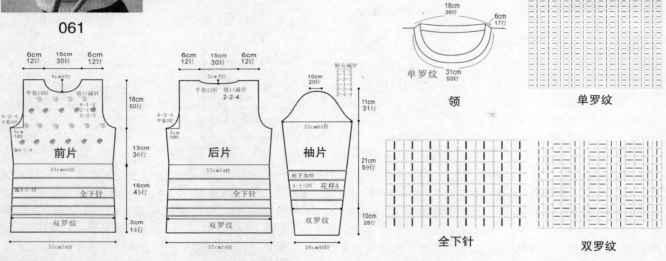

【成品尺寸】衣长52cm　胸围74cm　连肩袖长42cm

【工具】3.5mm棒针　4.5mm棒针　小号钩针

【材料】白色、粉红色羊毛绒线　装饰钩花1朵

【密度】10cm²：20针×28行

【制作过程】1. 前片、后片：按图起74针，用4.5mm棒针织18cm花样后，改用3.5mm棒针织16cm全下针，左右两边按图示收成袖窿。前后领各按图示均匀减针，形成领口。　2. 袖片：按图起40针，织8cm双罗纹后，改织全下针，织至23cm后按图示均匀减针，收成袖山。　3. 缝合：编织结束后，将前片、后片侧缝，并将肩部、袖片缝合。　4. 领：按图示挑针。织8cm单罗纹，形成圆领。　5. 装饰：用小号钩针，钩织装饰钩花，装饰于左前胸上。

062

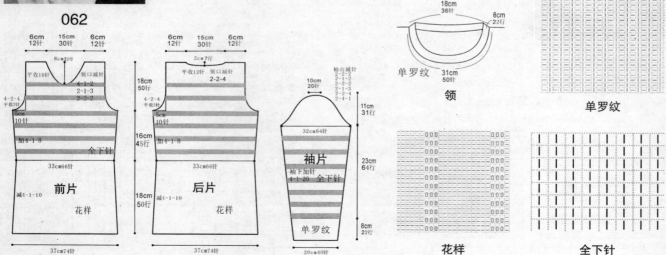

【成品尺寸】衣长52cm　胸围74cm　连肩袖长47cm
【工具】3.5mm棒针
【材料】白色羊毛绒线　红色、黄色长毛线　珠子若干　扣子4枚
【密度】10cm²：20针×28行
【制作过程】1. 前片、后片：按图起74针，织10cm双罗纹后，改织全下针，并间色，左右两边按图示收成插肩袖。前后领各按图示均匀减针，形成领口。　2. 袖片：按图起40针，织10cm双罗纹后，改织全下针，织至21cm按图示均匀减针，收成插肩袖山。　3. 缝合：编织结束后，将前片、后片侧缝，袖片缝合，左肩门襟不用缝合。　4. 领：以左肩门襟为中间挑针，织13cm双罗纹，形成翻领。　5. 装饰：缝上珠子和扣子。

领子结构图

063

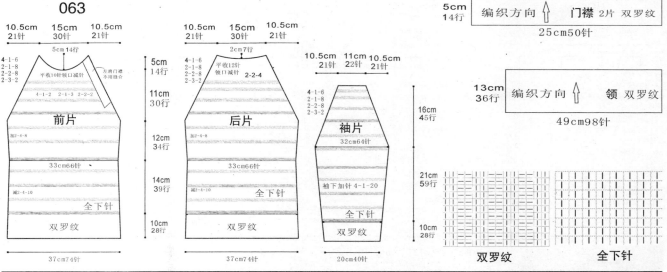

【成品尺寸】衣长45cm　胸围80cm　袖长44cm
【工具】3.5mm棒针
【材料】白色毛线　粉色松树纱线
【密度】10cm²：19针×28行
【制作过程】1. 前片：用粉色松树纱线起70针，平织12行单罗纹针，用白色毛线及粉色松树纱线相间隔，织平针斜条纹（见花样C图），平织到袖窿处，领窝处留6cm高。
2. 后片：编织方法与前片相同，领窝处留2cm高。　3. 袖片：起36针，用粉色松树纱线织单罗纹针12行后，换白色毛线和粉色松树纱线如图C平织，照图织至袖山处。　4. 缝合：将前片、后片及袖片缝合。　5. 领：挑起领窝56针，用粉色松树纱线织13cm单罗纹针，收针。

064

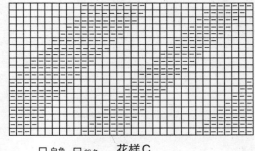

□白色　目粉色　花样C

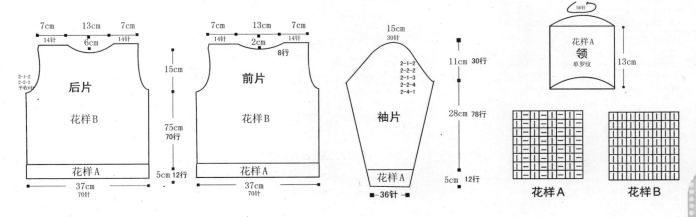

【成品尺寸】衣长52cm　胸围74cm　袖长42cm

【工具】3.5mm棒针

【材料】粉红色长毛起珠毛线　白色羊毛绒线

【密度】10cm²：20针×28行

【制作过程】1. 前片、后片：按图起74针，织10cm双罗纹后，改织全下针，并间色，左右两边按图示收成袖窿。前后领各按图示均匀减针，形成领口。　2. 袖片：按图起40针，织10cm双罗纹后，改织全下针，织至21cm后按图示均匀减针，收成袖山。　3. 缝合：编织结束后，将前片、后片侧缝，并将肩部、袖片缝合。　4. 内领：按结构图起5针，均匀加针，织至15cm时，再与后领窝同时挑针，圈织50行，两边均匀加针，形成高领。

065

内领结构图

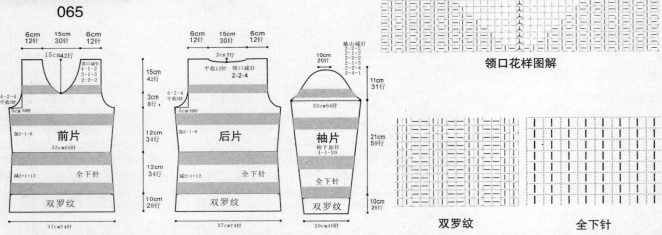

前片

后片

袖片

领口花样图解

双罗纹　　　全下针

【成品尺寸】衣长47cm　胸围72cm　袖长44cm

【工具】2.5mm棒针

【材料】红色羊毛线350g　深蓝色、白色毛线少量　布贴1套　拉链1条

【密度】10cm²：34针×46行

【制作过程】1. 后片：用红色羊毛线起112针，配色编织双罗纹针6cm，然后如图示织平针，织26cm后收袖窿，编织至45cm时收后领。　2. 前片：起62针，编织方法与后片相同，如图配色编织，编织至41m时收前领，编织2片。　3. 袖片：起62针，编织双罗纹针6cm，然后改织平针，在适合位置如图示加入配色，织30cm后收袖山，编织两片。　4. 缝合：将前片、后片与袖片进行缝合。　5. 领：用红色羊毛线挑78针，如图示配色编织双罗纹针48行后对折缝合。6. 沿着门襟衣领边用红色羊毛线挑适合针数编织单罗纹针8行，然后再里折缝合。将拉链藏于门襟边下，最后贴上布贴。

066

双罗纹针针法

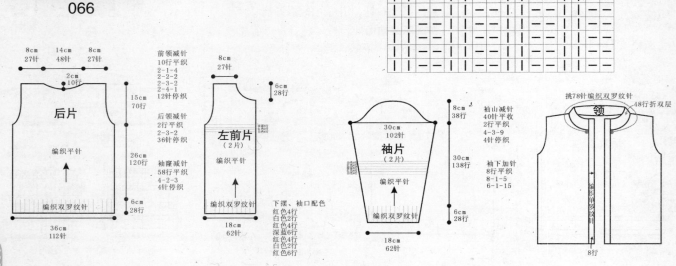

后片

左前片
（2片）

袖片
（2片）

领

067

【成品尺寸】衣长47cm　胸围72cm　袖长44cm
【工具】2.5mm棒针
【材料】红色羊毛线250g　宝蓝毛线50g　浅灰毛线100g　布贴1套　拉链1条
【密度】10cm²：20针×28行
【制作过程】1. 后片：用红色羊毛线起72针，编织双罗纹针6cm，然后编织花样A（注意配色），花样A结束后改织花样B，织26cm后收袖窿，编织至45cm时收后领。　2. 前片：编织方法与后片相同，编织至41cm时收前领，编织2片。　3. 袖片：用红色羊毛线起36针，编织双罗纹针6cm，然后织花样A和花样B，织30cm后收袖山，编织2片。　4. 缝合：将前片、后片与袖片进行缝合。　5. 领：用红色羊毛线挑78针，编织双罗纹针48行后折双层缝合。　6. 沿着门襟衣领边挑起适合的针数编织单罗纹针8行，然后再里折缝合。将拉链藏于门襟边下。

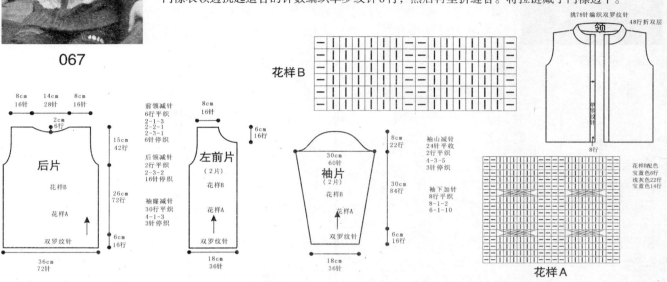

花样B

挑78针编织双罗纹针　48行折双层
领

8cm 16针　14cm 28针　8cm 16针
2cm 6行
15cm 42行
后片
花样B
花样A
双罗纹针
26cm 72行
6cm 16行
36cm 72针

前领减针
6行平织
2-1-3
2-2-1
2-3-1
6行停织
后领减针
2行平织
2-3-2
16行停织
袖窿减针
30行平织
4-1-3
3针停织

8cm 16针
左前片
（2片）
花样B
花样A
双罗纹针
6cm 16行
18cm 36针

6cm 16行

30cm 60针
袖片
（2片）
花样B
花样A
双罗纹针
18cm 36针

8cm 22行
30cm 84行
6cm 16行

袖山减针
24针平收
2行平织
4-3-5
3针停织
袖下加针
8行平织
8-1-2
6-1-10

花样B配色
宝蓝色6行
浅灰色22行
宝蓝色14行

花样A

068

【成品尺寸】衣长54.5cm　胸围98cm　袖长52cm
【工具】8号棒针
【材料】毛线700g　拉链1条
【密度】10cm²：24针×30行
【制作过程】1. 前片、后片：以机器边起针编织双罗纹针，衣身编织花样，按图示减袖窿、前领窝、后领窝。　2. 袖片：与前片、后片相同方法编织，按图示加袖下、减袖坡、袖山，编织2片。注意袖子配色与衣身要一致。　3. 缝合：将前片、后片、袖片缝合，按领挑针示意图挑织衣领，编织双罗纹针。　4. 门襟处横向织下针2cm高，包住门襟边，然后装上拉链。

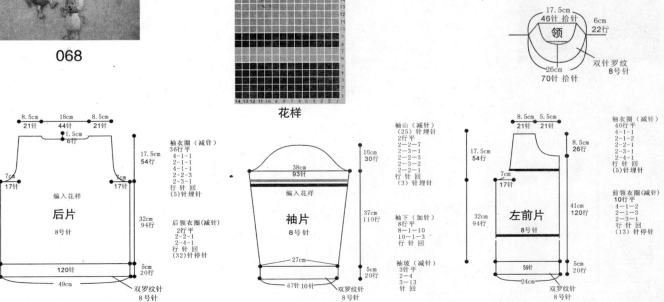

花样

17.5cm 46针 挑针　6cm 22行
领
26cm 70针 挑针
双针罗纹
8号针

8.5cm 21针　18cm 44针　8.5cm 21针
1.5cm 6行
后片
8号针
编入花样
120针
49cm
双罗纹针
8号针
7cm 17针
7cm 17针
17.5cm 54行
32cm 94行
5cm 20行

袖衣圈（减针）
36针平
4-1-1
2-1-1
4-1-1
2-1-1
2-3-1
行针回
(5)针埋针
后领衣圈（减针）
2行平
2-2-1
2-4-1
行针回
(32)针停针

38cm 93针
袖片
8号针
编入花样
27cm 67针 10针
双罗纹针
8号针
10cm 30行
37cm 110行
5cm 20行

袖山（减针）
(25)针埋针
2行平
2-2-7
2-3-1
2-2-1
2-3-2
2-2-1
行针回
(3)针埋针
袖下（加针）
8行平
8-1-10
10-1-3
行针回
袖坡（减针）
3针平
2-4
3-13
行针回

8.5cm 21针　5.5cm 21针
左前片
8号针
24cm 59针
双罗纹针
8号针
7cm 17针
17.5cm 54行
8.5cm 26行
41cm 120行
32cm 94行
5cm 20行

袖衣圈（减针）
40行平
4-1-1
2-1-2
2-1-1
2-3-1
行针回
(5)针埋针
前领衣圈（减针）
10行平
4-1-2
2-1-1
2-3-1
行针回
(13)针停针

123

069

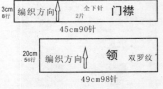

【成品尺寸】衣长47cm　胸围74cm　袖长42cm

【工具】3.5mm棒针　绣花针

【材料】红色羊毛绒线　白色、黑色、蓝色毛线少许　绣花图案
若干　拉链1条

【密度】10cm²：20针×28行

【制作过程】1. 前片：分左右两片编织，分别按图起37针，织10cm双罗纹后，改织19cm全下针，左右两边按图示收成袖窿。　2. 后片：按图起针，织10cm双罗纹后，改织19cm全下针，左右两边按图收成袖窿。前后领各按图示均匀减针，形成领口。　3. 袖片：按图起40针，织10cm双罗纹后，分左右两片编织，并改织21cm全下针，织至21cm后按图示均匀减针，收成袖山，袖中衬边另织，并间色与衣袖缝合，多余部分与肩部缝合。　4. 缝合：编织结束后，将前片、后片侧缝，并将肩部、袖片缝合。　5. 领：挑针，织20cm双罗纹，折边缝合，形成双层翻领。　6. 门襟：拉链边另织，折边缝合，形成双层门襟拉链边，装上拉链，绣上绣花图案。

双罗纹

全下针

领结构图

前片

后片

袖片

070

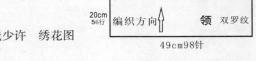

【成品尺寸】衣长47cm　胸围74cm　袖长42cm

【工具】3.5mm棒针　绣花针

【材料】红色羊毛绒线　白色、黑色、蓝色毛线少许　绣花图
案若干　拉链1条

【密度】10cm²：20针×28行

【制作过程】1. 前片：分左右两片编织，分别按图起37针，织10cm双罗纹后，改织19cm全下针，左右两边按图示收成袖窿。　2. 后片：按图起针，织10cm双罗纹后，改织19cm全下针，左右两边按图收成袖窿。前后领各按图示均匀减针，形成领口。　3. 袖片：按图起40针，织10cm双罗纹后，分左右两片编织，并改织21cm全下针，织至21cm后按图示均匀减针，收成袖山，袖中衬边另织，并间色与衣袖缝合，多余部分与肩部缝合。　4. 缝合：编织结束后，将前片、后片侧缝，并将肩部、袖片缝合。　5. 领：挑针，织20cm双罗纹，折边缝合，形成双层翻领。　6. 门襟：拉链边另织，折边缝合，形成双层门襟拉链边，装上拉链，绣上绣花图案。

领结构图

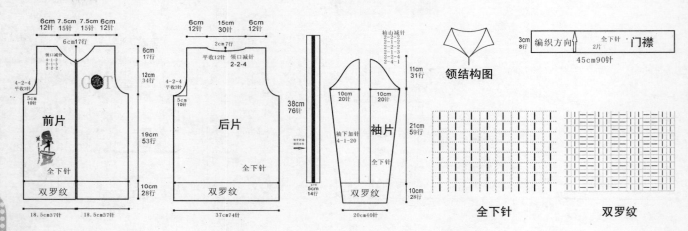

前片

后片

袖片

全下针

双罗纹

071

【成品尺寸】衣长38cm　胸围74cm　袖长34cm

【工具】3.5mm棒针

【材料】黑色、红色、白色羊毛绒线　拉链1条　装饰图案1个

【密度】10cm²：20针×28行

【制作过程】1. 前片、后片：按图起74针，织双罗纹，并间色，前领织至26cm时，分2片编织，左右两边按图示收成袖窿。前后领各按图示均匀减针，形成领口。　2. 袖片：按图起40针，织双罗纹，并间色，织至25cm后按图示均匀减针，收成袖山。　3. 缝合：编织结束后，将前片、后片侧缝，并将肩部、袖片缝合。　4. 前领：分两片另织双罗纹，不用挑针，与前片缝合，同时与领挑针，织10cm双罗纹，形成翻领。　5. 装饰：缝上拉链和装饰图案。

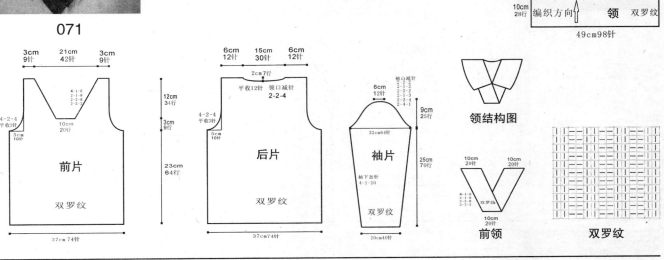

072

【成品尺寸】衣长49cm　胸围72cm　袖长46cm

【工具】3mm棒针

【材料】黑色羊毛线400g　白色毛线50g　布贴1套

【密度】10cm²：24针×30行

【制作过程】1. 后片：用黑色羊毛线起86针，编织双罗纹针6cm，然后配色编织花样，织28cm后如图示收袖窿，编织至47cm时收后领。　2. 前片：编织方法与后片相同，编织至43cm时收前领。　3. 袖片：用黑色羊毛线起44针，编织双罗纹针6cm，然后配色编织花样，织32cm后收袖山，编织2片。　4. 缝合：将前片、后片与袖片进行缝合。　5. 领：用黑色线挑38针，编织双罗纹针40行后对折。　6. 最后在前胸位置贴上布贴。

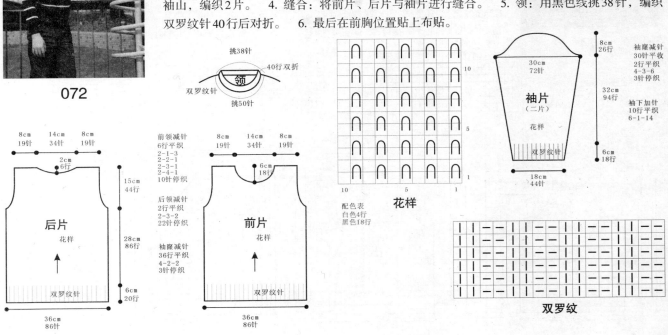

073

【成品尺寸】衣长47cm　胸围78cm　袖长52cm

【工具】3mm棒针

【材料】灰色棉线300g　黑色毛线200g　布贴1套

【密度】10cm²：24针×30行

【制作过程】1. 后片：起94针，编织双罗纹针5cm，然后如图示进行配色平针编织（黑色与灰色各10行），织26cm后如图示收袖窿。　2. 前片：编织方法与后片相同，距衣片顶端3cm时收前领。　3. 袖片：起44针，先编织5cm双罗纹针，然后如图进行配色平针编织，黑色毛线和灰色棉线各10行交替编织，织31cm后收袖山，编织2片。　4. 缝合：将前片、后片与袖片进行缝合。　5. 领：挑起84针，编织双罗纹针12行。　6. 最后在前胸处适合的位置贴上布贴。

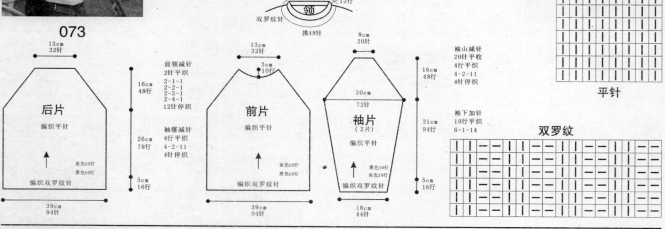

074

【成品尺寸】衣长40cm　胸围54cm　袖长45cm

【工具】12号棒针

【材料】黄色、灰色毛线400g

【密度】10cm²：38针×38行

【制作过程】1. 后片：起92针，编织花样B7cm后，改织花样A，织至26cm后开始收袖窿，两边各平收2针，每隔2行两边各减1针，收10次，织至38cm时收后领窝，中间平收10针，两边每隔1行减1针，共收5次，织至40cm后全部平收。　2. 前片：编织方法与后片相同，织至28cm后分开织开口（织至26cm时收袖山，中间平收14针，再每隔1行织1针，收8次，每隔1行减1针），先织左边，织至35cm时收前领窝，中间平收6针，再每隔1行收1针，共收3次），右边编织方法与左边相同。　3. 袖片：起54针织花样B，织至7cm后开始织花样A，每隔4行两边各加1针，加6次，织至27cm时开始收袖山（织至29cm后织花样C2cm，再改织花样A2cm再织花样C2cm，继续织花样A），每隔1行收1针，织至45cm，平收。　4. 领：缝合前片、后片、袖片，挑起领围75针，织花样B5cm后，收针。　5. 参考毛衣成品图缝制图案及拉链。

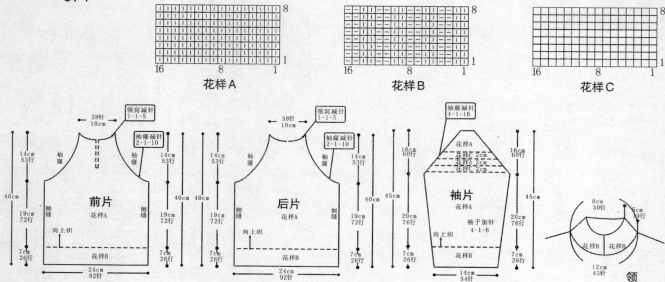

花样A　　花样B　　花样C

前片　　后片　　袖片　　领

126

花样C

【成品尺寸】衣长45cm　胸围50cm　袖长43cm
【工具】12号棒针
【材料】黄色、灰色毛线400g　拉链1条
【密度】10cm²：40针×40行
【制作过程】1. 后片：起88针，织花样B5cm后，改织花样A和花样C（如图），织至28cm时开始收袖窿，两边隔1行减1针，收剩30针，收后领窝，中间平收10针，两边每隔1行减1针，共收5次。　2. 左右前片：起44针，织花样B5cm后，改织花样C，织至28cm后收袖窿，每隔1行减1针，织至41cm时收前领窝，中间平收6针，再每隔1行收1针，共收5次。　3. 袖：起54针，织花样B5cm后开始织花样A，每隔4行两边各加1针，加6次，织至27cm后开始收袖山，每隔1行收1针，织至43cm后，平收。　4. 领：缝合前片、后片、袖片，挑起领围75针，织花样B织至8cm后，收针。　5. 参考毛衣成品图缝制图案及拉链。

075

花样B

花样A

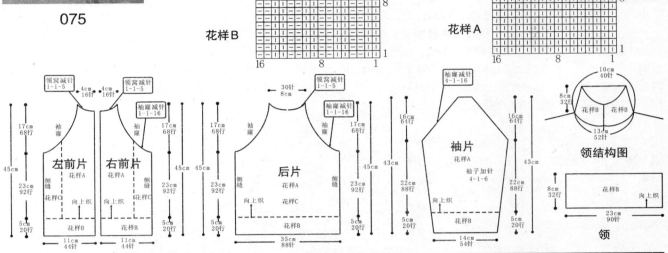

【成品尺寸】衣长38cm　胸围54cm　袖长40.5cm
【工具】10号棒针　1.5mm钩针
【材料】白色粗棉线150g　粉红色粗棉线150g　绿色粗棉线150g
【密度】10cm²：12针×18行
【制作过程】1. 前片、后片：棒针编织法，袖窿以下一片环形编织，绿色粗棉线编织，袖窿以上改用白色粗棉线编织，分为前片、后片来编织。起织，双罗纹针起针法起80针，起织花样A，织8行后，改织花样B，织至42行后，将织片分片，分成前片和后片各取40针编织，起织后片，起织时两侧同时减针2针，然后织成插肩袖窿，减针方法为4-2-6，减针时在第10针及倒数第10针的位置减针，两侧针数减少12针，织至24行后，余下12针。起织前片，起织时两侧同时减针2针，然后织成插肩袖窿，插肩减针方法为4-2-6，减针时在第10针及倒数第10针的位置减针，两侧针数减少12针，织至18行后，织片内侧减针织成衣领，方法为2-2-1，2-1-2，织至24行后，收针断线。　2. 领：前片、后片编织完成后钩织衣领。衣领用绿色粗棉线钩织。沿着前后衣领边，钩织4圈花样D，作为领口花边。钩织8朵小花，如花样E，缝合于衣身周围，缝合蕾丝带。　3. 袖片：用双罗纹针起针法起28针，编织花样A8行后，改织花样

076

B，一边织一边两侧加针，加10-1-4，两侧的针数各增加4针，将织片织成36针，共织50行。接着就编织袖山，两侧同时减2针，然后织成插肩袖山，减针方法为4-2-6，减针时在第10针及倒数第10针的位置减针，两侧针数减少12针，织至74行，余下8针。用同样的方法再编织另一袖片。缝合方法：将袖山插肩线对应前片与后片的插肩袖窿线，用线缝合，再将两袖侧缝对应缝合。

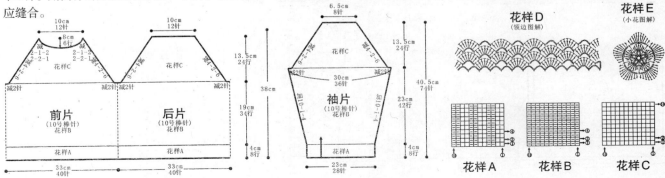

花样D
（领边图解）

花样E
（小花图解）

花样A　　花样B　　花样C

127

【成品尺寸】衣长34cm　胸围54cm　袖长36cm

【工具】10号棒针　1.5mm钩针　防解别针

【材料】黄色棉线200g　白色棉线50g

【密度】10cm²：18针×24行

【制作过程】1. 前片、后片：棒针编织法，袖窿以下一片编织完成，袖窿起分为前片、后片来编织。白色棉线起织，下针起针法起116针环织，起织花样A，共织20行，改为黄色棉线编织，织花样B至40行后，将织片分为前片和后片编织，前片与后片各取58针，先编织后片，而前片的针眼用防解别针扣住，暂时不织。分配后片的针数到棒针上，起织时两侧需要同时减针织成袖窿，减针方法为1-3-1，2-1-3，两侧针数减少6针，余下46针继续编织，两侧不再加减针，织至第75行时，中间留取18针不织，两端相反方向减针编织，各减少2针，方法为2-1-2，最后两肩部余下12针，收针断线。前片的编织方法与后片相同，两侧袖窿减针方法也相同，织至第59行时，中间留取6针不织，两端相反方向减针编织，各减少8针，方法为2-2-2，2-1-4，最后两肩部余下12针，收针断线。前片与后片的两肩部对应缝合。　2. 袖片：下针起针法起36针，编织花样B，一边织一边两侧加针，加10-1-5，两侧的针数各增加5针，将织片织成46针，共58行。接着就编织袖山，袖山减针编织，两侧同时减针，方法为1-3-1，2-1-12，两侧各减少15针，最后织片余下16针，收针断线。用同样的方法再编织另一袖片。缝合方法：将袖山对应前片与后片的袖窿线，用线缝合，再将两袖侧缝对应缝合。　3. 领：在衣服编织完成后，沿着前后衣领边、衣摆边及袖口分别钩织花样C，钩一圈断线，领边及袖边用白色棉线钩织，衣摆边用黄色棉线钩织。

077

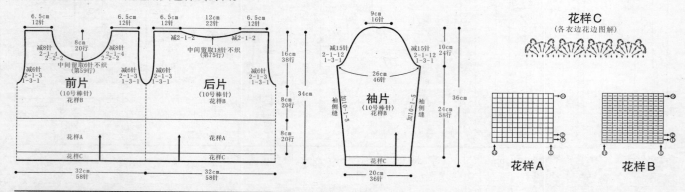

【成品尺寸】衣长46cm　胸围54cm　袖长48cm

【工具】13号棒针

【材料】白色棉线400g　绿色、橙色棉线各30g

【密度】10cm²：26针×34行

【制作过程】1. 后片：用白色棉线起104针，编织花样A6cm后改织花样B，织至30cm时袖窿减针，方法为1-4-1，2-1-5。织至36cm后，收后领，中间收32针，两侧减针2-2-9，4-1-2，后片共织46cm长。　2. 前片：用白色棉线起104针，织花样A6cm后改织花样B，织至30cm时袖窿减针，方法为1-4-1，2-1-5。织至32cm后，收前领，中间收24针，两侧减针2-2-9，2-1-6，4-1-4，前片共织46cm长。　3. 袖片：用白色棉线起56针织花样A6cm后改织花样B，两侧加针，方法为8-1-11，织至34cm时，织片变成78针，减针织袖山，方法为1-4-1，2-1-24，织至48cm的长度，织片余下22针。　4. 前襟：用白色棉线起22针，编织花样C，织至66cm的长度，与起针缝合，再与前片、后片缝合。　5. 领：沿领口挑起82针编织花样A，织6cm的高度。　6. 钩织两朵小花按结构图所示缝合。

078

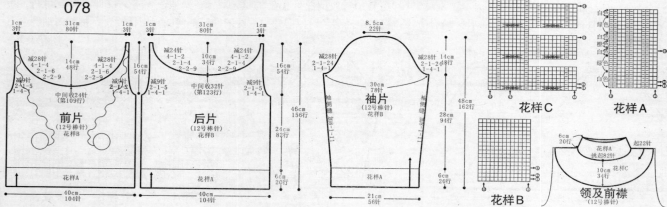

079

花样D（领边图解）　　花样E（小花图解）

【成品尺寸】衣长38cm　胸围54cm　袖长40.5cm
【工具】10号棒针　1.5mm钩针
【材料】白色粗棉线150g　粉红色粗棉线150g　蕾丝带
【密度】10cm²：12针×18行
【制作过程】1. 前片、后片：棒针编织法，袖窿以下一片环形编织，白色粗棉线编织，袖窿以上改用粉红色粗棉线编织，分为前片、后片来编织。起织，双罗纹针起针法起80针，起织花样A8行后，改织花样B，织至42行后，将织片分成前片和后片编织，各取40针编织。起织后片，起织时两侧同时减针2针，然后织成插肩袖窿，减针方法为4-2-6，减针时在第10针及倒数第10针的位置减针，两侧针数减少12针，织至24行时，余下12针。起织前片，起织时两侧同时减针2针，然后织成插肩袖窿，插肩减针方法为4-2-6，减针时在第10针及倒数第10针的位置减针，两侧针数减少12针，织至18行后，织片内侧减针织成衣领，方法为2-2-1，2-1-2，织至24行后，收针断线。　2. 领：沿着前后衣领边，钩织一圈花样D，作为领口花边。钩织8朵小花，如花样E，缝合于衣身周围，缝合蕾丝带。　3. 袖片：双罗纹针起针法起28针，编织花样A8行后，改织花样B，一边织一边两侧加针，加10-1-4，两侧的针数各增加4针，将织片织成36针，共织50行。接着就编织袖山，两侧同时减针2针，然后织成插肩袖山，减针方法为4-2-6，减针时在第10针及倒数第10针的位置减针，两侧针数减少12针，织至74行后，余下8针。用同样的方法再编织另一袖片。缝合方法：将袖山插肩线对应前片与后片的插肩袖窿线，用线缝合，再将两袖侧缝对应缝合。

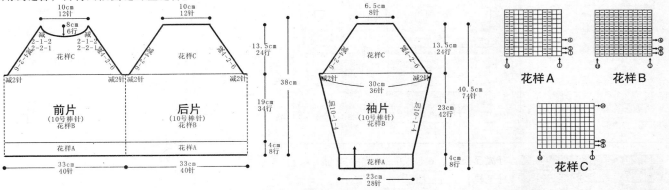

080

【成品尺寸】衣长47cm　胸围74cm　袖长42cm
【工具】3.5mm棒针
【材料】粉红色、红色羊毛绒线　绿色毛线少许　扣子8枚
【密度】10cm²：20针×28行
【制作过程】1. 前片、后片：按图起74针，织5cm双罗纹后，改织24cm全下针，并编入图案，左右两边按图示收成袖窿。外前片按图起8针，织5cm全下针，袖窿和门襟按图示加减针。前后领各按图示均匀减针，形成领口。前领挑针，织5cm双罗纹。　2. 袖片：按图起40针，织19cm双罗纹后，改织全下针，并编入图案，织至12cm后按图示均匀减针，收成袖山。在图示的位置挑针，织5cm双罗纹，形成袖边。　4. 缝合：编织结束后，将内前片和外前片重叠，然后将前片、后片侧缝，并将肩部、袖片缝合。

编织方向　门襟　双罗纹两片
5cm14行　43cm86针

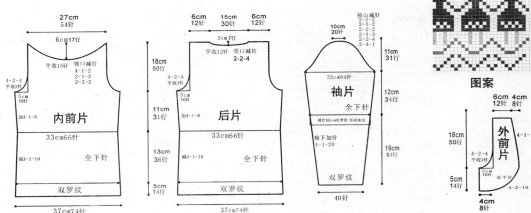

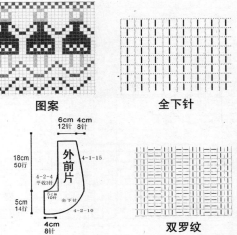

【成品尺寸】衣长52cm　胸围74cm　袖长42cm

【工具】3.5mm棒针

【材料】粉红色、白色羊毛绒线　前领带1条　装饰花1朵

【密度】10cm²：20针×28行

【制作过程】1. 前片、后片：按图起74针，织10cm双罗纹后，改织24cm全下针，左右两边按图示收成袖窿。外前片按图起8针，织10cm全下针后，袖窿和门襟按图示加减针。前后领各按图示均匀减针，形成领口。前领挑针，织3cm下针。折边缝合，形成双层领口。　2. 袖片：按图起40针，织8cm双罗纹后改织全下针，织至23cm后按图示均匀减针，收成袖山。外袖片按图起50针，织5cm双罗纹后，改织5cm全下针，袖山按图示减针。　3. 缝合：编织结束后，将内前片和外前片重叠、袖片和外袖片重叠，然后将前片、后片侧缝，并将肩部、袖片缝合。5. 装饰：缝上装饰花，系上前领带。

081

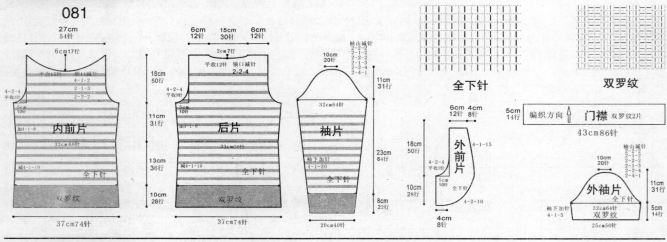

【成品尺寸】衣长52cm　胸围74cm　袖长45cm

【工具】3.5mm棒针

【材料】粉红色羊毛绒线　其他色毛线若干　袖口带子2条

【密度】10cm²：20针×28行

【制作过程】1. 前片、后片：.按图起74针，织10cm花样后，改织5cm全上针，再织全下针，左右两边按图示收成袖窿。前后领各按图示均匀减针，形成领口。　2. 袖片：按图起40针，织12cm花样后，改织全下针，织至22cm后按图示均匀减针，收成袖山。　3. 缝合：编织结束后，将前片、后片侧缝，并将肩部、袖片缝合。　4. 领：挑针，织5cm双罗纹，形成圆领。

082

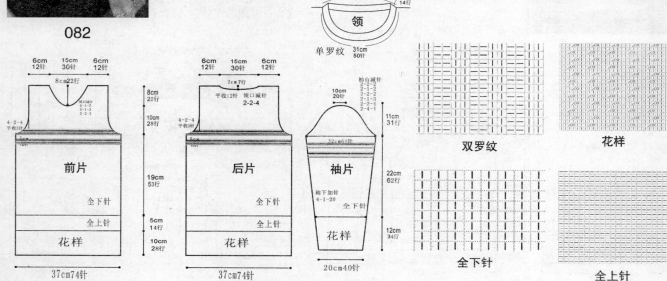

【成品尺寸】衣长47cm　胸围74cm　袖长42cm

【工具】3.5mm棒针　绣花针

【材料】粉红色羊毛绒线　绣花图案若干　拉链1条

【密度】10cm²：20针×28行

【制作过程】1. 前片：分左右两片编织，分别按图起37针，织6cm双罗纹后，改织全下针，左右两边按图示收成袖窿，编织2片。　2. 后片：按图起针，织6cm双罗纹后，改织全下针，左右两边按图收成袖窿。前后领各按图示均匀减针，形成领口。　3. 袖片：按图起40针，织6cm双罗纹后，改织全下针，织至25cm后按图示均匀减针，收成袖山。　4. 缝合：编织结束后，将前片、后片侧缝，并将肩部、袖片缝合。　5. 领：挑针，织12cm双罗纹，折边缝合，形成双层立领。　6. 门襟：拉链边另织，折边缝合，形成双层门襟拉链边。　7. 装饰：装上拉链，绣上绣花图案。

083

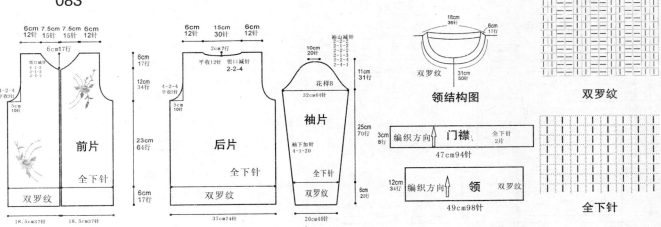

【成品尺寸】衣长47cm　胸围74cm　袖长42cm

【工具】3.5mm棒针

【材料】粉红色羊毛绒线　亮珠图案若干　拉链1条

【密度】10cm²：20针×28行

【制作过程】1. 前片：分左右两片编织，分别按图起37针，织5cm双罗纹后，改织全下针，左右两边按图示收成袖窿，编织2片。　2. 后片：按图起针，织5cm双罗纹后，改织全下针，左右两边按图收成袖窿。前后领各按图示均匀减针，形成领口。　3. 袖片：按图起40针，织5cm双罗纹后，改织全下针，织至26cm按图示均匀减针，收成袖山。　4. 缝合：编织结束后，将前片、后片侧缝，并将肩部、袖片缝合。　5. 领：挑针，织16cm双罗纹，折边缝合，形成双层翻领。　6. 门襟：拉链边另织，折边缝合，形成双层门襟拉链边，装上拉链，贴好亮珠图案。

084

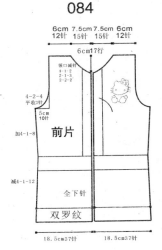

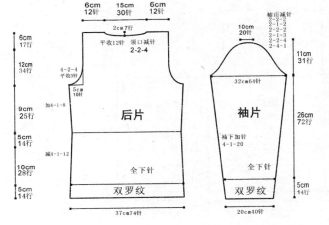

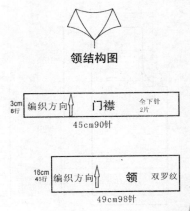

085

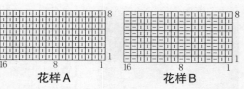

花样A　花样B

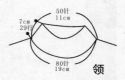

领

【成品尺寸】衣长48cm　胸围56cm　袖长45cm

【工具】3.5mm棒针

【材料】粉色毛线400g　夕阳红毛线100g　蕾丝花边70cm　珠子适量

【密度】10cm²：42针×42行

【制作过程】1. 后片：起108针，编织花样B7cm后，改织花样A，织至33cm后开始收袖隆，两边各平收2针，然后隔1行减1针，共收4次，织至45cm后开始收肩和后领窝，一起平收20针。　2. 前片：编织方法与后片相同（织至42cm后开始留前领窝，先平收16针，再每隔1行两边各收1针，共收2次）。　3. 袖片：起60针，编织双罗纹（花样B），织至7cm后开始织花样A，织至12cm后开始加针，每隔1行两边各加1针，加4次，再每隔6行两边各加1针，加8次，织至35cm后开始收袖山，两边各平收2针，然后再每隔1行收1针，收2次，再每隔6行收1针收4次，再每隔2行两边各收2针，收2次，最后平收。　4. 领：挑起领围130针，织花样B织至7cm，收针。　5. 缝合：缝合前片、后片、袖片；参考毛衣成品图缝制图案。

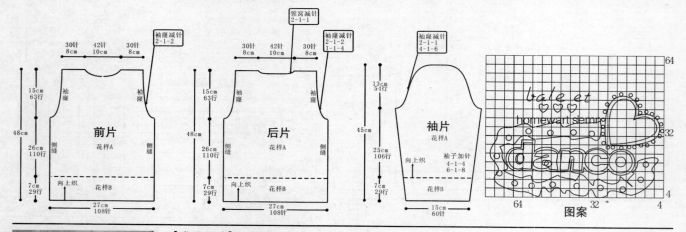

086

【成品尺寸】衣长38cm　胸围70cm　袖长34cm

【工具】3.5mm棒针　绣花针

【材料】粉红色羊毛绒线　粉红色长毛绒线少许　拉链1条　亮珠若干

【密度】10cm²：20针×28行

【制作过程】1. 前片：分左右两片编织，左前片按图起35针，织5cm双罗纹后，改织全下针，并间色，按图示收成袖隆，用同样方法编织右前片。　2. 后片：按图起70针，织5cm双罗纹后，改织全下针，左右两边按图收成袖隆。前后领各按图示均匀减针，形成领口。　3. 袖片：按图起36针，织5cm双罗纹后，改织全下针，并间色，织至20cm后按图示均匀减针，收成袖山。　4. 缝合：编织结束后，将前片、后片侧缝，并将肩部、袖片缝合。　5. 领：挑针，织5cm双罗纹，形成开襟圆领。　6. 装饰：缝上拉链，绣上亮珠图案。

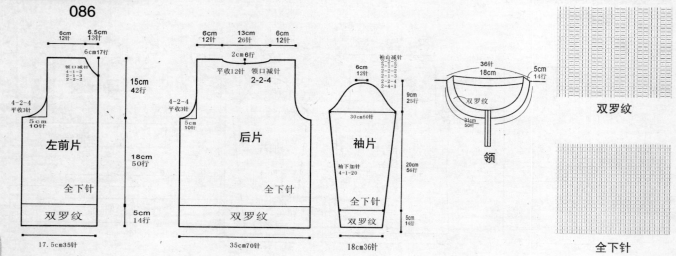

【成品尺寸】衣长47cm　胸围74cm　袖长42cm
【工具】3.5mm棒针　绣花针
【材料】粉红色、白色、深红色羊毛绒线　亮珠若干　拉链1条
【密度】10cm²：20针×28行
【制作过程】1. 前片：分左右两片编织，左前片按图起37针，织10cm双罗纹后，改织全下针，并编入图案，按图示收成袖窿，用同样方法编织右前片。　2. 后片：按图起针，织10cm双罗纹后，改织全下针，并编入图案，左右两边按图收成袖窿。前后领各按图示均匀减针，形成领口。　3. 编织结束后，将前片、后片侧缝，并将肩部、袖子缝合。领圈挑针，织12cm双罗纹，折边缝合，形成双层立领。门襟拉链边另织，折边缝合，形成双层门襟拉链边，装上拉链，缝上亮珠。

087

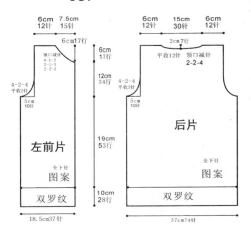

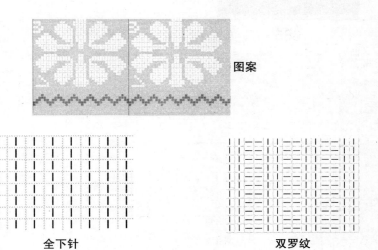

图案

全下针

双罗纹

【成品尺寸】衣长47cm　胸围74cm　袖长42cm
【工具】3.5mm棒针　绣花针
【材料】白色、粉红色、绿色、深蓝色羊毛绒线　扣子5枚
【密度】10cm²：20针×28行
【制作过程】1. 前片：分左右两片编织，左前片按图起37针，织全下针，并间色，按图示收成袖窿，用同样方法编织右前片。　2. 后片：按图起针，织全下针，并间色，左右两边按图收成袖窿。下摆自然卷起。前后领各按图示均匀减针，形成领口。　3. 袖片：按图起40针，织全下针，并间色，织至31cm按图示均匀减针，收成袖山。　4. 缝合：编织结束后，将前片、后片侧缝，并将肩部、袖片缝合。　5. 门襟：另织5cm全下针，与前片缝合。　6. 领圈：挑针，织5cm全下针，形成开衫圆领。门襟、领圈和袖口自然卷起。　7. 绣上装饰图案，缝上扣子。

088

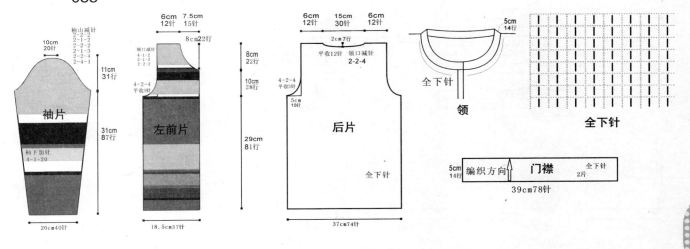

全下针

领

全下针

门襟

089

【成品尺寸】衣长48cm 胸围63cm 袖长44cm

【工具】12号棒针

【材料】粉红色毛线400g 黄色毛线、绿色毛线、蓝色毛线、橘红色毛线各50g

【密度】10cm²：40针×40行

【制作过程】1. 后片：起100针，编织花样B7cm（分布为4行/2行/4行/2行/4行/2行/4行/2行/），织至32cm后收袖窿，平收2针，然后隔4行两边各收1针，收4次，再织至46cm后收后领窝和肩，先平收4针，再隔1针收1针，收2行，将收肩织至48cm（编织时注意换线）。 2. 左右前片：起48针，编织花样B7cm（分布为4行/2行/4行/2行/4行/2行/4行/2行/），织至32cm后收袖窿，平收2针。然后隔4行两边各收1针，收4次。再织至41cm后收前领窝，靠近门襟一边平收4针，然后每隔1行减1针，减4次，织至48cm后，全部收针。 3. 袖片：起48针，编织花样B7cm（分布为4行/2行/4行/2行/4行/2行/4行/2行/），每隔4行两边各加1针，加6次，再每隔6行两边各加1针，加6次，织至32cm后开始收袖山，两边各平收2针，然后每隔4行两边各减1针，减4次，最后平收。 4. 领：缝合前片、后片，挑起领围120针，织花样B织至14cm后，收针，对折缝合。 5. 门襟：挑起360针（包括领子），编织花样B3cm，收机器针。

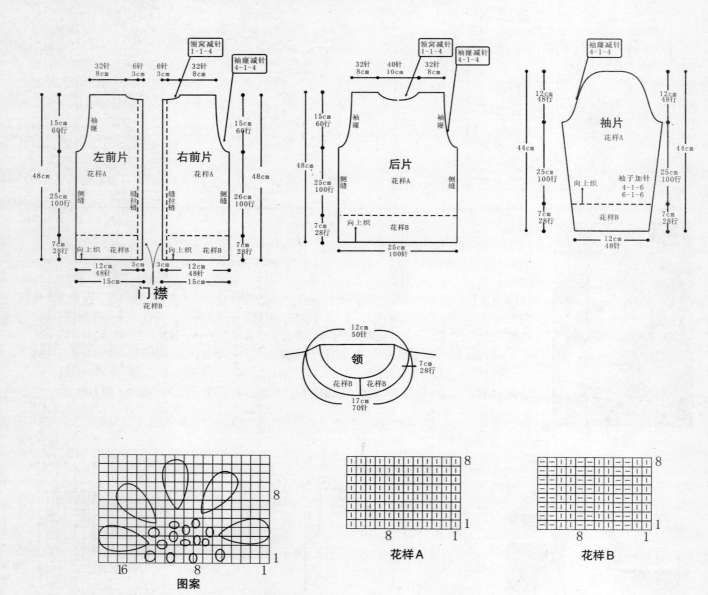

图案

花样A

花样B

090

【成品尺寸】衣长62cm　胸围80cm　袖长50cm

【工具】10号棒针

【材料】粉红色粗棉线400g

【密度】10cm²：18针×24行

【制作过程】1. 前片、后片：后片为一片编织，从衣摆往上编织，起72针，先织20行花样A后，改织花样B，织至110行后，两侧开始袖窿减针，方法为1-3-1，2-1-5，织至146行后，第147行开始后领减针，方法是中间留取20针不织，两侧各减2针，织至150行后，两肩部各余下16针。后片共织62cm长。前片分为左前片、右前片编织，从衣摆往上编织。先织左前片，起32针，先织20行花样A后，改织花样B，织至56行后，织4行双层针，与4行单层针间隔编织，织至76行后，改织花样C，织至110行后，左侧开始袖窿减针，方法为1-3-1，2-1-5，同时右侧衣领减针，方法为4-1-8，织至150行后，肩部余下16针。左前片共织62cm长。用同样方法相反方向编织右前片。编织完成后，将前片、后片侧缝缝合，肩缝缝合。口袋编织，起78针，编织全上针，编织8行后，与起针合并编织成双层边，再编织8cm高后，收针断线，将口袋片围成圆状，缝合于衣摆前片适当位置，再将绳子穿入双层边内，收紧系好。用同样方法编织另一口袋片，缝合于前片图示位置。

2. 袖片：起40针，起织花样A，织20行后，第21行改织花样B，两侧同时加针，加12-1-5，两侧的针数各增加5针，织至88行时，将织片织成50针。接着编织袖山，袖山减针编织，两侧同时减针，方法为1-3-1，2-1-16，两侧各减少19针，织至120行后，最后织片余下12针，收针断线。用同样的方法再编织另一袖片。缝合方法：将袖山对应前片与后片的袖窿线，用线缝合，再将两袖侧缝对应缝合。　3. 领：先编织衣襟，沿左右前片衣襟侧挑针起织，挑起82针，编织花样A，织10行后，收针断线。编织衣领，先织前领片，以左侧为例，衣襟顶部挑起8针，编织花样A，一边织一边左侧挑加针，方法为4-1-8，织至32行后，收针断线，用相同方法相反方向挑织右侧领片。编织后领，沿后领挑起42针，左右两侧与左右侧领重合3针，不加减针往上织24行，收针断线。

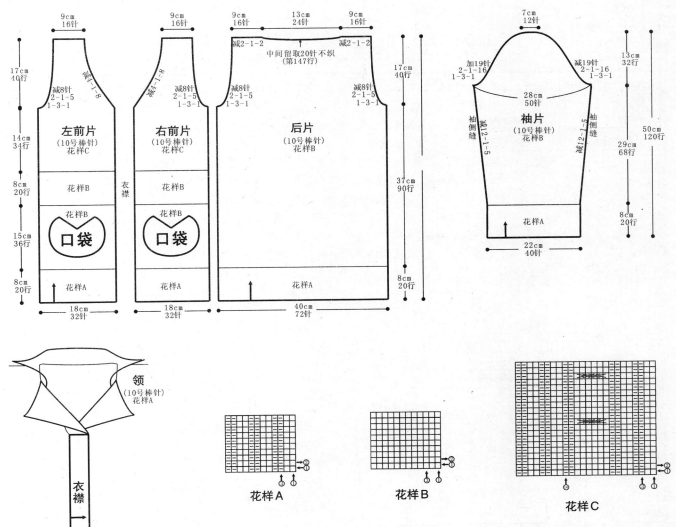

【成品尺寸】衣长55cm　胸围74cm　袖长42cm

【工具】3.5mm棒针

【材料】粉红色羊毛绒线　扣子3枚　衣袋绳子2条

【密度】10cm²：20针×28行

【制作过程】1. 前片：分左右两片编织，左前片按图起37针，织3cm双罗纹后，依次织17cm全下针、5cm双罗纹和12cm花样A，按图示收成袖窿，用同样方法编织右前片。　2. 后片：按图起74针，织3cm双罗纹后，依次织17cm全下针、5cm单罗纹和12cm花样B，左右两边按图收成袖窿。前后领各按图示均匀减针，形成领口。　3. 袖片：按图起40针，织10cm双罗纹后，改织全下针，织至21cm后按图示均匀减针，收成袖山，袖山织花样B。　4. 缝合：编织结束后，将前片、后片侧缝，并将肩部、袖片缝合。　5. 门襟：另织，与前片门襟缝合。　6. 领：挑针，织8cm双罗纹，按图减针，形成圆翻领。　7. 装饰：衣袋和肩部衬边另织，与前片缝合，缝上扣子，系上衣袋绳子。

091

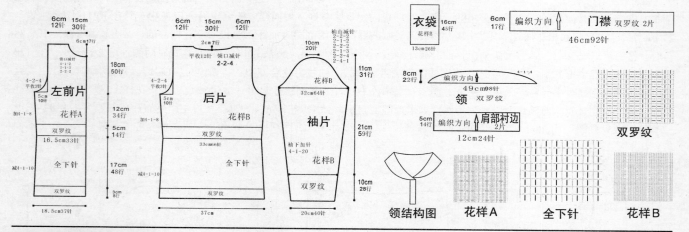

【成品尺寸】衣长38cm　胸围74cm　连肩袖长46cm

【工具】3.5mm棒针

【材料】枚红色羊毛绒线　粉红色长毛绒线　拉链1条　装饰扣子若干

【密度】10cm²：20针×28行

【制作过程】1. 前片：分左右两片编织，左前片按图起36针，织5cm双罗纹后，改织花样，按图示收成插肩袖，用同样方法编织右前片。　2. 后片：按图起74针，织5cm双罗纹后，改织全下针，左右两边按图示收成插肩袖。前后领各按图示均匀减针，形成领口。　3. 袖片：按图起40针，织5cm双罗纹后，改织全下针，织至25cm后按图示均匀减针，收成插肩袖山。　4. 缝合：编织结束后，将前片、后片侧缝，并将肩部、袖片缝合。　5. 领：挑针，织10cm双罗纹，形成翻领。　6. 衣袖和前领的衬边：另织全下针，按图缝合。　7. 装饰：装上拉链，缝上扣子。

092

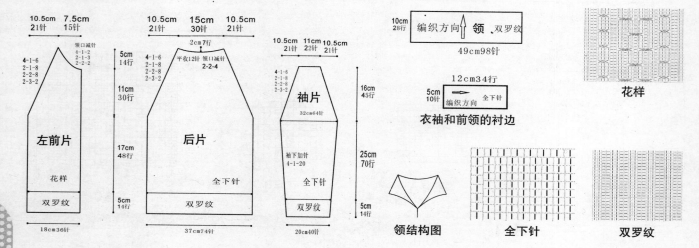

093

【成品尺寸】衣长52cm　胸围74cm　袖长42cm

【工具】3.5mm棒针

【材料】粉红色羊毛绒线　扣子5枚

【密度】10cm²：20针×28行

【制作过程】1. 前片：分上下两片编织，左前片上片按图起37针，按图示均匀减针，收成袖窿，下片起42针，织22cm全下针，用同样方法编织右前片。　2. 后片：分上下两片编织，上片按图起74针，织12cm全下针，左右两边按图示均匀减针，收成袖窿，下片起84针，织22cm全下针，下片打皱褶与上片缝合。　3. 袖片：按图起40针，织10cm双罗纹后，织至21cm后按图示均匀减针，收成袖山。　4. 缝合：编织结束后，将前片、后片侧缝，并将肩部、袖片缝合。　5. 领：前后领圈按图挑针，织12cm双罗纹，形成翻领。　6. 装饰：衣袋另织，与前片缝合，缝上扣子和衣袋装饰带。

双罗纹

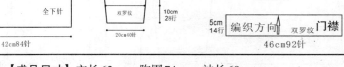

全下针

单罗纹

094

【成品尺寸】衣长62cm　胸围74cm　袖长60cm

【工具】10号棒针

【材料】粉红色棉线500g

【密度】10cm²：13针×17行

【制作过程】1. 前片、后片：起织后片，下针起针法起52针，起织花样A，织14行后，改织花样B，织至50行后，第51行两侧各减3针，然后减针织成插肩袖窿，减针方法为4-2-6，两侧针数减少12针，织至74行后，织片余下22针，收针断线。起织前片，下针起针法起52针，起织花样A，织14行后，改织花样B，织至50行后，第51行两侧各减3针，然后减针织成插肩袖窿，减针方法为4-2-6，两侧针数减少12针，插肩减针的同时，将织片从中间分开成左右2片编织，一边织一边减针织成前领，方法为2-1-10，织至74行后，左右两侧各留1针，收针断线。前片与后片的两侧缝与对应缝合，编织衣摆和衣摆花边。沿衣服前后摆边往上8cm左右高度，内侧挑针环针，织104针，编织花样A，织14行后，下针收针法收针断线。另起针沿衣服前后摆花边往上8cm左右高度，内侧挑针环针，织104针，编织花样A，织14行后，下针收针法收针断线。　2. 袖片：下针起针法起30针，编织花样C，一边织一边两侧加针，加10-1-7，两侧的针数各增加7针，织至78行后，开始编织插肩袖山。袖山减针编织，两侧同时减针，方法为1-3-1，4-2-6，两侧各减少12针，最后织片余下14针，收针断线。用同样的方法再编织另一袖片。缝合方法：将袖片从内与袖山边重叠缝合，将袖山对应前片与后片的袖窿线，用线缝合，再将两袖侧缝对应缝合。

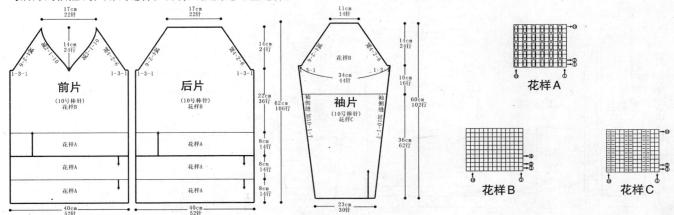

花样A

花样B

花样C

137

095

【成品尺寸】衣长52cm　胸围74cm　袖长42cm
【工具】3.5mm棒针
【材料】粉红色羊毛绒线　扣子5枚　帽子毛毛边若干
【密度】10cm²：20针×28行
【制作过程】1. 前片、后片：前片按图起82针，织8cm双罗纹后，改织14cm全下针，再分成左右两片编织花样。后片按图起82针，织8cm双罗纹后，改织14cm全下针，再织花样。左右两边按图示均匀减针，收成袖窿。　2. 门襟：另织，与前片左右两片缝合。　3. 袖片：按图起40针，织8cm双罗纹后，改织23cm全下针，织至23cm后按图示均匀减针，收成袖山。　4. 缝合：编织结束后，将前片、后片侧缝，并将肩部、袖片缝合。　5. 帽子：另织，与前后领圈缝合。　6. 装饰：衣袋另织，与前片缝合，缝上扣子和帽子毛毛边。

5cm 10针　编织方向　门襟 双罗纹　24cm67行

双罗纹　3cm 8行　衣袋　12cm 34行　13cm26针

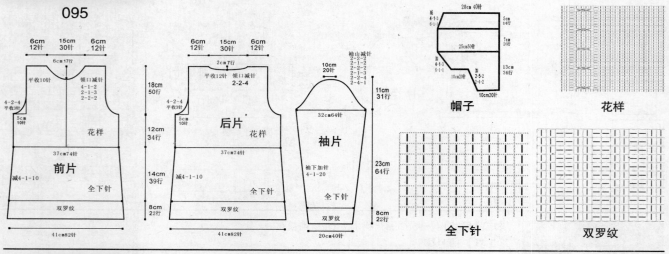

帽子　花样

前片　后片　袖片

全下针　双罗纹

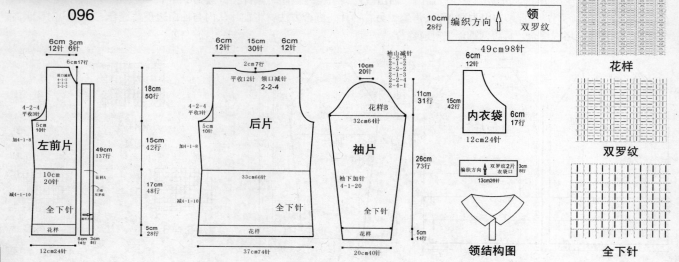

096

【成品尺寸】衣长55cm　胸围74cm　袖长42cm
【工具】3.5mm棒针
【材料】粉红色羊毛绒线　扣子10枚　衣领毛毛边若干
【密度】10cm²：20针×28行
【制作过程】1. 前片：分左右两片编织，左前片按图起24针，织5cm花样后，改织全下针，按图示收成袖窿，用同样方法编织右前片。门襟另织，与前片缝合。　2. 后片：按图起74针，织5cm花样后，改织全下针，左右两边按图收成袖窿。前后领各按图示均匀减针，形成领口。　3. 袖片：按图起40针，织5cm花样后，改织全下针后，织至26cm后按图示均匀减针，收成袖山。　4. 缝合：编织结束后，将前片、后片侧缝，并将肩部、袖片缝合。　5. 领：挑针，织10cm双罗纹后，形成翻领。　6. 内衣袋和衣袋口：另织，与前片缝合。　7. 腰带：另织，系上腰带。　8. 装饰：缝上扣子和毛毛边。

5cm 10针　编织方向　腰带 单罗纹　150cm420行

10cm 28行　编织方向　领 双罗纹　49cm98针

左前片　后片　袖片　内衣袋

领结构图

花样　双罗纹　全下针

【成品尺寸】 衣长34cm　胸围52cm　袖长32cm
【工具】 12号棒针
【材料】 粉红毛线400g　白色球线50g
【密度】 10cm²：36针×36行
【制作过程】 1. 后片：起64针，编织花样B5cm后，改织花样A，织至22cm时留袖窿，在两边同时各平收2针，然后隔4行两边收1针，收4次。　2. 前片：起64针，编织花样B5cm后，改织花样C，织至22cm时留袖窿，两边各平收2针，然后隔4行两边各收1针，收4次，织至27cm后，收前领窝。　3. 袖片：起32针，编织花样B5cm后，改织花样A，每隔4行放1针，放6次，每隔6行两边各加1针，加6次，织至22cm后，开始收袖山，两边各平收2针，每隔4行两边各收1针，共收4次。　4. 领：挑起64针，编织花样B，织至8cm后，全部平收。

097

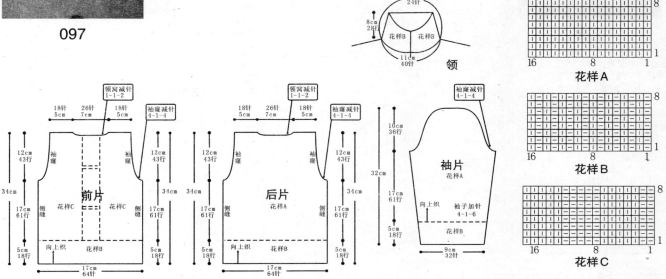

【成品尺寸】 衣长38cm　胸围70cm　袖长29cm
【工具】 3.5mm棒针
【材料】 粉红色羊毛绒线　粉红色长毛绒线　拉链1条
【密度】 10cm²：20针×28行
【制作过程】 1. 前片：分左右两片编织，左前片按图起35针，织5cm双罗纹后，改织全下针，按图示收成袖窿，用同样方法编织右前片。　2. 后片：按图起70针，织5cm双罗纹后，改织全下针，左右两边按图收成袖窿。前后领各按图示均匀减针，形成领口。　3. 袖片：按图起36针，织双罗纹20cm后，按图示均匀减针，收成袖山。　4. 缝合：编织结束后，将前片、后片侧缝，并将肩部、袖片缝合。　5. 领：挑针，织10cm双罗纹，折边缝合，形成双层开襟圆领。
6. 装饰：缝上拉链。

098

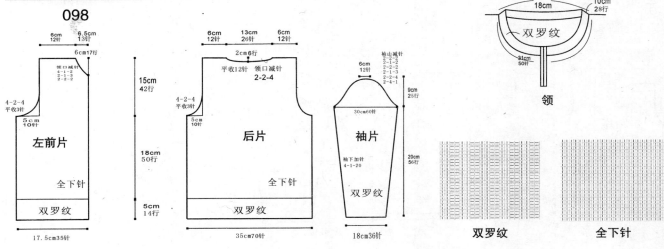

【成品尺寸】衣长52cm　胸围74cm　袖长42cm

【工具】3.5mm棒针

【材料】粉红色羊毛绒线　扣子3枚

【密度】10cm²：20针×28行

【制作过程】1. 前片、后片：按图起74针，织8cm单罗纹后，改织全上针，左右两边按图示收成袖窿，前片织至36cm时，分左右两边编织。前后领各按图示均匀减针，形成领口。　2. 袖片：按图起40针，织8cm单罗纹后，改织全上针，织至23cm后按图示均匀减针，收成袖山。　3. 缝合：编织结束后，将前片、后片侧缝，并将肩部、袖片缝合。　4. 领：挑针，织12cm双罗纹，形成翻领。　5. 装饰：缝上扣子。

12cm
24针　　编织方向　　领　双罗纹
50cm140行

099

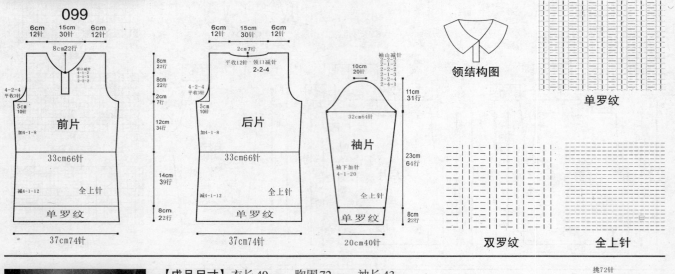

领结构图

单罗纹

双罗纹　　全上针

【成品尺寸】衣长49cm　胸围72cm　袖长43cm

【工具】2.5mm棒针

【材料】黄色羊毛线200g　米色羊毛线100g　橙红色羊毛线少量　布贴1套　拉链1条

【密度】10cm²：24针×30行

【制作过程】1. 后片：用米色羊毛线起86针，编织双罗纹针5cm，然后用黄色羊毛线织平针，编织29cm后收袖窿，在离衣领长2cm处收后领。　2. 前片：起86针，编织方法与后片相同，在离衣领长10cm处收前领。　3. 袖片：用米色羊毛线起44针，编织双罗纹针5cm，然后如图示配色织平针，编织30cm后收袖山，织2片。　4. 口袋：起72针，织10cm后收针。织20cm后结束，两边收针的地方挑36针，编织双罗纹针10行。　5. 缝合：将前片、后片与袖片进行缝合，将口袋缝在前片适合位置。　6. 领：用米色羊毛线挑72针，配色编织双罗纹针48行后对折缝合。　7. 沿着门襟边用米色羊毛线挑28针，编织单罗纹针12行，然后再里折缝合，将拉链藏于门襟边下。

挑72针
48行对折
领
双罗纹针　　挑28针8行对折

100

双罗纹针针法

平针针法

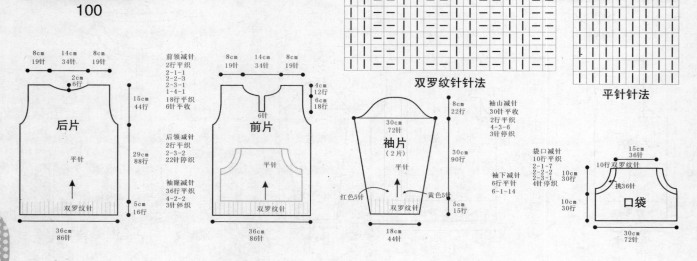

101

【成品尺寸】衣长48cm　胸围63cm　袖长44cm
【工具】3.5mm棒针
【材料】褐色毛线250g　白色毛线150g　黄色毛线100g　灰色毛线50g　拉链1条
【密度】10cm²：40针×40行
【制作过程】1. 后片：起100针，编织花样B7cm后，换白色毛线织1cm，然后换褐色毛线织花样C1cm，再换白色毛线织花样A1cm，换褐色毛线织4cm，织至32cm后收袖窿，平收2针。然后隔4行两边各收1针，收4次。再织至46cm后收后领窝和肩，先平收4针，再隔1行收1针，收两行，将收肩织至48cm（编织时注意换线）。　2. 左右前片：起48针，编织花样B7cm后，换白色毛线织1cm，然后换褐色毛线织花样C1cm，再换白色毛线织花样A1cm，换褐色毛线织4cm，织至32cm后收袖窿，平收2针，然后隔4行两边各收1针，收4次。再织至41cm后收前领窝，靠近门襟一边平收4针，然后每隔1行减1针，减4次，织至48cm后，全部收针。　3. 袖片：起48针，编织花样B7cm后，换白色毛线织1cm，然后换褐色毛线织花样C1cm，再换白色毛线织花样A1cm，换褐色毛线织1cm，依此类推，每隔4行两边各加1针，加6次，再每隔6行两边各加1针，加6次，织至32cm后开始收袖山，两边各平收2针，然后每隔4行两边各减1针，减4次，最后平收。　4. 帽子：缝合前后片，挑起领围130针，5. 门襟：挑起360针（包括帽子）织花样B3cm后，收机器针，最后缝

织花样B至24cm后，收针。上拉链。

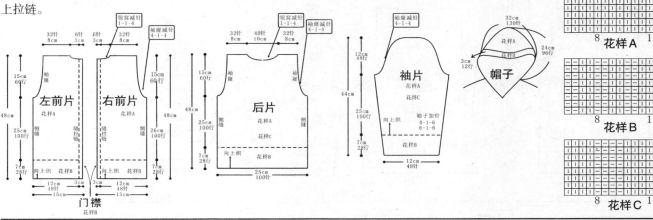

102

帽边用白色线挑适合针数编织单罗纹针12行，然后再里折缝合。将拉链藏于门襟边下。贴上布贴。

【成品尺寸】衣长47cm　胸围72cm　袖长44cm
【工具】2.5mm棒针
【材料】白色羊毛线200g　黄色羊毛线150g　墨绿色羊毛线、绿色羊毛线各30g　布贴1套　拉链1条
【密度】10cm²：34针×46行
【制作过程】1. 后片：用白色羊毛线起122针，配色编织双罗纹针6cm，然后如图示织平针，织26cm后收袖窿，在离衣领长2cm处收后领。　2. 前片：用白色羊毛线起62针，配色编织双罗纹针6cm后，再配色织平针，然后织花样A，之后收袖窿，并改织花样B，在离衣领长6cm处收前领，编织2片。　3. 袖片：用白色羊毛线起62针，编织双罗纹针6cm，如图示配色织平针30行，并如图示加针，再改织花样D与C，织30cm后收袖山，编织2片。　4. 帽子：起16针，如图示加针，织86行后配色编织，共编织24cm，编织2片，并缝在一起。　5. 缝合：将前后片、袖片与帽子进行缝合。　6. 沿着门襟衣

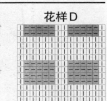

花样D

花样A

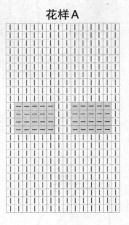

花样C

花样B

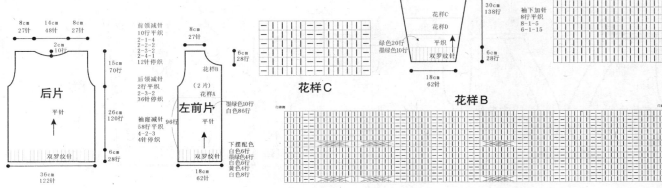

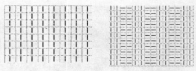

【成品尺寸】衣长52cm 胸围74cm 袖长42cm

【工具】3.5mm棒针

【材料】蓝色羊毛绒线 白色、黄色、粉红色珠线各少许 装饰扣1枚

【密度】10cm²：20针×28行

【制作过程】1. 前片、后片：按图起74针，织8cm双罗纹后，改织26cm全下针，左右两边按图示收成袖窿。外前片按图起16针，织下针，并间色，袖窿和门襟按图加减针。前后领各按图示均匀减针，形成领口。 2. 门襟：另织3cm双罗纹，与门襟缝合，用同样方法织另一片。 3. 袖片：按图起40针，织8cm双罗纹后，改织全下针，织至23cm后按图示均匀减针，收成袖山。 4. 缝合：编织结束后，将前片和外前片重叠后，与后片侧缝，并将肩部、袖片缝合。 5. 领：按图示挑针。织5cm双罗纹，形成圆领。 6. 装饰：装饰扣系于门襟。

全下针　双罗纹

103

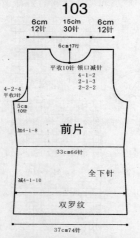

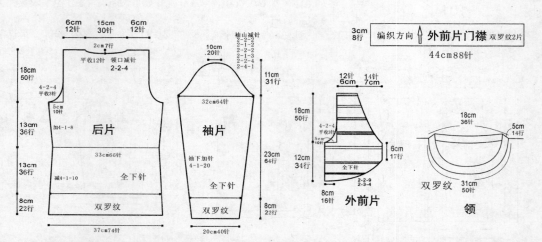

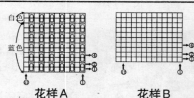

【成品尺寸】衣长31cm 胸围80cm 袖长47cm

【工具】11号棒针

【材料】蓝色棉线300g 白色棉线20g 红色、黄色绣花线各少量 绳子1条 毛球2个

【密度】10cm²：16针×24行

【制作过程】1. 后片：蓝色棉线起64针，编织花样B，织至10cm后开始袖窿减针，方法为1-2-1、2-1-3，织至25cm后开始收后领，中间留取24针不织，两侧减针方法为2-1-2。后片共织26cm长。 2. 左前片：蓝色棉线起12针，编织花样B，一边织一边右侧加针，方法为2-4-1、2-2-4、2-1-4，然后平织4行，再减针织衣领，方法为4-1-10，织至10cm后左侧袖窿减针，方法为1-2-1、2-1-3，左前片共织26cm长。用同样方法相反方向织右前片。 3. 花边：沿前后领及衣摆挑针编织花样A，挑起的针数是原织片针数的2倍，织5cm的长度。 4. 袖片：蓝色棉线起28针，编织花样B，袖片两侧加针，方法为8-1-8，织至28cm，织片变成44针，减针织袖山，方法为1-2-1、2-1-17，织至47cm的长度，织片余下6针。 5. 袖口花边：沿袖口边挑针编织花样A，挑起的针数是原织片针数的2倍，织5cm的长度。 6. 绣出前胸图案，将绳子和毛球缝于左右前片衣襟处。

花样A　花样B

104

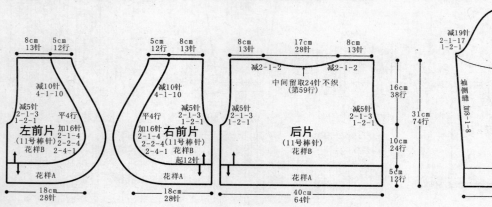

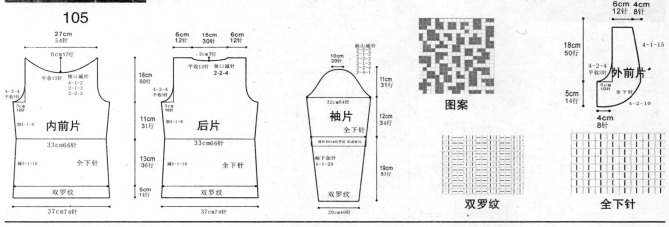

【成品尺寸】衣长47cm　胸围74cm　袖长42cm
【工具】3.5mm棒针
【材料】蓝色、白色羊毛绒线　扣子8枚
【密度】10cm²：20针×28行
【制作过程】1. 前片、后片：按图起74针，织5cm双罗纹后，改织24cm全下针，并编入图案，左右两边按图示收成袖窿。　2. 外前片按图起8针，织5cm全下针后，袖窿和门襟按图示加减针。前后领各按图示均匀减针，形成领口。前领挑针，织5cm双罗纹。　3. 袖片：按图起40针，织19cm双罗纹后，改织全下针，并编入图案，织至12cm后按图示均匀减针，收成袖山。在图示的位置挑针，织5cm双罗纹，形成袖边。　4. 缝合：编织结束后，将内前片和外前片重叠，然后将前后片侧缝，并将肩部、袖片缝合。

105

内前片　全下针
后片　全下针
袖片　全下针
图案
外前片
双罗纹
全下针

【成品尺寸】衣长62cm　胸围80cm　袖长56cm
【工具】10号棒针
【材料】绿色粗棉线500g
【密度】10cm²：18针×24行
【制作过程】1. 后片：为一片编织，从衣摆往上编织，下针起针法起72针，先织14行花样A后，改织花样B，一边织一边两侧减针，方法为18-1-5，织至101行，两侧开始袖窿减针，方法为1-2-1，2-1-4，织至146行后，第147行开始后领减针，方法是中间留取20针不织，两侧各减2针，织至150行后，两肩部各余下13针。后片共织62cm长。　2. 前片：为一片编织。从衣摆往上编织，起72针，先织14行花样A后，改织花样B，一边织一边两侧减针，方法为18-1-5，织至101行后，两侧开始袖窿减针，方法为1-2-1，2-1-4，织至138行后，第139行开始前领减针，方法是中间留取12针不织，两侧各减6针，方法为2-2-2，2-1-4，减针后不加针织至150行后，两肩部各余下13针。前身共织62cm长。编织完成后，将前后片缝合。　3. 袖片：起40针，起织花样A，织14行后，第15行改织花样C，两侧同时加针，方法为12-1-7，两侧的针数各增加7针，织至34行后，改织花样B，织至106行时，将织片织成54针，接着编织袖山，袖山减针编织，两侧同时减针，方法为1-2-1，2-2-16，两侧各减少18针，织至138行后，最后织片余下18针，收针断线。用同样的方法再编织另一袖片。缝合方法：将袖山对应前片与后片的袖窿线用线缝合，再将两袖侧缝对应缝合。

106

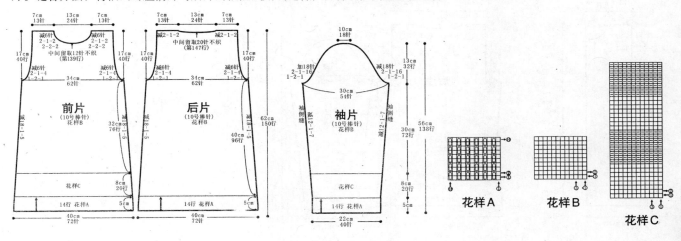

前片（10号棒针）花样B
后片（10号棒针）花样B
袖片（10号棒针）花样B
花样C
14行 花样A
花样A　**花样B**　**花样C**

【成品尺寸】 衣长50cm　胸围72cm　袖长44cm

【工具】 3.5mm棒针

【材料】 白色羊毛线300g　蓝色毛线300g

【密度】 10cm²：24针×32行

【制作过程】 1. 后片：起86针，配色编织花样19cm，然后配色编织平针16cm后收袖窿，在离衣领长2cm处收后领。　2. 前片：起86针，编织方法与后片相同，离衣领长6cm处收前领。　3. 袖片：起44针，编织双罗纹针5cm，然后配色织平针31cm后收袖山，编织2片。　4. 缝合：将前片、后片与袖片进行缝合。　5. 领：挑80针，编织双罗纹针20行后。

107

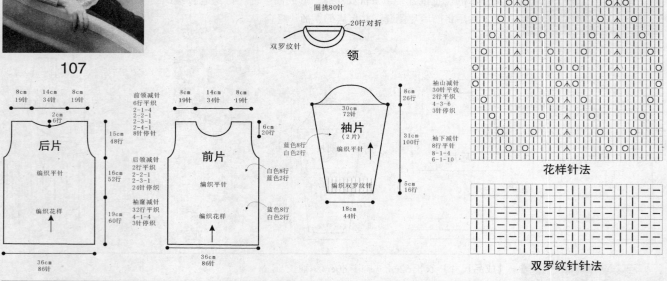

花样针法

双罗纹针针法

领

【成品尺寸】 衣长49cm　胸围74cm　袖长42cm

【工具】 3.5mm棒针

【材料】 湖蓝色羊毛绒线　扣子5枚

【密度】 10cm²：20针×28行

【制作过程】 1. 前片：分左右两片编织，左前片按图起37针，门襟留6针织单罗纹，然后织8cm花边，并间色，然后改织全下针，按图示收成袖窿，用同样方法编织右前片。　2. 后片：按图起74针，织8cm花样，并间色，然后改织全下针，左右两边按图收成袖窿。前后领各按图示均匀减针，形成领口。　3. 袖片：按图起40针，织8cm花边，并间色，然后改织全下针，织至23cm后按图示均匀减针，收成袖山。　4. 缝合：编织结束后，将前片、后片侧缝，并将肩部、袖片缝合。　5. 领：挑针，先织4cm全下针，再改织花边，并间色，形成翻领，领边织单罗纹。　6. 装饰：缝上扣子。下摆按图示织2片花边，并间色，参照图分层与衣片下摆缝合。

108

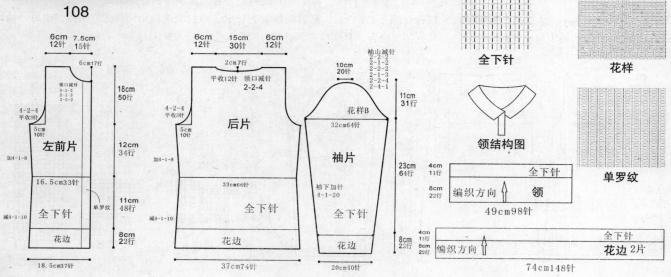

全下针　　花样

领结构图

单罗纹

144

109

【成品尺寸】衣长60cm　胸围74cm　袖长50cm

【工具】10号棒针

【材料】墨绿色棉线500g

【密度】10cm²：13针×17行

【制作过程】1. 后片：下针起针法起52针，起织花样B，织至60行后，两侧减针织成袖窿，减针方法为1-3-1，2-1-2，两侧针数减少5针，余下42针继续编织，两侧不再加减针，织至第99行时，中间留取14针不织，两端相反方向减针编织，各减少2针，方法为2-1-2，最后两肩部余下12针，收针断线。另起线编织后摆片。　2. 　前片：先织左前片，下针起针法，起22针，起织花样C，重复编织至60行后，左侧减针织成袖窿，减针方法为1-3-1，2-1-2，共减5针，同时右侧减针织成前领，方法为1-3-1，2-1-2，共减5针，减针后不加减针往上织至102行后，肩部余下12针，收针断线。用同样的方法，相反方向编织右前片。前片与后片的两侧缝对应缝合，两肩部对应缝合。编织衣领及衣摆花边。沿衣服前后摆挑针起织，编织花样A，织10行后，下针收针法收针断线。另起针编织下摆里层花边，起96针，编织花样A，织14行后，收

针，与衣摆片对应缝合。　3. 袖片：双罗纹针起针法起24针，编织花样D，一边织一边两侧加针，加12-1-5，两侧的针数各增加5针，织至68行后，开始编织袖山。袖山减针编织，两侧同时减针，方法为1-3-1，2-1-9，两侧各减少12针，最后织片余下10针，收针断线。用同样的方法再编织另一袖片。缝合方法：将袖片从内与袖边重叠缝合，将袖山对应前片与后片的袖窿线，用线缝合，再将两袖侧缝对应缝合。

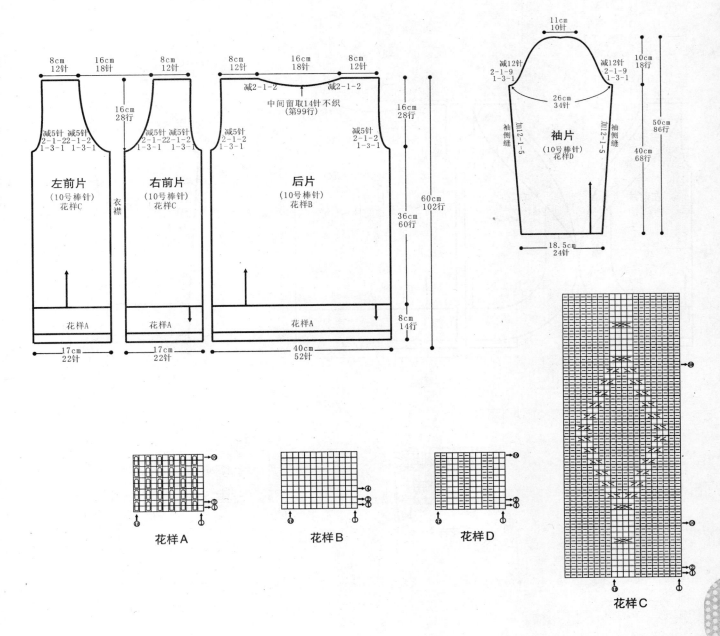

花样A　　花样B　　花样D

花样C

145

110

【成品尺寸】衣长62cm　胸围74cm　袖长60cm

【工具】12号棒针

【材料】墨绿色棉线500g

【密度】10cm²：26针×34行

【制作过程】1. 后片：下针起针法起104针，起织花样B，织至122行后，两侧减针织成袖窿，减针方法为1-4-1，2-1-5，两侧针数减少10针，余下84针继续编织，两侧不再加减针，织至第173行时，中间留取38针不织，两端相反方向减针编织，各减少2针，方法为2-1-2，最后两肩部余下21针，收针断线。　2. 前片：先起织左前片，下针起针法起20针，起织花样B，一边织一边右侧衣摆加针，方法为2-2-10，2-1-12，将织片加至52针，然后不加减针往上编织至122行，从第123行起，左侧减针织成袖窿，减针方法为1-4-1，2-1-5，共减少10针，右侧减针织成衣领，方法为2-1-21，减针后不加减针往上至176行，最后肩部余下21针，收针断线。用相同方法相反方向编织右前片。前片与后片的两侧缝对应缝合，两肩部对应缝合。　3. 袖片：下针起针法起48针，编织花样B，一边织一边两侧加针，加12-1-10，两侧的针数各增加10针，织至136行后，开始编织袖山。袖山减针编织，两侧同时减针，方法为1-4-1，2-1-17，两侧各减少21针，最后织片余下26针后，收针断线。袖口挑针起织袖口双层花边，挑起48针，织花样A，里层织34行，外层织28行，下针收针法，收针断线。用同样的方法再编织另一袖片。缝合方法：将袖片从内与袖山边重叠缝合，将袖山对应前片与后片的袖窿线，用线缝合，再将两袖侧缝对应缝合。

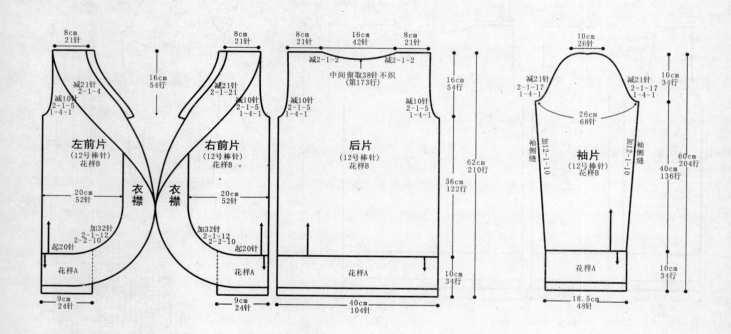

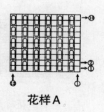

花样A

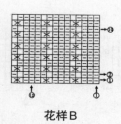

花样B

【成品尺寸】衣长60cm 胸围74cm 袖长50cm

【工具】10号棒针

【材料】咖啡色棉线500g

【密度】10cm²：13针×17行

【制作过程】1. 后片：下针起针法起52针，起织花样B，织至60行后，两侧减针织成袖窿，减针方法为1-3-1，2-1-2，两侧针数减少5针，余下42针继续编织，两侧不再加减针，织至第99行时，中间留取14针不织，两端相反方向减针编织，各减少2针，方法为2-1-2，最后两肩部余下12针，收针断线。另起线编织后摆片。 2. 前片：先起织左前片，下针起针法起22针，起织花样C，重复编织至60行后，左侧减针织成袖窿，减针方法为1-3-1，2-1-2，共减少5针，同时右侧减针织成前领，方法为1-3-1，2-1-2，共减5针，减针后不加减针往上织至102行后，两肩部余下12针，收针断线。前片与后片的两侧缝对应缝合，两肩部对应缝合。编织衣领及衣摆花边。沿衣服前后摆挑针起针，编织花样A，织10行后，下针收针法收针断线。另起针编织下摆里层花边，起96针，编织花样A14行后收针，与衣摆片对应缝合。 3. 袖片：双罗纹针起针法起24针，编织花样D，一边织一边两侧加针，加12-1-5，两侧的针数各增加5针，织至68行后，开始编织袖山。袖山减针编织，两侧同时减针，方法为1-3-1，2-1-9，两侧各减少12针，最后织片余下10针，收针断线。用同样的方法再编织另一袖片。缝合方法：将袖片从内与袖山边重叠缝合，将袖山对应前片与后片的袖窿线，用线缝合，再将两袖侧缝对应缝合。

111

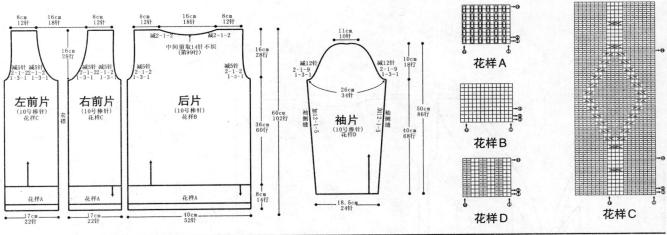

【成品尺寸】衣长39cm 胸围68cm 袖长34cm

【工具】8号棒针

【材料】黄色毛线650g 白色毛线少许 拉链1条

【密度】10cm²：24针×30行

【制作过程】1. 前片、后片：以机器边起针编织双罗纹针，衣边插入白色和黄色毛线，衣身编织基本针法，按图示减袖窿、后领、前领。 2. 袖片：用黄色毛线同前片、后片一样起针编织，袖身编织基本针法，按图示减袖山。 3. 缝合：将前片、后片、袖片缝合。 4. 帽子：帽子上好后，在帽沿口横向织3cm高双罗纹针。

112

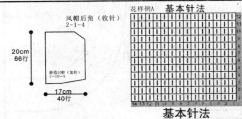

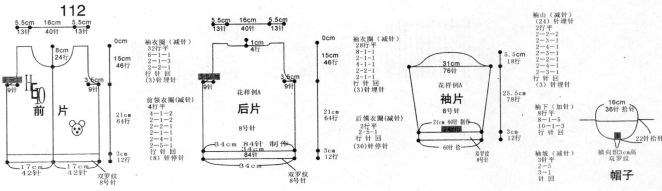

113

【成品尺寸】衣长62cm　胸围74cm　袖长60cm

【工具】12号棒针

【材料】红色棉线500g

【密度】10cm²：26针×34行

【制作过程】1. 后片：下针起针法起104针，起织花样B，织至122行后，两侧减针织成袖窿，减针方法为1-4-1，2-1-5，两侧针数减少10针，余下84针继续编织，两侧不再加减针，织至第173行时，中间留取38针不织，两端相反方向减针编织，各减少2针，方法为2-1-2，最后两肩部余下21针，收针断线。　2. 前片：先起织左前片，下针起针法起20针，起织花样B，一边织一边右侧衣摆加针，方法为2-2-10，2-1-12，将织片加至52针，然后不加减针往上编织至122行，从第123行起，左侧减针织成袖窿，减针方法为1-4-1，2-1-5，共减少10针，右侧减针织成衣领，方法为2-1-21，减针后不加减针往上织至176行，最后肩部余下21针，收针断线。用相同方法相反方向编织右前片。前片与后片的两侧缝对应缝合，两肩部对应缝合。　3. 袖片：下针起针法起48针，编织花样B，一边织一边两侧加针，加12-1-10，两侧的针数各增加10针，织至136行后，开始编织袖山。袖山减针编织，两侧同时减针，方法为1-4-1，2-1-17，两侧各减少21针，最后织片余下26针，收针断线。袖口挑针起织袖口双层花边，挑起48针，织花样A，里层织34行，外层织28行，下针收针法收针断线。用同样的方法再编织另一袖片。缝合方法：将袖片从内与袖山边重叠缝合，将袖山对应前片与后片的袖窿线，用线缝合，再将两袖侧缝对应缝合。

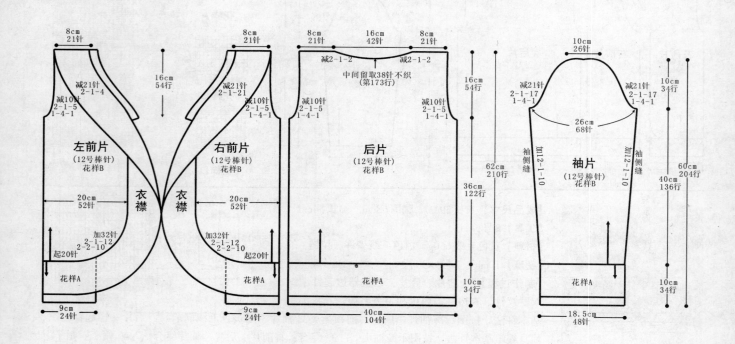

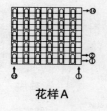

花样A

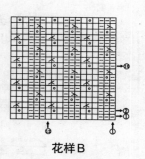

花样B

114

【成品规格】衣长62cm　胸围74cm　袖长60cm

【工具】10号棒针

【材料】红色棉线500g

【密度】10cm²：13针×17行

【制作过程】1. 后片：下针起针法起52针，起织花样C，织14行后，改织花样B，织至60行后，两侧减针织成袖窿，减针方法为1-3-1，2-1-2，两侧针数减少5针，余下42针继续编织，两侧不再加减针，织至第103行时，中间留取14针不织，两端相反方向减针编织，各减少2针，方法为2-1-2，最后两肩部余下12针，收针断线。另起线编织后摆片。　2. 前片：先起织前片，下针起针法起52针，起织花样C，织14行后，改织花样B，织至60行后，两侧减针织成袖窿，减针方法为1-3-1，2-1-2，两侧针数减少5针，同时将织片从中间分开成左右两片分别编织，一边织一边减针织成前领，方法为2-1-9，减针后不加减针织至106行，两肩部余下12针，收针断线。前片与后片的两侧缝对应缝合，两肩部对应缝合。编织衣领及衣摆花边。沿衣服前后摆挑针环织，编织花样A14行后，下针收针法收针断线。另起针编织下摆里层花边，起104针，编织花样A18行后，收针，与衣摆片对应缝合。另起针编织衣领花边，起128针，编织花样A，织18行后，下针收针法收针断线。将花边沿衣领及前片图示位置缝合。　2. 袖片：下针起针法起24针，编织花样A，织16行后，改织花样B，一边织一边两侧加针，加12-1-5，两侧的针数各增加5针，织至68行后，开始编织袖山。袖山减针编织，两侧同时减针，方法为1-3-1，2-1-9，两侧各减少12针，最后织片余下10针，收针断线。用同样的方法再编织另一袖片。缝合方法：将袖片从内与袖山边重叠缝合，将袖山对应前片与后片的袖窿线，用线缝合，再将两袖侧缝对应缝合。

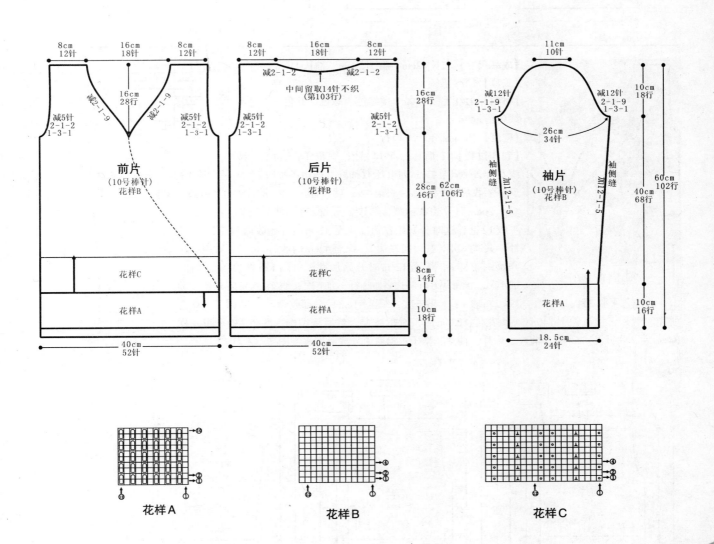

115

【成品规格】衣长43cm　胸围74cm　袖长41cm

【工具】12号棒针

【材料】红色绒线500g　字母小花烫贴1张　彩色绣花线若干

【密度】10cm²：40针×50行

【制作过程】1. 前片：双罗纹起针法起148针，双罗纹针编织8cm，下针编织18.5cm后按袖窿减针及前领减针织出袖窿和前领。　2. 后片：编织方法与前片类似，不同为开领，见后领减针。　3. 袖片（两片）：双罗纹起针法起84针，双罗纹针编织8cm，按袖下加针下针织24cm后，按袖山减针织9cm后收针。用相同方法织出另一片。　4. 前片装饰：将字母小花烫贴贴在合适位置；在合适位置绣上蝴蝶。　5. 缝合：将前片和后片肩部腋下缝合，袖片袖下缝合，装袖。　6. 领：前领和后领各挑88针和64针，双罗纹针织5cm后收针。

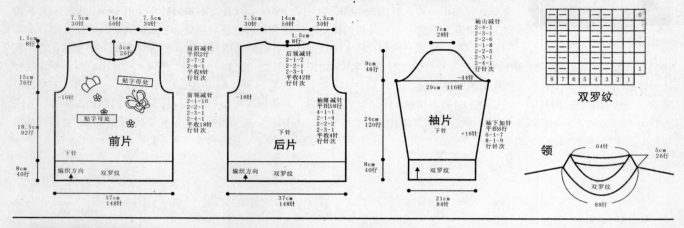

116

【成品尺寸】衣长42cm　胸围50cm　袖长41cm

【工具】12号棒针

【材料】大红毛线450g　橘红色、绿色、蓝色、黑色毛线各适量

【密度】10cm²：40针×40行

【制作过程】1. 后片：起140针，织花样B5cm后，改织花样A，织至26cm时开始收袖窿，两边各平收2针。然后隔1行减1针，共收4次。织至39cm后开始收肩和后领窝，织至42cm后收针。　2. 前片：起140针，织花样B5cm后，改织花样A，织至26cm时开始收袖窿，两边各平收2针。然后隔1行减1针，共收4次。织至33cm时在中间平收12针，这时分开织左边，织至37cm后开始收肩和前领窝，左边平收4针，再每隔1行减1针，共减4次（右边同左边），织至42cm时收针。　3. 袖片：起70针，织花样B，织至5cm后开始织花样A，织至12cm时开始加针，每隔1行两边各加1针，加4次，再每隔6行两边各加1针，加6次，织至26cm后开始收袖山，两边各平收2针，然后再每隔2行收1针，收6次，织至41cm后全部收针。　4. 帽子：缝合前片、后片，挑起领围140针，织花样A23cm后，对折缝合，然后从帽檐一圈挑230针织花样B4cm后，收针。　5. 缝合前片、后片、袖片、帽子；参考毛衣成品图缝制图案（花样C）。

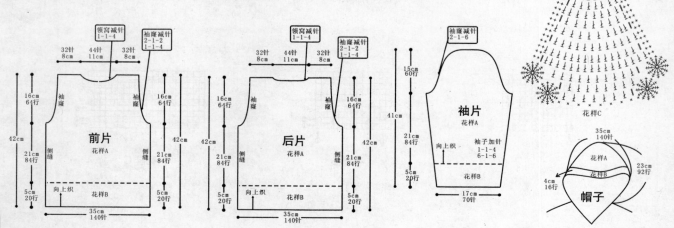

117

【成品尺寸】衣长43cm　胸围74cm　袖长41cm
【工具】3mm棒针
【材料】红色毛绒线500g　烫贴1张
【密度】10cm²：40针×50行
【制作过程】1. 前片：双罗纹起针法起148针，双罗纹针编织8cm，下针编织18.5cm后按袖窿减针及前领减针织出袖窿和前领。　2. 后片：编织方法与前片类似，不同为开领，见后领减针。　3. 袖片（2片）：双罗纹起针法起84针，双罗纹针编织8cm，按袖下加针下针织24cm后，按袖山减针织9cm后收针。用相同方法织出另一片。　4. 缝合：将前片和后片肩部腋下缝合，袖片袖下缝合，装袖。　5. 领：前领和后领各挑88针和64针，双罗纹针织5cm后收针。
6. 收尾：衣服洗完晾干后如前片图在合适位置烫上烫贴。

领
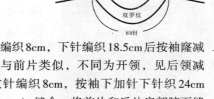

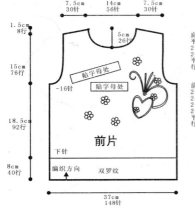

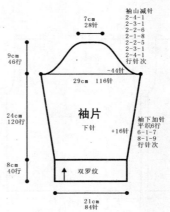

双罗纹

118

【成品尺寸】衣长47cm　胸围74cm　袖长42cm
【工具】3.5mm棒针　绣花针
【材料】白色羊毛绒线350g　深蓝色羊毛绒线少许　绣花图案若干　拉链1条
【密度】10cm²：20针×28行
【制作过程】1. 前片：分左右两片编织，分别按图起37针，织10cm双罗纹针后，改织全下针，并间色，装饰边另织，按图示位置缝合，左右两边按图示收成袖窿。　2. 后片：按图起针，织10cm双罗纹针后，改织全下针，左右两边按图收成袖窿。前后领各按图示均匀减针，形成领口。　3. 袖片：按图起40针，织10cm双罗纹针后，改织下针，织至21cm后按图示均匀减针，收成袖山。　4. 缝合：编织结束后，将前片、后片侧缝，并将肩部、袖片缝合。　5. 领：挑针，织20cm双罗纹后，折边缝合，形成双层翻领。　6. 门襟：拉链边另织，折边缝合，形成双层门襟拉链边，装上拉链，绣上图案。

全下针
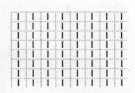

双罗纹

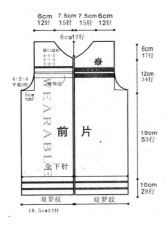

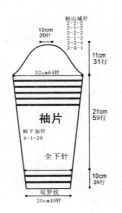
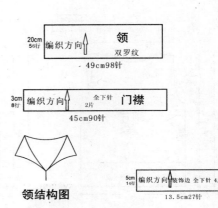

领结构图

151

119

【成品尺寸】衣长46cm　胸围58cm　袖长48cm
【工具】11号棒针
【材料】绿色棉线400g　白色、黑色棉线各20g　黄色、白色丝线各少量　拉链1条
【密度】10cm²：26针×34行
【制作过程】1. 后片：起104针，织花样A6cm后改为绿色棉线织花样B，织至30cm后袖窿减针，方法为1-4-1，2-1-5。织至45cm时收后领，中间留取40针不织，两侧减针，方法为2-1-2。后片共织46cm长。　2. 左前片：起49针，织花样A6cm后改为绿色棉线织花样B，织至30cm后左侧袖窿减针，方法为1-4-1，2-1-5，织至40cm后右侧前领减针，方法为1-7-1，2-2-6，共减19针，左前片共织46cm长。用同样方法相反方向织右前片。　3. 袖片：起56针，织花样A6cm后改为绿色棉线织花样B，袖片两侧加针，方法为8-1-11，织至34cm后，织片变成78针，减针织袖山，方法为1-4-1，2-1-24，织至48cm的长度，织片余下22针。　4. 领：绿色棉线沿领口挑起针织花样A，挑起92针织6cm长。　5. 衣襟：前襟连领共挑起104针，用绿色棉线织花样B，织6行向内与起针合并，缝上拉链。　6. 机绣前片图案。

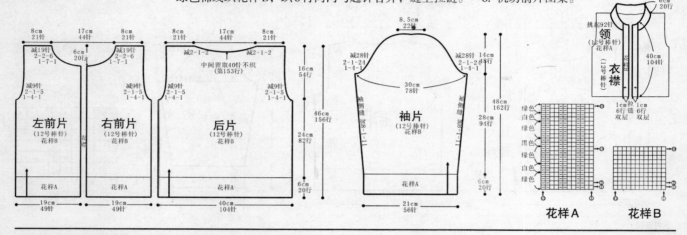

120

【成品尺寸】衣长48cm　胸围56cm　袖长45cm
【工具】12号棒针
【材料】果绿色毛线300g　白色、粉色、黄色毛线各50g
【密度】10cm²：42针×42行
【制作过程】1. 后片：起108针，织花样B7cm后，改织花样A，织至33cm时开始收袖窿，两边各收2针，然后隔1行减1针，共收4次，织至45cm后开始收肩和后领窝，一起平收20针。　2. 前片：编织方法与后片相同（织至42cm时开始留前领窝，先平收16针，再每隔1行两边各收1针，共收2次）。　3. 袖片：起60针织双罗纹（花样B），织至7cm时开始织花样A，织至12cm后开始加针，每隔4行两边各加1针，加4次，再每隔6行两边各加1针，加8次，织至32cm后开始收袖山，两边各平收2针，然后再隔2行收1针收2次，再每隔4行收1针收6次，再每隔2行两边各收2针，收2次，最后平收。　4. 领：挑起领围130针，织花样B织至7cm后，收针。　5. 缝合：缝合前片、后片、袖片及领子。

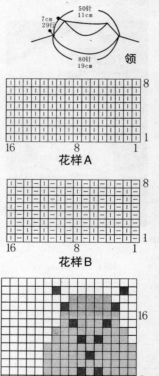

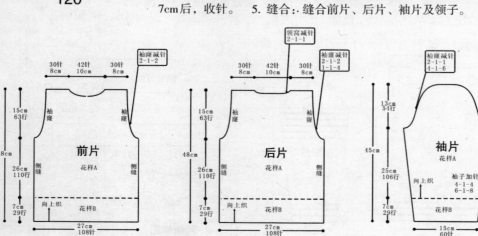

121

【成品尺寸】衣长47cm　胸围72cm　袖长44cm
【工具】2.5mm棒针
【材料】白色羊毛线250g　深蓝色、浅蓝色毛线各20g　布贴1套　拉链1条
【密度】10cm²：34针×46行
【制作过程】1. 后片：起122针，如图示配色编织双罗纹针6cm，然后用白色羊毛线进行平针编织，织26cm后收袖窿，还剩2cm时收后领。　2. 前片：起62针，用与后片相同方法编织，在前胸围适合地方如图示进行配色编织，还剩6cm时收前领，编织2片。　3. 袖片：起62针，如图示配色编织双罗纹针6cm，然后改织平针，织30cm后收袖山，编织2片。　4. 缝合：将前片、后片与袖片进行缝合。　5. 领：挑起144针，配色编织双罗纹针32行。　6. 沿着门襟衣领边挑起152针编织单罗纹针8行，然后再里折缝合。将拉链藏于门襟边下。

双罗纹针针法

平针针法

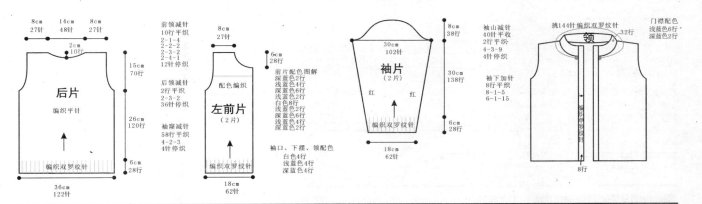

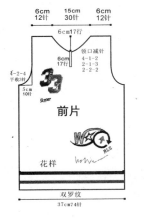

122

【成品尺寸】衣长47cm　胸围74cm　袖长42cm
【工具】3.5mm棒针　绣花针
【材料】白色羊毛绒线　深蓝色、红色毛线各少许　绣花图案若干　拉链1条
【密度】10cm²：20针×28行
【制作过程】1. 前片、后片：按图起74针，织10cm双罗纹针后，改织花样，并间色，左右两边按图示收成袖窿。前片织至35cm时，分两片编织，前后领各按图示均匀减针，形成领口。　2. 袖片：按图起40针，织10cm双罗纹针后，改织花样，织至21cm后按图示均匀减针，收成袖山。　3. 缝合：编织结束后，将前片、后片侧缝，并将肩部、袖片缝合。　4. 领：挑针，织20cm双罗纹针，折边缝合，形成双层翻领。　5. 门襟：拉链边另织，折边缝合，形成双层拉链边，装上拉链，绣上图案。

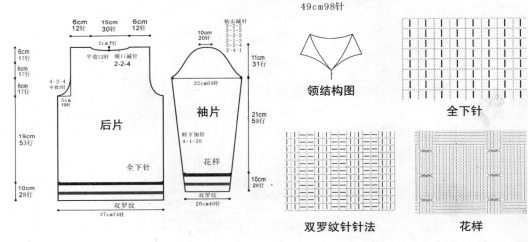

双罗纹针针法　　花样

153

123

【成品尺寸】衣长47cm　胸围72cm　袖长44cm

【工具】2.5mm棒针

【材料】白色羊毛线250g　红色、深蓝色毛线各20g　布贴1套　拉链1条

【密度】10cm²：30针×36行

【制作过程】1. 后片：起108针，如图示配色编织双罗纹针6cm，然后用白色线进行平针编织，织26cm后收袖窿，还剩2cm时收后领。　2. 前片：起54针，用与后片相同方法编织，还剩6cm时收前领，编织2片。　3. 袖片：起54针，如图示配色编织双罗纹针6cm，然后改织平针，织30cm后收袖山，编织2片。　4. 缝合：将前片、后片与袖片进行缝合。　5. 领：挑起144针，配色编织双罗纹针32行。6. 沿着门襟衣领边挑起152针编织单罗纹针8行，然后再里折缝合。将拉链藏于门襟边下。

双罗纹针针法

平针针法

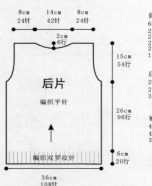

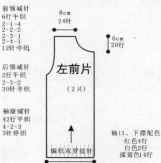

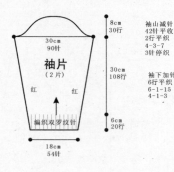

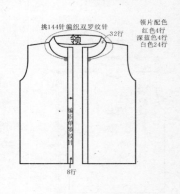

【成品尺寸】衣长47cm　胸围74cm　连肩袖长47cm

【工具】3.5mm棒针

【材料】蓝色羊毛绒线250g　白色羊毛绒线250g　绣花图案若干　拉链1条

【密度】10cm²：20针×28行

【制作过程】1. 前片：分左右两片编织，分别按图起36针，织10cm双罗纹针后，改织全下针，并间色，左右两边按图示收成插肩袖。　2. 后片：按图起74针，织10cm双罗纹针后，改织全下针，并间色，左右两边按图示收成插肩袖。　3. 领：前、后领各按图示均匀减针，形成领口。　4. 袖片：按图起40针，织10cm双罗纹针后，改织全下针，并间色，织至21cm后按图示均匀减针，收成插肩袖山。　5. 编织结束后，将前片、后片侧缝，并将肩部、袖片缝合。　6. 门襟：另织5cm单罗纹针，折边缝合，形成双层门襟。　7. 装饰：绣上图案，装上拉链。　8. 衣袋：另织，与前片缝合。

124

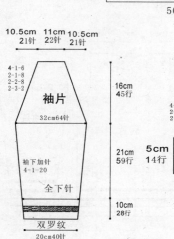

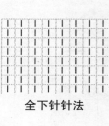

全下针针法

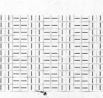

双罗纹针针法

125

【成品尺寸】衣长48cm　胸围56cm　袖长45cm

【工具】12号棒针

【材料】藏蓝色毛线400g　拉链1条

【密度】10cm²：42针×42行

【制作过程】1. 后片：起108针，织花样，织至33cm后收袖窿，两边各平收2针，每隔1行两边各收1针，收2次，织至45cm时，同时留后领窝，先平收4针，再隔1针收1针，收2行。　2. 左右前片：起50针织花样，织至42cm时收前领窝，领窝的收针法是先平收2针，再每隔1行收1针，收4次，织至45cm后开始收肩，先平收4针，再隔1针收1针，收2行。　3. 袖片：起60针织花样，每隔4针加1针，共加10针，织至30cm后开始收袖山，先两边各平收2针，然后每隔1行两边各收1针，收4次，每隔1行收2针收8次，最后平收。缝合前片、后片。　4. 领：缝合前片后片及袖片，从领圈挑88针织花样5cm后，平收。

花样

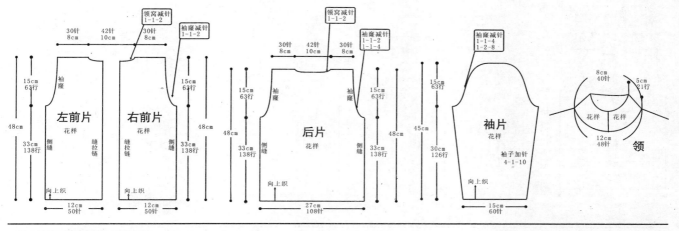

126

【成品尺寸】衣长48cm　胸围56cm　袖长45cm

【工具】12号棒针

【材料】藏蓝色毛线400g　拉链1条

【密度】10cm²：42针×42行

【制作过程】1. 后片：起108针，织花样A5cm后，改织花样B至33cm时收袖窿，两边各平收2针，每隔1行两边各收1针，收2次，织至45cm后，同时留后领窝，先平收4针，再隔1针收1针，收2行。　2. 左右前片：起50针，织花样A5cm后，改织花样B至42cm时收前领窝，领窝的收针法是先平收2针，再每隔1行收1针，收4次，织至45cm后开始收肩，先平收4针，再隔1针收1针，收2行。　3. 袖片：起60针，织花样A5cm，每隔4针加1针，共加10针，织花样B至30cm后开始收袖山，先两边各平收2针，然后每隔1行两边各收1针，收4次，每隔1行收2针收8次，最后平收。　4. 领：缝合前片、后片及袖片，从领圈挑88针织花样A5cm后，平收。

花样A针法

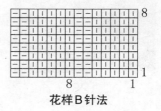

花样B针法

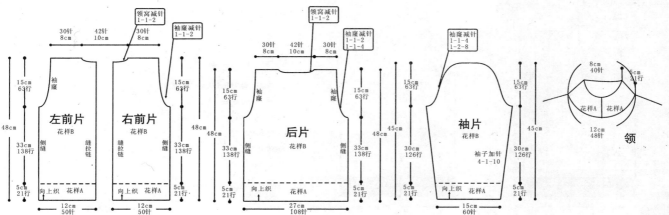

127

【成品尺寸】衣长49cm　胸围72cm　袖长44cm

【工具】3mm棒针

【材料】宝蓝色棉线250g　黑色毛线100g　白色毛线50g　布贴1套

【密度】10cm²：24针×30行

【制作过程】1. 后片：用宝蓝色棉线起86针，编织双罗纹针5cm，然后用宝蓝色棉线进行平针编织，还剩2cm时收后领。　2. 前片：用宝蓝色棉线起86针，编织双罗纹针5cm，然后如图示进行配色编织，还剩6cm时收前领。　3. 袖片：用宝蓝色棉线起44针，编织双罗纹针5cm（中间加入4行黑色线），编织2片。　4. 缝合：将前片、后片与袖片进行缝合。　5. 领：用黑色棉线挑起84针，编织双罗纹针24行，然后往里缝成双层领。最后在胸前贴上布贴。

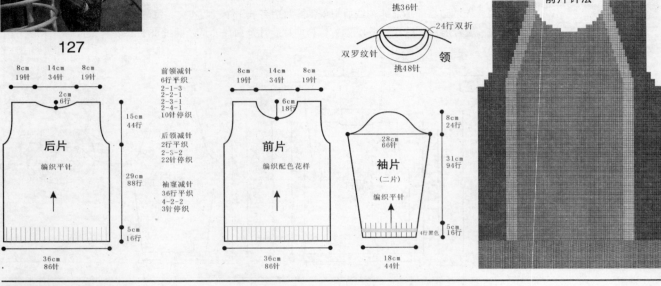

前片针法

挑36针
24行双折
双罗纹针　领
挑48针

后片
8cm 19针　14cm 34针　8cm 19针
2cm 6行
15cm 44行
编织平针
29cm 88行
5cm 16行
36cm 86针

前片
8cm 19针　14cm 34针　8cm 19针
6cm 18行
前领减针
6行平织
2-1-3
2-2-1
2-3-1
2-4-1
10针停织
后领减针
2行平织
2-3-2
22针停织
袖窿减针
36行平织
4-2-2
3针停织
编织配色花样
36cm 86针

袖片
（二片）
28cm 66针
编织平针
8cm 24行
31cm 94行
5cm 16行
4行黑色
18cm 44针

128

【成品规格】衣长47cm　胸围74cm　袖长42cm

【工具】3.5mm棒针

【材料】白色羊毛绒线350g　红色、蓝色羊毛绒线各少量

【密度】10cm²：20针×28行

【制作过程】1. 前片、后片：按图起74针，织10cm双罗纹针后，改织全下针，左右两边按图示收成袖窿。前后领各按图示均匀减针，形成领口。　2. 袖片：按图起40针，织10cm双罗纹针后，改织全下针，并间色，织至21cm按图示均匀减针，收成袖山。　3. 缝合：编织结束后，将前片、后片侧缝，并将肩部、袖片缝合。　4. 领：挑针，织5cm双罗纹针，并间色，形成圆领。

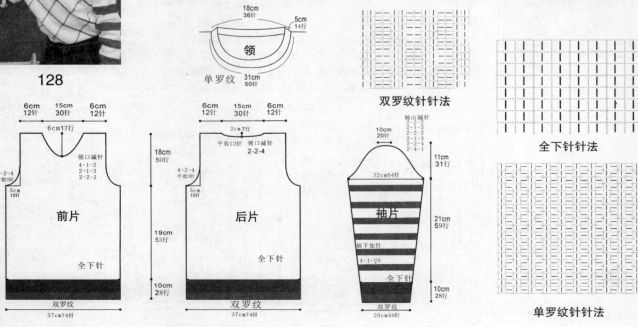

领
18cm 36针　5cm 14行
单罗纹　31cm 50针

前片
6cm 12针　15cm 30针　6cm 12针
6cm17行
领口减针
4-1-2
2-1-3
2-2-2
4-2-4
平收3针
5cm 10针
全下针
19cm 53行
10cm 28行
双罗纹
37cm74针

后片
6cm 12针　15cm 30针　6cm 12针
平收12针　领口减针
2-2-4
4-2-4
平收3针
5cm 10针
18cm 50行
全下针
19cm 53行
10cm 28行
双罗纹
37cm74针

袖片
袖山减针
2-2-2
2-1-2
2-2-1
2-1-3
2-2-1
2-4-1
10cm 20针
32cm64针
11cm 31行
21cm 59行
袖片
袖下加针
4-1-20
全下针
10cm 28行
双罗纹
20cm40针

双罗纹针针法

全下针针法

单罗纹针针法

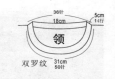

【成品规格】衣长47cm 胸围74cm 连肩袖长47cm

【工具】3.5mm棒针

【材料】白色羊毛绒线350g 红色、黑色毛线若干 装饰图案1枚

【密度】10cm²：20针×28行

【制作过程】1. 前片、后片：按图起74针，织10cm双罗纹针后，改织全下针，并间色，左右两边按图示收成插肩袖。前后领各按图示均匀减针，形成领口。 2. 袖片：按图起40针，织10cm双罗纹针后，分左右两片编织，改织全下针，织至21cm后按图示均匀减针，收成插肩袖山。 3. 缝合：编织结束后，将前片、后片侧缝，并将袖片缝合。 4. 领：挑针，织5cm双罗纹针，并间色，形成圆领。 5. 装饰：缝上装饰图案。

129

前片

后片

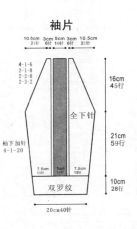

袖片

领

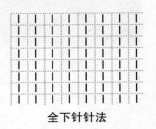

全下针针法

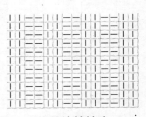

双罗纹针针法

【成品尺寸】衣长47cm 胸围74cm 连肩袖长47cm

【工具】3.5mm棒针

【材料】浅灰色羊毛绒线50g 深灰色羊毛绒线350g 装饰图案若干 拉链1条

【密度】10cm²：20针×28行

【制作过程】1. 前片、后片：按图起74针，织10cm双罗纹针后，改织全下针，并间色，前片织至21cm时，分左右两边编织，袖窿两边按图示收成插肩袖。前后领各按图示均匀减针，形成领口。 2. 袖片：按图起40针，织10cm双罗纹针后，改织全下针，织至21cm后按图示均匀减针，收成插肩袖山。 3. 缝合：编织结束后，将前片、后片侧缝，并将袖片缝合。 4. 领：挑针，织5cm双罗纹针，形成立领。 5. 装饰：缝上装饰图案和拉链。

130

领

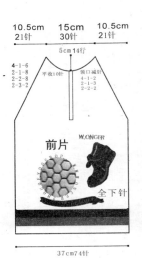

前片

后片

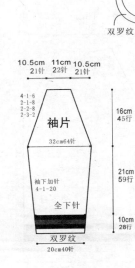

袖片

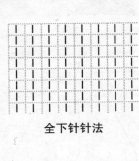

全下针针法

双罗纹针针法

157

【成品尺寸】衣长33cm　胸围74cm　袖长34cm

【工具】3.5mm棒针

【材料】黑色、白色、红色羊毛绒线　前领绳子1条　烫贴标志1个

【密度】10cm²：20针×28行

【制作过程】1. 前片：从侧缝织起，按编织方向起104针，织全下针，并间色，前领和袖窿按图加减针，织至另一边侧缝。　2. 后片：按图起74针，织全下针，左右两边按图示收成袖窿。下摆另织，与前片、后片缝合。前后领各按图示均匀减针，形成领口。　3. 袖片：按图起40针，织5cm单罗纹后，改织全下针，织至20cm后按图示均匀减针，收成袖山。　4. 缝合：编织结束后，将前片、后片侧缝，并将肩部、袖片缝合。　5. 领：挑针，织10cm单罗纹折边缝合，形成双层圆领。　6. 门襟边：另织，按图缝合。　7. 装饰：系上前领绳子，贴上烫贴标志。

131

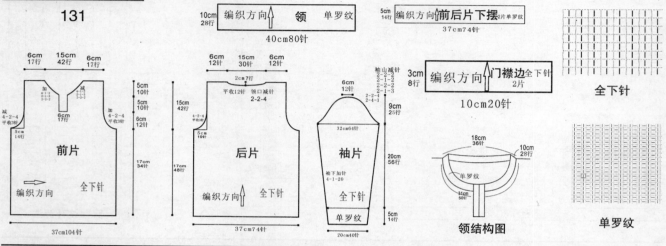

【成品尺寸】衣长47cm　胸围74cm　连肩袖长47cm

【工具】3.5mm棒针

【材料】咖啡色、白色羊毛绒线　装饰图案若干　拉链1条

【密度】10cm²：20针×28行

【制作过程】1. 前片、后片：按图起74针，织10cm双罗纹后，改织全下针，并间色，前片织至21cm时，分左右两边编织，袖窿两边按图示收成插肩袖。前、后领各按图示均匀减针，形成领口。　2. 袖片：按图起40针，织10cm双罗纹后，改织全下针，并间色，织至21cm后按图示均匀减针，收成插肩袖山。　3. 缝合：编织结束后，将前片、后片侧缝，并将袖片缝合。　4. 领：挑针，织12cm双罗纹，形成翻领。　5. 拉链边：另织12cm双罗纹，与前领门襟缝合。　6. 装饰：缝上装饰图案和拉链。

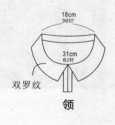

132

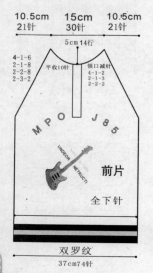

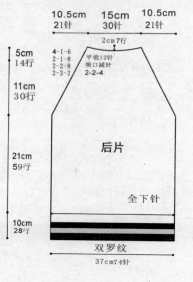

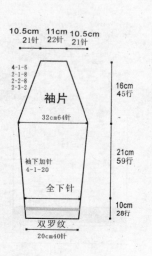

133

【成品尺寸】衣长46cm　肩宽33cm　袖长48cm

【工具】12号棒针

【材料】白色棉线50g　粉红色棉线50g　红色棉线300g　纽扣2枚

【密度】10cm²：26针×34行

【制作过程】1. 棒针编织法，衣服按前片和后片分别编织，完成后缝合而成。　2. 起针织后片，用下针起针法，起104针织花样，织至40行后，改为粉红色棉线与红色棉线组合编织，织至102行后，全部改为红色棉线编织，两侧减针织成袖窿，减针方法为1-4-1，2-1-5，两侧针数减少9针，不加减针织至153行时，中间留取40针不织，两侧减针织成后领，减针方法为2-1-2，织至156行时，两肩部各余下21针，收针断线。　3. 起针织前片，用下针起针法，起104针织花样，织至40行后，改为粉红色棉线与红色棉线组合编织，织至102行后，全部改为红色棉线编织，两侧减针织成袖窿，减针方法为1-4-1，2-1-5，两侧针数减少9针，不加减针织至136行时，从第137起将织片中间留取20针不织，两侧减针织成前领，减针方法为2-2-4，2-1-4，两侧各减少12针，织至156行时，两肩部各余下21针，左肩收针断线，右肩继续往上编织6行后再收针断线。注意：加织部分要留2个扣眼。　4. 前片与后片的两侧缝要对应缝合，左肩缝也要对应缝合。右肩缝上纽扣。

花样

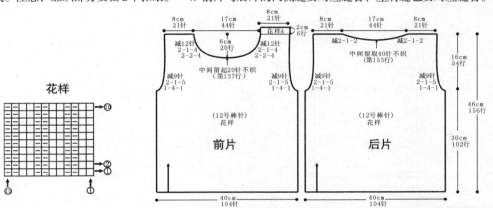

134

【成品尺寸】衣长47cm　胸围72cm　袖长41cm

【工具】3.0mm棒针　3.25mm棒针

【材料】红色线400g　白色线100g　女孩布贴1个　字母布贴3个　星星小亮片8个　圆圈小亮片2个　拉链1条

【密度】10cm²：28针×38行

【制作过程】1. 左前片：用3.0mm棒针起50针，从下往上织双罗纹6cm，按图所示换线，往上用红线织平针，织至25cm处开挂肩，按图所示分别收袖窿、领子。右前片：上部按图示换线。2. 后片：用3.0mm棒针起100针，织法与前片相同，后领按后片图解编织。　3. 袖片：用3.0mm棒针起40针，从下往上织双罗纹6cm，按图示换线，用红色线往上织平针，织至27cm处，收袖山。　4. 前片、后片及袖片缝合后按图解挑领子，用3.25mm棒针编织双罗纹，红、白色线相间，织至10cm收针，往里缝合成双层领子。　5. 装饰：把布贴按图贴在左前片，把亮片粘在右前片上部白色线处，装上拉链。

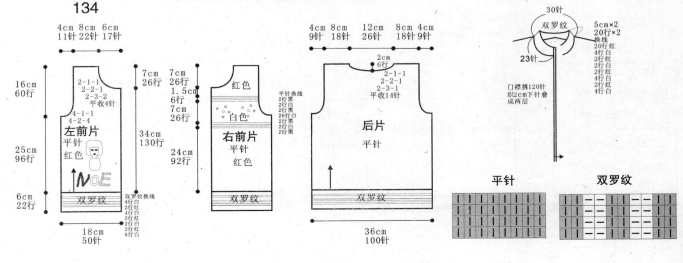

平针　　　双罗纹

159

【成品尺寸】衣长55cm　胸围74cm　袖长42cm

【工具】3.5mm棒针　绣花针

【材料】红色羊毛绒线　装饰花1朵　扣子5枚

【密度】10cm²：20针×28行

【制作过程】1. 前片：分左右两片编织，左前片按图起37针，织2cm单罗纹后，改织17cm全下针，门襟按编织方向另织，织6cm双罗纹后，与前片缝合，多余部分缝合翻领，按图示收成袖窿，用同样方法编织右前片。前后领各按图示均匀减针，形成领口。　2. 袖片：按图起40针，织8cm双罗纹后，改织全下针，至23cm后按图示均匀减针，收成袖山。　3. 缝合：编织结束后，将前片、后片侧缝，并将肩部、袖片缝合。　4. 领：按图示挑针。织10cm双罗纹，形成翻领。　5. 衣袋：另织，并与右前片缝合。　6. 装饰：缝上装饰花和扣子，在图示位置挑针，编织全上针，形成衬边。

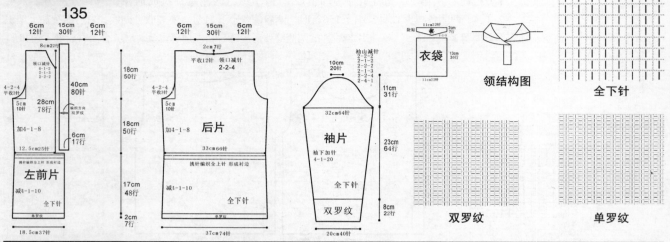

135

【成品尺寸】衣长52cm　胸围74cm　袖长42cm

【工具】3.5mm棒针

【材料】红色羊毛绒线　装饰扣12枚

【密度】10cm²：20针×28行

【制作过程】1. 前片：分左右两片编织，左前片分上下两片编织，上片按图起37针，织12cm全下针，按图示均匀减针，收成袖窿，其中门襟留10针织单罗纹，用同样方法编织右前片。下片起42针，织22cm全下针，其中门襟留10针织单罗纹，下片打皱褶与上片缝合。　2. 后片：按图起74针，织全下针。左右两边按图示均匀减针。收成袖窿。　3. 袖片：按图起40针，织19cm双罗纹后，改织全下针，织至12cm后按图示均匀减针，收成袖山。　4. 缝合：编织结束后，将前片、后片侧缝，并将肩部、袖片缝合。　5. 领：前、后领圈按图挑针，织12cm双罗纹，形成翻领，扣上扣子，可成为立领。　6. 装饰：缝上扣子和前片装饰片。

136

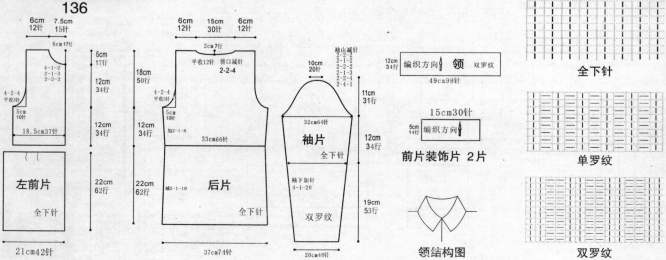

【成品尺寸】衣长55cm　胸围74cm　袖长42cm

【工具】3.5mm棒针

【材料】红色羊毛绒线　扣子7枚　衣袋毛毛球2对

【密度】10cm²：20针×28行

【制作过程】1. 前片：分左右两片编织，左前片按图起37针，织2cm单罗纹后，依次织18cm全下针、5cm单罗纹和12cm全下针，按图示收成袖窿，用同样方法编织右前片。　2. 后片：按图起74针，织2cm单罗纹后，依次织18cm全下针、5cm单罗纹和12cm全下针，左右两边按图收成袖窿。前、后领各按图示均匀减针，形成领口。　3. 袖片：按图起40针，织10cm双罗纹后，改织全下针，织至21cm后按图示均匀减针，收成袖山。　4. 缝合：编织结束后，将前片、后片侧缝，并将肩部、袖片缝合。帽子和门襟另织，分别与领圈和门襟缝合。　5. 装饰：肩部衬边和衣袋另织，与前片缝合，缝上扣子，系上衣袋毛毛球。

编织方向　门襟 双罗纹 2片
6cm 17行
49cm98针

137

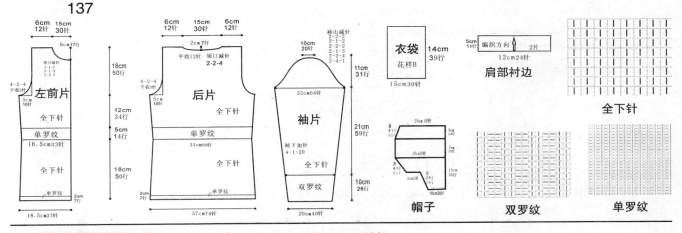

【成品尺寸】衣长69cm　衣摆98cm　袖长70cm

【工具】11号棒针

【材料】紫色长毛线600g

【密度】10cm²：18针×22行

【制作过程】1. 棒针编织法，从上往下环织完成。织片较大，可采用环形针编织。　2. 起织衣领，下针起针法，起96针起织，起织花样A，共织33行，从第34行起，开始编织衣身。　3. 衣身从上往下环织。织花样B全下针，用别针标记出第1-2针、25-26针、49-50针、73-74针作为加针的前后左右中心骨，从第35行起，开始在每条中心骨的两侧加针，方法为2-1-55，编织到143行后，织片变为444针，将衣服分片，分为前片\后片和左右袖片，四条中心骨分别放置于前后片的中间及左右袖片的中间，前后片各取176针，左右袖片各取46针。　4. 分配前片的176针到棒针上，编织花样A单罗纹针，织2行后，收针断线。用同样的方法编织后片衣摆。　5. 分配其中一袖片的46针到棒针上，编织花样A单罗纹针，不加减针织44行后，收针断线。用同样的方法编织另一袖片。

138

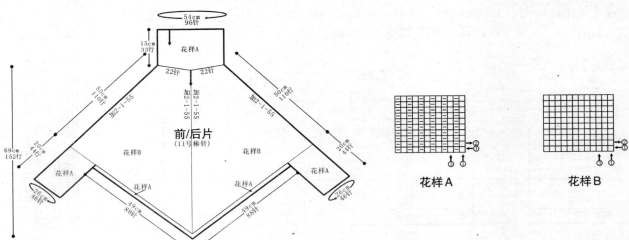

161

139

【成品尺寸】衣长48cm　胸围56cm　袖长42cm

【工具】12号棒针

【材料】红色毛线400g　红色小球毛线100g　粉红色小球毛线100g

【密度】10cm²：40针×40行

【制作过程】1.后片：起108针，织花样B5cm后，改织花样A，织至33cm时开始收袖隆，两边各平收2针，然后隔1行减1针，共收4次，织至45cm时开始收肩和后领窝，一起平收20针。　2.前片：编织方法与后片相同（织至42cm时开始留前领窝，先平收16针，再每隔1行两边各收1针，共收2次）。　3.袖片：起60针，织双罗纹（花样B），织至5cm后开始织花样A，织至12cm时开始加针，每隔1行两边各加1针，加4次，再每隔6行两边各加1针，加6次，织至30cm后开始收袖山，两边各平收2针，然后再每隔1行收1针收2次，再每隔6行收1针收4次，再每隔2行两边各收2针，收2次，最后平收。　4.领：挑起领围80针，织花样B织至10cm，收针。

5.缝合：缝合前片、后片、袖片及领。注：花样C和花样D的穿叉，红色小球和红色毛线的运用；领两种线各5cm。

花样C

花样B

花样A

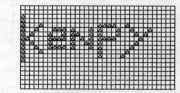

9cm
36针

10cm
40行

花样B

11cm
44针

领

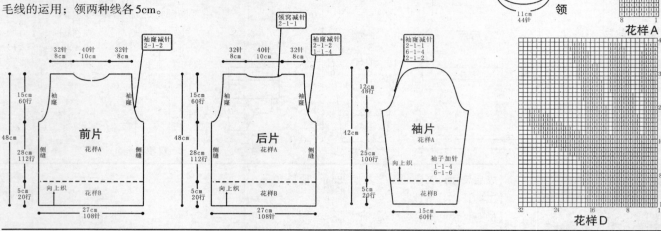

前片　花样A

后片　花样A

袖片　花样A

花样D

140

【成品尺寸】衣长45cm　胸围80cm　袖长45cm

【工具】3.5mm棒针

【材料】红色毛线　枣红珍珠毛线　珍珠线　水晶

【密度】10cm²：19针×28行

【制作过程】1.前片：用珍珠线起70针，织单罗纹针10行，换红色毛线织平针，平织到袖隆处，在领窝处留5cm高。

2.后片：用珍珠线起70针，织单罗纹针10行，用红色毛线织平针，在领窝处留5cm高。　3.袖片：起36针，用珍珠线织花样A12行，换红色毛线平织至袖山处。　4.缝合：将前片、后片及袖片缝合，挑起领窝56针，换珍珠线织单罗纹针15cm，收针。如图在前片分别用珍珠线绣出花样和字母，按照图片位置贴上水晶。

字母花样

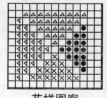

花样图案

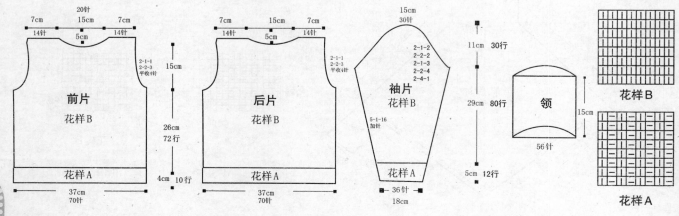

前片　花样B　花样A

后片　花样B　花样A

袖片　花样B　花样A

领

花样B

花样A

【成品尺寸】衣长62cm 胸围80cm 袖长60cm

【工具】12号棒针

【材料】黑色棉线500g

【密度】10cm²：26针×34行

【制作过程】1. 后片：下针起针法起104针，起织花样B，织至122行后，两侧减针织成袖窿，减针方法为1-4-1，2-1-5，两侧针数减少10针，余下84针继续编织，两侧不再加减针，织至第173行时，中间留取38针不织，两端相反方向减针编织，各减少2针，方法为2-1-2，最后两肩部余下21针，收针断线。 2. 前片：先起织左前片，下针起针法起20针，起织花样B，一边织一边右侧衣摆加针，方法为2-2-10，2-1-12，将织片加至52针，然后不加减针往上编织至100行时，前胸处织6条2针的下针，如图所示，织至122行，从第123行起，左侧减针织成袖窿，减针方法为1-4-1，2-1-5，共减少10针，右侧减针织成衣领，方法为2-1-21，减针后不加减针往上织至176行，最后肩部余下21针，收针断线。相同方法相反方向编织右前片。前片与后片的两侧缝对应缝合，两肩部对应缝合。编织衣领及衣摆花边。沿衣服后摆，左右衣襟及衣领挑针起织，左右衣襟挑起的针数要比衣身本身稍多些，编织花样A，织28行后，下针收针法收针断线。另起针编织下摆里层花边，起152针，编织花样A，织34行后，收针，与衣身后摆片对应缝合。沿衣领边沿挑针起织花样A，织8行后，收针断线。 2. 袖片：下针起针法起48针，编织花样B，一边织一边两侧加针，加12-1-10，两侧的针数各增加10针，织至136行后，开始编织袖山。袖山减针编织，两侧同时减针，方法为1-4-1，2-1-17，两侧各减少21针，最后织片余下26针，收针断线。袖口挑针起织袖口双层花边，挑起48针，织花样A，里层织34行，外层织28行，下针收针法收针断线。用同样的方法再编织另一袖片。缝合方法：将袖片从内与袖山边重叠缝合，将袖山对应前片与后片的袖窿线，用线缝合，再将两袖侧缝对应缝合。

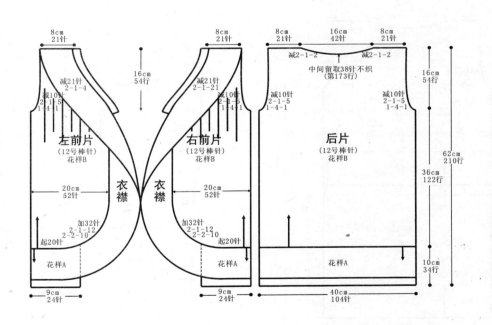

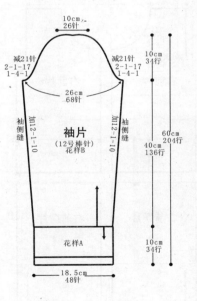

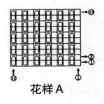

花样A

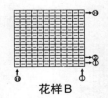

花样B

142

【成品尺寸】衣长62cm　胸围80cm　袖长60cm

【工具】12号棒针

【材料】枣红色棉线500g

【密度】10cm²：26针×34行

【制作过程】1. 后片：下针起针法起104针，起织花样A，共织28行后，改织花样B，织至82行，两侧减针织成袖窿，减针方法为1-4-1，2-1-5，两侧针数减少10针，余下84针继续编织，两侧不再加减针，织至第133行时，中间留取38针不织，两端相反方向减针编织，各减少2针，方法为2-1-2，最后两肩部余下21针，收针断线。另起线编织后摆片，起104针，编织花样A，织34行后，改织花样C，织至98行时，收针，与后片按结构图所示方法缝合。　2. 前片：起织左前片，下针起针法起52针，起织花样A，共织28行后，改织花样B，织至82行后，左侧减针织成袖窿，减针方法为1-4-1，2-1-5，共减少10针，余下42针继续编织，两侧不再加减针，织至第103行时，右侧减针织成前领，方法为1-5-1，2-2-6，2-1-4，织至136行后，最后肩部余下21针，收针断线。另起线编织左前摆片，起52针，编织花样A，织34行后，改织花样C，织至98行后，收针，与左前片按结构图所示方法缝合。用相同方法相反方向编织右前片。前片与后片的两侧缝对应缝合，两肩部对应缝合。编织衣领花边，起136针，编织花样A，织36行后，缝合于衣领及衣襟侧。　2. 袖片：下针起针法起48针，编织花样B，一边织一边两侧加针，加12-1-10，两侧的针数各增加10针，织至136行后，开始编织袖山。袖山减针编织，两侧同时减针，方法为1-4-1，2-1-17，两侧各减少21针，最后织片余下26针，收针断线。袖口挑针起织袖口双层花边，挑起48针，织花样A，里层织34行，外层织28行，下针收针法收针断线。用同样的方法再编织另一袖片。缝合方法：将袖片从内与袖山边重叠缝合，将袖山对应前片与后片的袖窿线，用线缝合，再将两袖侧缝对应缝合。

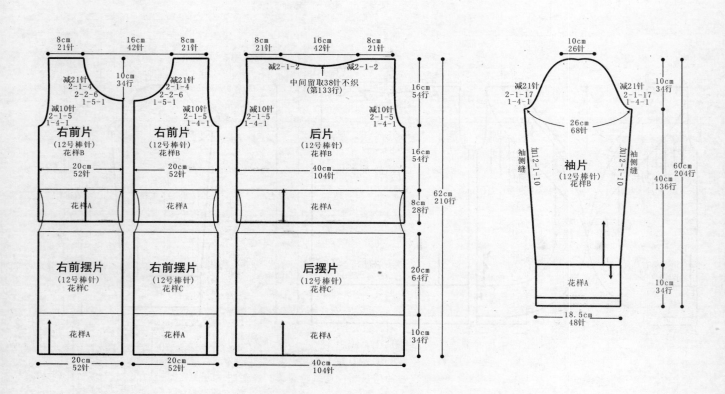

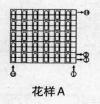

花样A

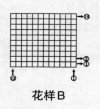

花样B

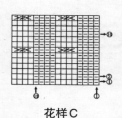

花样C

【成品尺寸】衣长47cm　胸围72cm　袖长46cm
【工具】3mm棒针
【材料】灰色羊毛线300g　藏蓝色毛线50g　白色毛线10g　砂色毛线少许　布贴1套　拉链1条
【密度】10cm²：24针×30行
【制作过程】1. 后片：起86针，配色编织双罗纹针6cm，然后改织平针，织26cm后如图示收针，还剩2cm时收后领。　2. 前片：起44针，配色编织双罗纹针6cm，然后如图在袖窿侧编入4组双罗纹，其余针数平针，织26cm后收袖窿，还剩6cm时收前领，编织2片。　3. 袖片：起44针，配色编织双罗纹针6cm，然后用砂色毛线编织平针，织30cm后收袖山，编织2片。　4. 缝合：将前片、后片与袖片进行缝合。　5. 领：用藏蓝色毛线挑起84针，如图配色编织双罗纹针48行，然后往里缝成双层领。　6. 沿着门襟与领的边挑120针，编织单罗纹针12行，往里折双层缝合。将拉链藏在下面。

143

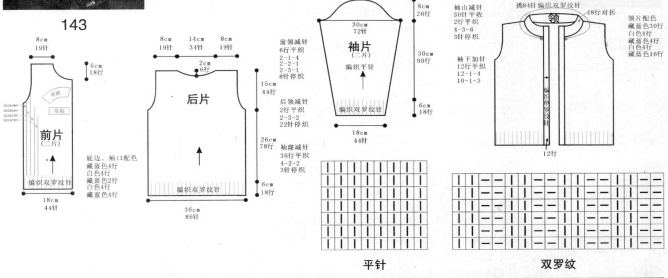

平针　　双罗纹

【成品尺寸】衣长47cm　胸围72cm　袖长46cm
【工具】2mm棒针
【材料】米色羊毛线300g　咖啡色毛线少许　咖啡色格子布少量
【密度】10cm²：40针×52行
【制作过程】1. 后片：用咖啡色毛线起144针，编织6行双罗纹针，然后换米色羊毛线继续编织，织5cm后改织反针，织27cm后收袖窿，在离衣领长2cm时收后领。　2. 前片：用咖啡色毛线起144针，编织6行双罗纹针，然后换米色羊毛线继续编织，织5cm后改织花样，织27cm后收袖窿，在离衣领长6cm时收前领。　3. 袖片：用咖啡色毛线起72针，编织6行双罗纹针，然后换米色羊毛线继续编织，织5cm后中间40针编织反针，两边针数编织花样，并如图示加针，织33cm后收袖山，编织2片。　4. 缝合：将前片、后片与袖片缝合。　5. 领：挑152针，编织双罗纹针52行后双折，并缝合。　6. 用格子布如图示裁剪出两片肩盖与一片口袋盖片，缝在适合位置上。

144

花样

双罗纹

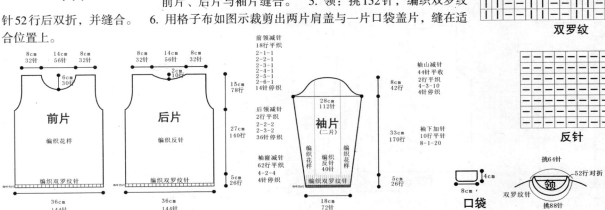

反针

口袋　　领　　肩盖（2片）

【成品尺寸】衣长47cm　胸围72cm　袖长44cm
【工具】2.5mm棒针
【材料】藏灰色棉线250g　黑色毛线、白色毛线、红色毛线各30g　布贴1套　拉链1条
【密度】10cm²：30针×36行
【制作过程】1. 后片：起108针，如图示配色编织双罗纹针6cm，然后用藏蓝色棉线进行平针编织，还剩2cm时收后领。　2. 前片：起54针，用与后片相同方法编织，还剩6cm时收前领，编织2片。　3. 袖片：起54针，如图示配色编织双罗纹针6cm，然后配色编织平针，编织2片。　4. 缝合：将前片、后片与袖片进行缝合。　5. 领：挑起144针，配色编织双罗纹针40行。　6. 沿着门襟衣领边挑起152针编织单罗纹针8行，然后再里折缝合。将拉链藏于门襟边下。

145

领片图解

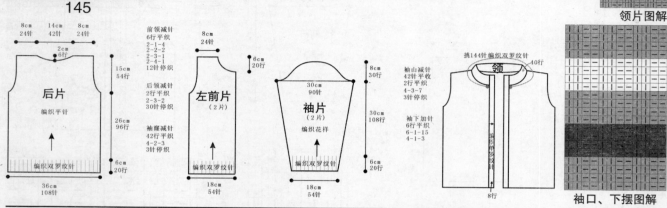

袖口、下摆图解

【成品尺寸】衣长47cm　胸围74cm　袖长42cm
【工具】3.5mm棒针　绣花针
【材料】红色羊毛绒线　白色、黑色、蓝色毛线各少许　绣花图案若干　拉链1条
【密度】10cm²：20针×28行
【制作过程】1. 前片：分左右两片编织，分别按图起37针，织10cm双罗纹后，改织全下针，并间色，左右两边按图示收成袖窿。　2. 后片：按图起针，织10cm双罗纹后，改织全下针，左右两边按图收成袖窿。前后领各按图示均匀减针，形成领口。　3. 袖片：按图起40针，织10cm双罗纹后，改织下针，织至21cm后按图示均匀减针，收成袖山。　4. 缝合：编织结束后，将前片、后片侧缝，并将肩部、袖片缝合。　5. 领：挑针，织20cm双罗纹，折边缝合，形成双层翻领。　6. 门襟：拉链边另织，折边缝合，形成双层门襟拉链边，装上拉链，绣上绣花图案。

146

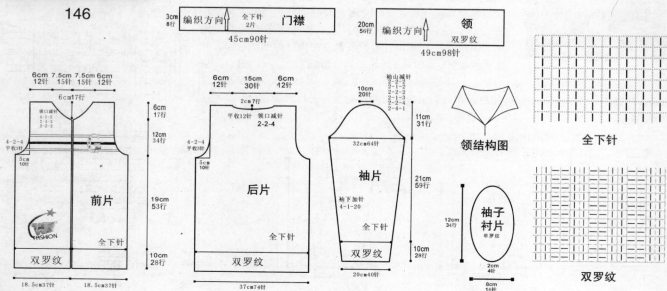

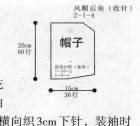

【成品尺寸】衣长38cm　胸围72cm　袖长36cm

【工具】8号棒针

【材料】毛线650g　异色筋　拉链1条

【密度】10cm²：24针×30行

【制作过程】1. 前片、后片以机器边起针编织双罗纹针，衣身编织花样，前片为使拉链上得平整美观，需要在门襟处织6针单反针。　2. 袖片与前片、后片同样方法编织，按图示加袖坡，减袖山。在袖片外侧横向织3cm下针，装袖时嵌入一根异色筋作为装饰。　3. 缝合：前片、后片、袖片缝合后，挑针编织风帽。

风帽后角（收针）
2-1-4

帽子
20cm
60行
抬收10针（加列）
1-10-2
1-6-1
15cm
36行

领圈挑针示意图

后
24针

右
12针

左
12针

前

12针　　12针

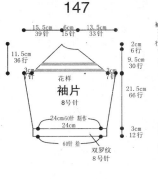

147

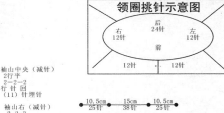

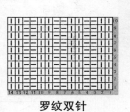

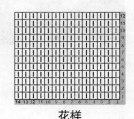

罗纹双针　　花样

袖片
8号针

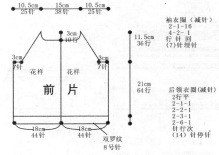

前片

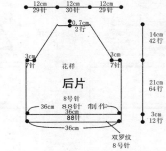

后片
8号针

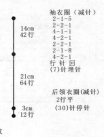

148

右两片分别缝上布贴装饰。

【成品尺寸】衣长47cm　胸围72cm　袖长44cm

【工具】2.5mm棒针

【材料】红色羊毛线250g　蓝色毛线150g　白色毛线10g　布贴1套　拉链1条

【密度】10cm²：34针×46行

【制作过程】1. 后片：用蓝色毛线起122针，编织双罗纹针6cm，然后织平针，织26cm后收袖窿，还剩2cm时收后领。　2. 前片：用红色羊毛线起62针，编织双罗纹针6cm，然后织平针，织26cm后收袖窿，收针结束后如图示加入配色条纹，在离衣领长6cm处收前领，编织2片。　3. 袖片：起62针，编织双罗纹针6cm，然后如图示改织平针，织30cm后收袖山，编织2片。　4. 缝合：将前片、后片与袖片进行缝合。　5. 领：用红色羊毛线挑144针，如图示配色编织双罗纹针70行后对缝合。　6. 门襟：沿着门襟衣领边用红色羊毛线挑152针编织单罗纹针12行，然后再里折缝合。将拉链藏于门襟边下。　7. 袖肘处将蓝白条纹布贴缝好，前片左

平针

双罗纹

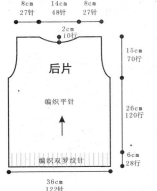

后片
编织平针
编织双罗纹针

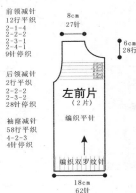

左前片
（2片）
编织平针
编织双罗纹针

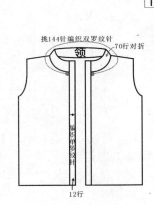

领
挑144针编织双罗纹针
70行对折
编织单罗纹针

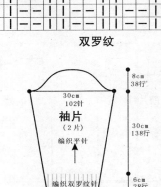

袖片
（2片）
编织平针
编织双罗纹针

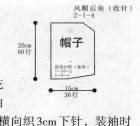

【成品尺寸】衣长47cm　胸围74cm　连肩袖长47cm

【工具】3.5mm棒针

【材料】浅灰色羊毛绒线　橙色、黑色毛线若干　装饰图案若干

【密度】10cm²：20针×28行

【制作过程】1. 前片、后片：按图起74针，织10cm双罗纹后，改织全下针，并间色，左右两边按图示收成插肩袖。前后领各按图示均匀减针，形成领口。　2. 袖片：按图起40针，织10cm双罗纹后，改织全下针，织至21cm后按图示均匀减针，收成插肩袖山。　3. 缝合：编织结束后，将前片、后片侧缝，并将袖片缝合。　4. 领：挑针，织5cm双罗纹，形成圆领。　5. 装饰：缝上装饰图案。

领

149

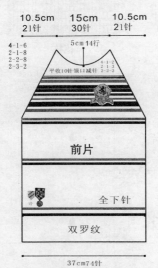

前片

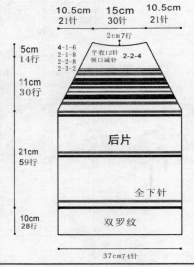

后片

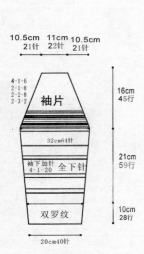

袖片

全下针

双罗纹

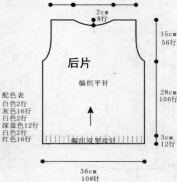

【成品尺寸】衣长46cm　胸围72cm　袖长46cm

【工具】3mm棒针

【材料】红色羊毛线150g　深蓝色毛线100g　灰色毛线100g　白色20g　布贴1套

【密度】10cm²：30针×38行

【制作过程】1. 后片：用深蓝色毛线起108针，编织双罗纹针3cm，然后如图配色编织平针，织28cm后如图示收袖窿，还剩2cm时收后领。　2. 前片：编织方法与后片相同，还剩6cm时收前领。　3. 袖片：用深蓝色毛线起54针，编织双罗纹针3cm，然后按配色表编织平针，织35cm后收袖山，编织2片。　4. 缝合：将前片、后片与袖片进行缝合。　5. 领：用深蓝色毛线挑108针，编织双罗纹针40行，往里折双层后缝合。

领

双罗纹

前片
编织平针

配色表
白色2行
灰色16行
白色2行
深蓝色12行
白色2行
红色16行
编织双罗纹针

后片
编织平针
编织双罗纹针

袖片
（2片）
编织平针
编织双罗纹针

平针

【成品尺寸】 衣长45cm　胸围72cm　袖长44cm

【工具】 2.5mm棒针

【材料】 黑色、白色、紫红色、红色、绿色羊毛绒线各50g　灰色、黄色毛线各30g　布贴1套

【密度】 10cm²：34针×46行

【制作过程】 1. 后片：用黑色羊毛绒线起122针，配色编织双罗纹针5cm，然后配色织平针，织25cm后收袖窿，还剩2cm时收后领。　2. 前片：起122针，编织方法与后片相同，还剩4cm时收前领。　3. 袖：用黑色羊毛绒线起62针，配色编织双罗纹针6cm，然后配色织平针30cm后收袖山，编织2片。　4. 缝合：将前片、后片与袖片进行缝合。　5. 领：用黑色羊毛绒线挑128针，编织双罗纹针24行。最后贴上布贴。

双罗纹

151

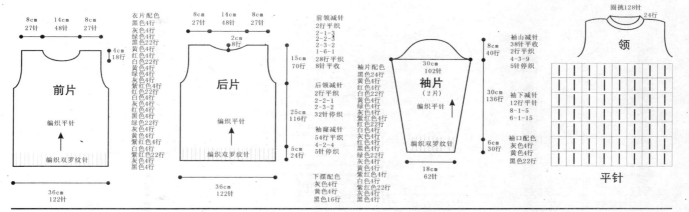

前片　后片　袖片（2片）　领　平针

【成品尺寸】 衣长49cm　胸围72cm　袖长46cm

【工具】 3mm棒针

【材料】 红色羊毛线200g　黑色羊毛线50g　灰色羊毛线100g　布贴1套

【密度】 10cm²：24针×30行

【制作过程】 1. 后片：起86针，如图示配色编织双罗纹针6cm，然后用红色线织平针，织28cm后如图示收针，还剩2cm时收后领。　2. 前片：编织方法与后片相同，还剩6cm时收前领。3. 袖片：起60针，先编织2cm双罗纹针，然后改织平针10cm后收袖山。接着在双罗纹与平针交界处挑起60针，从上往下如图配色编织平针，并如图示进行减针。最后再编织5cm双罗纹针，编织2片。　4. 缝合：将前片、后片与袖片进行缝合。　5. 领：挑起84针，如图示配色编织双罗纹针20行，然后往里缝成双层领。最后在胸前贴上布贴。

152

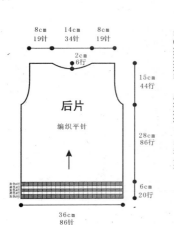
后片

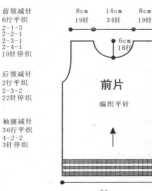
前片

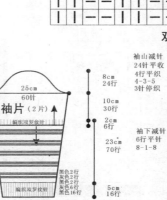
袖片（2片）

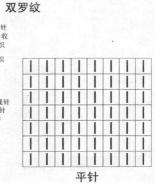
双罗纹　平针

【成品尺寸】衣长47cm　胸围74cm　连肩袖长47cm
【工具】3.5mm棒针
【材料】红色、蓝色、白色羊毛绒线　绣花图案若干　拉链1条
【密度】10cm²：20针×28行
【制作过程】1. 前片：分左右两片编织，分别按图起37针，织10cm双罗纹后，改织全下针，并间色，左右两边按图示收成插肩袖。侧缝片另织，与前片缝合。　2. 后片：按图起74针，织10cm双罗纹后，改织全下针，并间色，左右两边按图示收成插肩袖。前后领各按图示均匀减针，形成领口。　3. 袖片：按图起40针，织10cm双罗纹后，改织全下针，并间色，织至21cm时按图示均匀减针，收成插肩袖山。　4. 缝合：编织结束后，将前片、后片、侧缝、袖片缝合。　5. 领：挑针，织20cm双罗纹，折边缝合，形成双层翻领。　6. 门襟：另织5cm单罗纹，折边缝合，形成双层门襟。　7. 装饰：绣上绣花图案，装上拉链。

领结构图

153

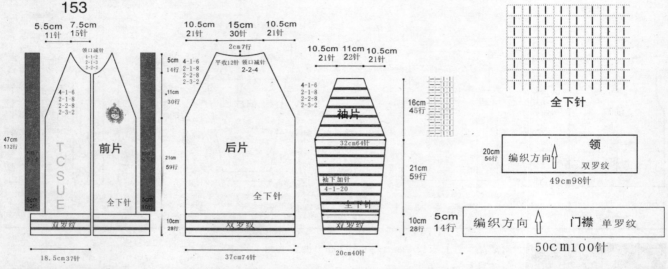

【成品尺寸】衣长47cm　胸围74cm　袖长42cm
【工具】3.5mm棒针　绣花针
【材料】白色羊毛绒线　红色、黑色蓝色毛线各少许　绣花图案若干　拉链1条
【密度】10cm²：20针×28行
【制作过程】1. 前片：分左右两片编织，分别按图起37针，织10cm双罗纹后，改织19cm全下针，并间色，左右两边按图示收成袖窿。　2. 后片：按图起针，织10cm双罗纹后，改织19cm全下针，并间色，左右两边按图收成袖窿。前后领各按图示均匀减针，形成领口。　3. 袖片：按图起40针，织10cm双罗纹后，分左右两片编织，并改织全下针，织至21cm时按图示均匀减针，收成袖山，袖中衬边另织5cm双罗纹，并间色与衣袖缝合，多余部分与肩部缝合。　4. 缝合：编织结束后，将前片、后片、侧缝、袖片缝合。　5. 领：挑针，织20cm双罗纹，折边缝合，形成双层翻领。　6. 门襟：拉链边另织，折边缝合，形成双层门襟拉链边，装上拉链，绣上绣花图案。

领结构图

154

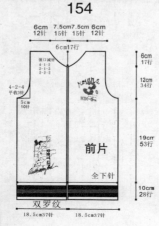

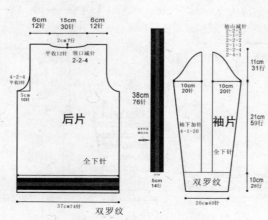

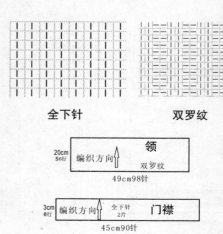

155

【成品尺寸】衣长47cm　胸围72cm　袖长44cm

【工具】2.5mm棒针

【材料】白色羊毛线350g　黑色毛线20g　红色毛线少许　布贴1套　拉链1条

【密度】10cm²：34针×46行

【制作过程】1. 后片：用黑色毛线起122针，如图配色编织双罗纹针6cm，然后用白色羊毛线织平针，织26cm后收袖窿，还剩2cm时收后领。　2. 前片：编织方法与后片相同，还剩6cm时收前领。编织2片。　3. 袖片：用黑色毛线起62针，编织双罗纹针6cm，然后改用白色线织平针，织30cm后收袖山，注意袖山如图配色编织，编织2片。　4. 缝合：将前片、后片与袖片进行缝合。　5. 领：用白色羊毛线挑144针，编织机器边，然后如图配色编织双罗纹针72行后对折缝合。　6. 沿着门襟衣领边用白色羊毛线挑152针，编织单罗纹针12行，然后再里折缝合。将拉链藏于门襟边下。贴上布贴。

平针

双罗纹

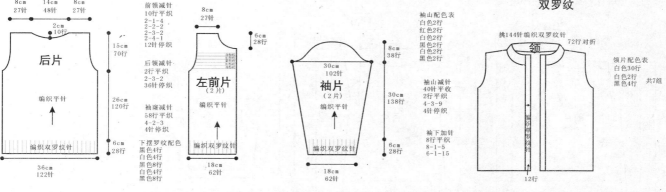

156

【成品尺寸】衣长47cm　胸围74cm　袖长42cm

【工具】3.5mm棒针　绣花针

【材料】白色、橙色羊毛绒线　拉链1条

【密度】10cm²：20针×28行

【制作过程】1. 前片：分左右两片编织，左前片按图起37针，织8cm双罗纹后，改织全下针，并编入图案，按图示收成袖窿，用同样方法编织右前片。　2. 后片：按图起针，织8cm双罗纹后，改织全下针，并编入图案，左右两边按图收成袖窿，前后领各按图示均匀减针，形成领口。　3. 袖片：按图起40针，织8cm双罗纹后，改织全下针，并编入图案，织至23cm时按图示均匀减针，收成袖山。　4. 缝合：编织结束后，将前片、后片、袖片缝合。　5. 领：挑针，织6cm全下针，形成立领。　6. 门襟：拉链边另织，折边缝合，形成双层门襟拉链边。　7. 帽子：另织，与领缝合。　8. 装饰：装上拉链。

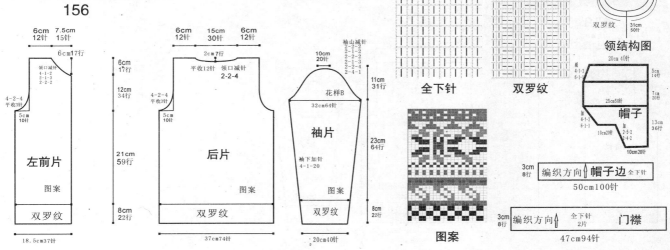

157

【成品尺寸】衣长50cm　胸围56cm　袖长42cm
【工具】12号棒针
【材料】白色毛线350g　蓝色毛线、红色毛线、绿色毛线、黄色毛线各50g
【密度】10cm²：40针×40行
【制作过程】1. 前片、后片：起160针，织花样A6cm
后改织花样B，每隔15行两边各收1针，收8次，织
至28cm时不加不减织至32cm，再每隔10行两边各加
1针，加4次，织至38cm时留袖窿，在两边同时各平
收2针，然后隔4行两边收1针，收4次，织至48cm
时收前后领窝（前片织至43cm），平收20针，每隔1行
收1针，收4次。　2. 袖片：分上下两片编织，先织
上片，起86针，织花样A6cm后，改织花样B，织至
14cm时开始收袖山，两边各平收2针，每隔4行两边
各收1针，收8次，织至24cm时，全部平收。下片，
在上片织花样A处，从里边挑起80针织花样A，每织

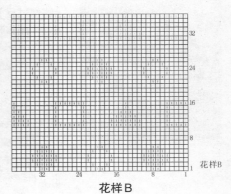

花样B

6行两边各减1针，减4次，织至42cm时，全部收针。　3. 领：缝合前片、后片，
领口挑198针，织花样A6cm。

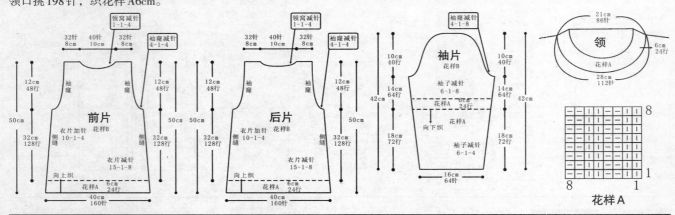

花样A

【成品尺寸】衣长38cm　胸围70cm　袖长34cm
【工具】3.5mm棒针
【材料】白色羊毛绒线　粉红色毛绒线少许　拉链1条
【密度】10cm²：20针×28行
【制作过程】1. 前片：分左右两片编织，左前片按图起35针，织5cm双罗
纹后，改织全下针，并编入图案，按图示收成袖窿，用同样方法编织右前片。　2. 后片：按图起70针，织5cm双罗
纹后，改织全下针，并编入图案，左右两边按图收成袖窿。前后领各按图示均匀减针，形成领
口。　3. 袖片：按图起36针，织5cm双罗纹后，改织全下针，并编入图案，织至20cm时按图
示均匀减针，收成袖山。　4. 缝合：编织结束后，将前片、后片、袖片缝合。　5. 领：挑针，
织10cm双罗纹后，折边缝合，形成双层开襟圆领。　6. 门襟：挑针，织3cm下针，折边缝合，
形成双层门襟。　7. 装饰：缝上拉链。

158

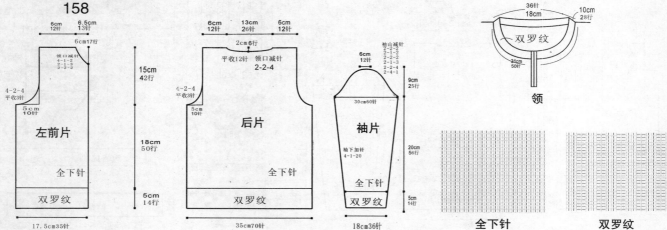

172

159

【成品尺寸】衣长47cm　胸围72cm　袖长44cm
【工具】2.5mm棒针
【材料】深蓝色羊毛线150g　红色毛线200g　浅蓝色毛线20g　布贴1套　拉链1条
【密度】10cm²：30针×36行
【制作过程】1. 后片：起108针，如图示配色编织双罗纹针6cm，然后用红色毛线进行平针编织，织26cm后收袖窿，在离衣长2cm处收后领。
2. 前片：起54针，用与后片相同方法编织，在收袖窿26行后改用深蓝色羊毛线编织，在离衣长6cm处收前领，编织2片。　3. 袖片：起54针，如图示配色编织双罗纹针6cm，然后如图中间42针用深蓝色羊毛线，两边用红色毛线编织平针，编织2片。　4. 缝合：将前片、后片与袖片进行缝合。　5. 领：挑起144针，配色编织双罗纹针40行。　6. 沿着门襟衣领边挑起152针编织单罗纹针8行，然后再里折缝合。将拉链藏于门襟边下。贴上布贴。

平针

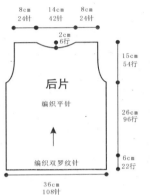

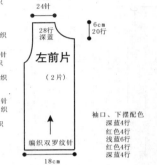
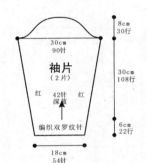
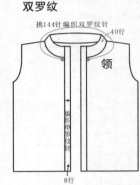

双罗纹

160

【成品尺寸】衣长47cm　胸围72cm　袖长44cm
【工具】2.5mm棒针
【材料】红色羊毛线250g　深蓝色毛线100g　白色、浅蓝色毛线各20g　布贴1套　拉链1条
【密度】10cm²：20针×28行
【制作过程】1. 后片：用红色羊毛线起72针，编织双罗纹针6cm，然后编织平针，织26cm后收袖窿，在离衣长2cm处收后领。　2. 前片：用红色羊毛线起36针，编织双罗纹针6cm，然后织平针，织26cm后收袖窿，同时用白色毛线织2行，再换红色羊毛线织4行，再换深蓝色毛线编织，在离衣长6cm处收前领，编织2片。　3. 袖片：用红色羊毛线起36针，编织双罗纹针6cm，然后改平针，织30cm后收袖山，同时用白色毛线织2行，再换红色羊毛线织4行，再换深蓝色羊毛线编织，编织2片。　4. 缝合：将前片、后片与袖片进行缝合。　5. 领：用深蓝色毛线挑78针，编织双罗纹针48行后折双层缝合。　6. 沿着门襟衣领边用红色线挑起适合的针数编织单罗纹针8行，然后再里折缝合。将拉链藏于门襟边下。贴上布贴。

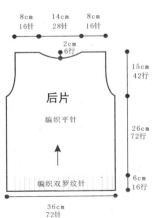

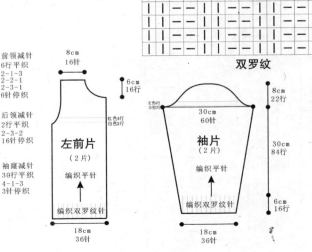
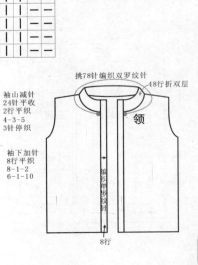

双罗纹

161

【成品尺寸】衣长48cm　胸围56cm　袖长45cm
【工具】12号棒针
【材料】黑色毛线200g　红色毛线200g　白色毛线20g
【密度】10cm²：42针×42行
【制作过程】1. 前片、后片：起164针，织花样B7cm后，改织花样A（前片：红色毛线隔1行加5针，黑色毛线隔一行减5针），织至33cm时收袖窿，先平收2针，然后隔一行两边各收1针，收4次，织至45cm时收后领窝和肩，先平收4针，再隔1针收1针，收2行。领窝平收20针，然后将收肩织至48cm。　2. 袖片：起80针，织花样B7cm后，改织花样A（中间白色毛线5针，红色毛线5针，白色毛线5针），每隔4行两边各加1针，加4次，再每隔6行两边各加1针，加6次，织至32cm时开始收袖山，两边各平收2针，然后每隔两行两边各减1针，减2次，再每隔3行两边各减1针，减8次，最后平收。　3. 领：缝合前后片后，挑起领围160针，织花样B6cm后（红色毛线5cm，黑色毛线1cm），收针。4. 前片白色边条：起160针织花样A2cm后，收机器针，对折缝合（两边相同）。　5. 肩两侧边条：起55针织花样A2cm后，对折缝合。（三种颜色相同）

花样A

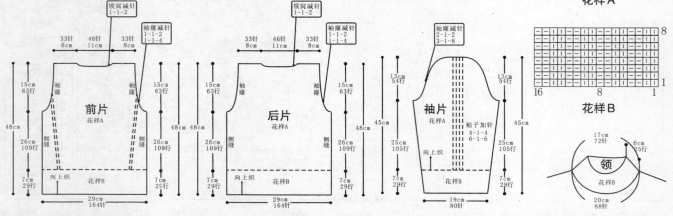

花样B

领

【成品尺寸】衣长48cm　胸围63cm　袖长44cm
【工具】12号棒针
【材料】褐色毛线400g　绿色、蓝色、橘红色毛线50g　布贴1套　拉链1条
【密度】10cm²：40针×40行
【制作过程】1. 后片：起100针，织花样B7cm后改织花样A，织至32cm时收袖窿，先平收2针，然后隔4行两边各收1针，收4次，再织至46cm时收后领窝和肩，先平收4针，再隔1针收1针，收2行，将收肩织至48cm（编织时注意换线）。　2. 左右前片：起48针织花样B7cm后改织花样A，织至32cm时收袖窿，先平收2针，然后隔4行两边各收1针，收4次，再织至41cm时收前领窝，靠近门襟一边平收4针，然后每隔1行减1针，减4次，织至48cm全部收针。　3. 袖片：起60针，织花样B7cm后，每隔4行两边各加1针，加6次，再每隔6行两边各加1针，加6次，织至32cm时开始收袖山，两边各平收2针，然后每隔4行两边各减1针，减4次，最后平收。　4. 帽子：缝合前后片后，挑起领围130针，织花样B织至24cm后，收针。　5. 门襟：挑起360针（包括帽子）织花样B3cm后，收机器针。　6. 口袋：起32针，织花样B2cm后，改织花样A10cm，然后平收。　7. 贴上布贴，拉链藏于门襟边下。

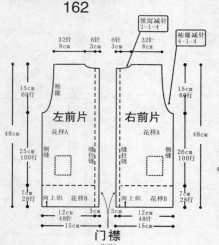

162

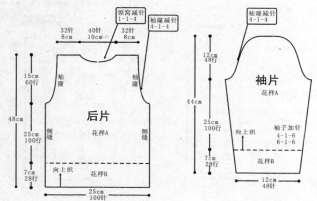

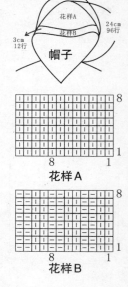

帽子

花样A

花样B

【成品尺寸】衣长38cm　胸围74cm　连肩袖长41cm
【工具】3.5mm棒针
【材料】黑色羊毛绒线　烫贴图案若干
【密度】10cm²：20针×28行
【制作过程】- 1. 前片、后片：按图起74针，织5cm双罗纹后，改织全下针，左右两边按图示收成插肩袖。前后领各按图示均匀减针，形成领口。　2. 袖片：按图起40针，织5cm双罗纹后，改织全下针，织至20cm时按图示均匀减针，收成插肩袖山。　3. 缝合：编织结束后，将前片、后片、袖片缝合。领窝以两边肩缝为中点，分2片挑针，织25cm全下针，后领窝中点至帽缘缝合，形成帽子。　5. 装饰：贴上烫贴图案。

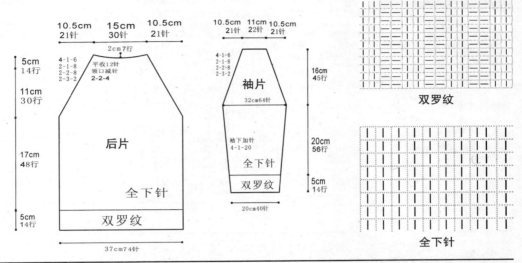

帽子

163

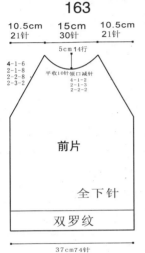

前片　全下针　双罗纹
后片　全下针　双罗纹
袖片　全下针　双罗纹

双罗纹

全下针

【成品尺寸】衣长38cm　胸围74cm　连肩袖长41cm
【工具】3.5mm棒针
【材料】米色、深咖啡色羊毛绒线　烫贴图案若干
【密度】10cm²：20针×28行
【制作过程】1. 前片、后片：按图起74针，织5cm双罗纹后，改织全下针，并间色，左右两边按图示收成插肩袖。前后领各按图示均匀减针，形成领口。　2. 袖片：按图起40针，织5cm双罗纹后，改织花样，织至20cm时按图示均匀减针，收成插肩袖山。
3. 缝合：编织结束后，将前片、后片、袖片缝合。领尖挑针，织3cm下针，折边缝合，形成双层V领，领窝按图挑针，织25cm全下针，边缘缝合，形成帽子。　4. 装饰：贴上烫贴图案。

花样

全下针

双罗纹

164

前片　全下针　双罗纹

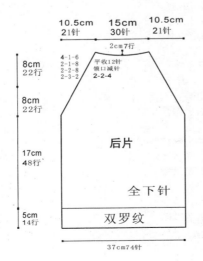

后片　全下针　双罗纹

袖片　花样　双罗纹

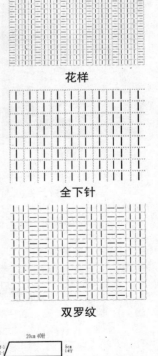

帽子

【成品尺寸】衣长47cm　胸围74cm　袖长42cm

【工具】3.5mm棒针　绣花针

【材料】白色、深蓝色、红色羊毛绒线　绣花图案
若干　拉链1条

【密度】10cm²：20针×28行

【制作过程】1. 前片：分左右两片编织，分别按图起37针，织10cm双罗纹后，改织全下针，左右两边按图示收成袖窿。　2. 后片：按图起针，织10cm双罗纹后，改织全下针，左右两边按图收成袖窿。前后领各按图示均匀减针，形成领口。　3. 袖片：按图起40针，织10cm双罗纹后，分左右两片编织，并改织21cm全下针，织至21cm时按图示均匀减针，收成袖山，袖中衬边另织，并间色与衣袖缝合，多余部分与肩部缝合。　4. 缝合：编织结束后，将前片、后片、袖片缝合。　5. 帽子：另织，与领圈缝合。　6. 门襟：至帽缘拉链边另织，折边缝合，形成双层门襟拉链边。　7. 装饰：前胸衬边和袋贴另织，缝合于右前片，装上拉链，绣上绣花图案。

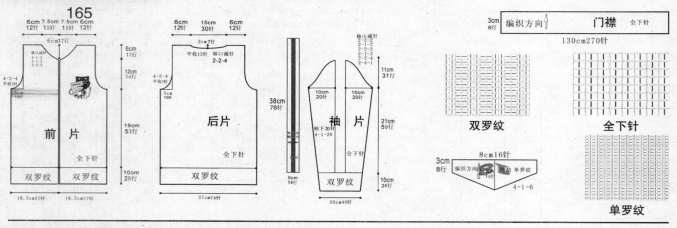

165

166

【成品尺寸】衣长76cm　胸围80cm
袖长50cm

【工具】13号棒针

【材料】紫红色棉线100g　浅紫色棉
线300g　白色棉线300g

【密度】10cm²：26针×34行

【制作过程】1. 后片：下针起针法起118针，起织花样A，织34行后，改织花样B，一边织一边两侧减针，方法为18-1-7，织至162行时，织片变成104针，两侧开始袖窿减针，方法为1-4-1、2-1-5，织至221行时，开始后领减针，方法是中间留取42针不织，两侧各减2针，织至224行时，两肩部各余下20针。后片共织66cm长。　2. 前片：用同样的方法编织前片，织至176行时，将织片分成左右两片分别编织，中间减针织成衣领，方法为2-2-17，各减34针，织至224行时，两肩部各余下9针。前片共织66cm长。前片与后片的两侧缝对应缝合，两肩缝对应缝合。沿下摆花样A的边沿，从里面挑针起织花样B，挑起118针，织34行后，收针断线。　3. 袖片：单罗纹针起针法起48针，编织花样C，织20行后，改织花样B，一边织一边两侧加针，方法为10-1-10，两侧的针数各增加10针，织至136行后，开始编织袖山。袖山减针编织，两侧同时减针，方法为1-4-1、2-1-17，两侧各减少21针，最后织片余下26针，收针断线。用同样的方法再编织另一袖片。缝合方法：将袖山对应前片与后片的袖窿线，用线缝合，再将两袖侧缝对应缝合。　4. 领：白色棉线起2针，编织花样A，一边织一边两侧加针，方法为2-2-17，织至34行，第35行中间留取18针不织，两侧减针织成前领，方法为2-2-7，织至48行后，两侧肩部各余下10针，收针断线。将肩部及前襟与衣服前片缝合。沿领口挑针编织衣领，挑起96针编织花样A，织12cm的高度，与起针合成双层领口后，收针断线。沿前襟片边沿挑针起织花样B，挑起的针数比原来针数多一倍，织16行后，收针断线。

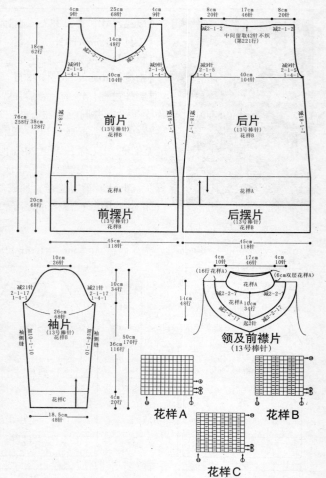

167

【成品尺寸】衣长60cm　胸围80cm　袖长60cm
【工具】12号棒针
【材料】酒红色棉线500g
【密度】10cm²：26针×34行
【制作过程】1. 后片：下针起针法起104针，起织花样B，织至122行后，两侧减针织成袖窿，减针方法为1-4-1、2-1-5，两侧针数减少10针，余下84针继续编织，两侧不再加减针，织至第173行时，中间留取38针不织，两端相反方向减针编织，各减2针，方法为2-1-2，最后两肩部余下21针，收针断线。　2. 前片：起织左前片，下针起针法起20针，起织花样B，一边织一边右侧衣摆加针，方法为2-2-10、2-1-12，将织片加至52针，然后不加减针往上编织至122行，从第123行起，左侧减针织成袖窿，减针方法为1-4-1、2-1-5，共减10针，右侧减针织成衣领，方法为2-1-21，减针后不加减针往上至176行，最后肩部余下21针，收针断线。用相同方法相反方向编织右前片。前片与后片的两侧缝对应缝合，两肩部对应缝合。编织衣领及衣摆花边。沿衣服后摆，左右衣襟及衣领挑起起织，左右衣襟挑起的针数要比衣服本身稍多些，编织花样A，织28行后，用下针收针法收针断线。　2. 袖片：下针起针法起48针，编织花样C，织54行后，改织花样B，一边织一边两侧加针，方法为10-1-10，两侧的针数各增加10针，织至170行时，开始编织袖山。袖山减针编织，两侧同时减针，方法为1-4-1、2-1-17，两侧各减21针，最后袖片余下26针，收针断线，用同样的方法再编织另一袖片。缝合方法：将袖山对应前片与后片的袖窿线用线缝合，再将两袖侧缝对应缝合。

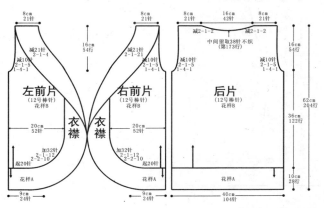

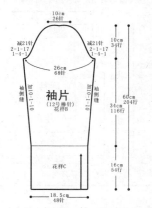

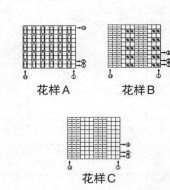

168

【成品尺寸】衣长62cm　胸围80cm　袖长60cm
【工具】12号棒针
【材料】酒红色棉线500g
【密度】10cm²：26针×34行
【制作过程】1. 后片：下针起针法起104针，起织花样B，织至122行后，两侧减针织成袖窿，减针方法为1-4-1、2-1-5，两侧针数减少10针，余下84针继续编织，两侧不再加减针，织至第173行时，中间留取38针不织，两端相反方向减针编织，各减2针，方法为2-1-2，最后两肩部余下21针，收针断线。　2. 前片：起织左前片，下针起针法起20针，起织花样B，一边织一边右侧衣摆加针，方法为2-2-10、2-1-12，将织片加至52针，然后不加减针往上编织至122行，从第123行起，左侧减针织成袖窿，减针方法为1-4-1、2-1-5，共减10针，右侧减针织成衣领，方法为2-1-21，减针后不加减针往上织至176行，最后肩部余下21针，收针断线，用相同方法相反方向编织右前片。前片与后片的两侧缝对应缝合，两肩部对应缝合。编织衣领及衣摆花边。沿衣服后摆，左右衣襟及衣领挑起起织，左右衣襟挑起的针数要比衣服本身稍多些，编织花样A，织28行后，用下针收针法收针断线。　3. 袖片：下针起针法起48针，编织花样C，织54行后，改织花样B，一边织一边两侧加针，方法为10-1-10，两侧的针数各增加10针，织至170行后，开始编织袖山。袖山减针编织，两侧同时减针，方法为1-4-1、2-1-17，两侧各减少21针，最后织片余下26针，收针断线，用同样的方法再编织另一袖片。缝合方法：将袖山对应前片与后片的袖窿线用线缝合，再将两袖侧缝对应缝合。

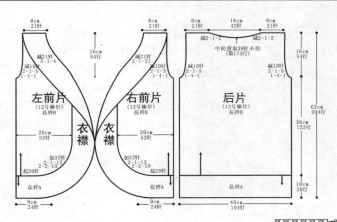

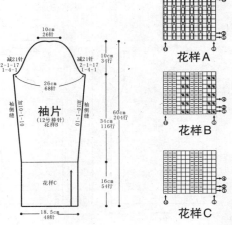

177

169

【成品尺寸】衣长48cm　胸围50cm　袖长42cm
【工具】12号棒针
【材料】铁锈红毛线400g　粉色小球毛线100g　蓝色小球毛线适量
【密度】10cm²：40针×40行
【制作过程】1. 后片：起108针，织花样B5cm后，改织花样A，织至33cm时开始收袖窿，两边各平收2针。然后隔一行减1针，共收4次。织至45cm后开始收肩和后领窝，一起平收20针。　2. 前片：编织方法与后片相同（织至42cm时开始留前领窝，先平收16针，再每隔1行两边各收1针，共收2次）。　3. 袖片：起60针织花样B，织至5cm时开始织花样A，织至12cm时开始加针，每隔1行两边各加1针，加4次，再每隔6行两边各加1针，加6次，织至30cm时开始收袖山，两边各平收2针，然后再每隔1行收1针收2次，再每隔6行收1次收4次，再每隔2行两边各收2针，收2次，最后平收。　4. 领：挑起领围80针，织花样B至10cm收针。　5. 缝合：缝合前后片、袖片。注：毛线的交替，前片中间粉色小球条是5针；领子两种线各5cm。

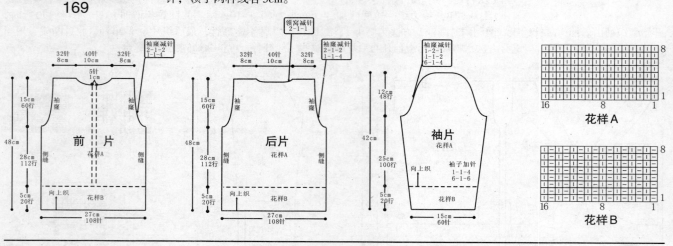

170

【成品尺寸】衣长38cm　胸围74cm　袖长34cm
【工具】3.5mm棒针
【材料】杏色羊毛绒线　红色长毛线若干　亮片若干
【密度】10cm²：20针×28行
【制作过程】1. 前片、后片：用红色长毛线按图起74针，织5cm单罗纹后，改用杏色羊毛绒线织全下针，并编入图案，左右两边按图示收成袖窿，前片中间的衬边用红色长毛线另织，并与前片缝合。前后领各按图示均匀减针，形成领口。　2. 袖片：用红色长毛线按图起40针，织5cm单罗纹后，改用杏色羊毛绒线织全下针，织至20cm时按图示均匀减针，收成袖山。　3. 缝合：编织结束后，将前后片侧缝，并将肩部、袖片缝合。　4. 领：挑针，织4cm单罗纹，形成圆领。　5. 装饰：缝上亮片。

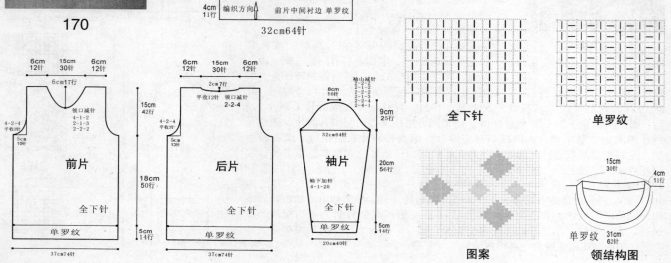

171

【成品尺寸】衣长47cm　胸围72cm　袖长44cm

【工具】2.5mm棒针

【材料】天蓝色羊毛线250g　深蓝色毛线少许　印花贴1套　拉链1条

【密度】10cm²：34针×46行

【制作过程】1. 后片：起122针，编织双罗纹针6cm，然后改织平针，织26cm后收袖窿，还剩2cm时收后领。　2. 前片：起62针，用与后片相同方法编织，还剩6cm时收前领，编织2片。

3. 袖片：起62针，编织双罗纹针6cm，然后改织平针（中间16针两边2针用深蓝色毛线编织）并如图示加针，织30cm后收袖山，编织2片。　4. 缝合：将前片、后片与袖片进行缝合。

5. 领：挑起144针，配色编织双罗纹针80行后对折缝合。　6. 沿着门襟衣领边挑起适合针数编织单罗纹针12行，然后再里折缝合。将拉链藏于门襟边下。贴上印花贴。

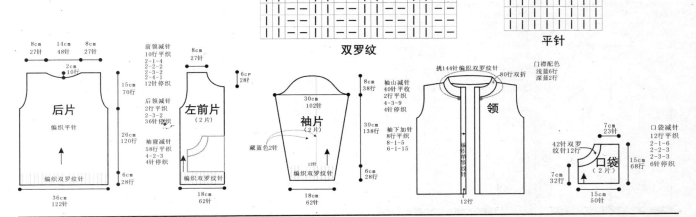

双罗纹　　　　　　　　平针

172

【成衣规格】衣长48cm　胸围54cm　袖长45cm

【工具】12号棒针

【材料】黑灰色毛线450g

【密度】10cm²：60针×60行

【制作过程】1. 前片：起160针，织花样，织至33cm时开始收袖窿，两边各平收2针。然后隔1行减1针，共收4次。织至42cm时开始收肩和前领窝，先平收4针，再隔1针收1针，收2行。　2. 后片：编织方法与前片相同（织至45cm时开始留后领窝，先平收16针，再每隔1行两边各收1针，共收2次）。　3. 袖片：起88针，织花样，织至12cm时开始加针，每隔1行两边各加1针，加4次，再每隔6行两边各加1针，加6次，织至30cm时开始收袖山，两边各平收2针，然后再每隔1行收1针，收2次，再每隔6行收1次，收4次，再每隔两行两边各收2针，收2次，最后平收。

4. 领：挑起领围138针，织花样织5cm，收针。　5. 缝合：缝合前后片、袖片。

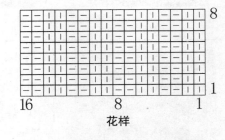

花样

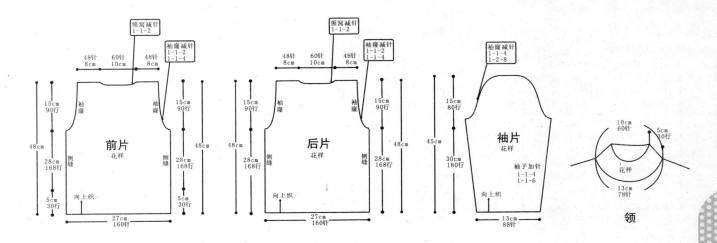

【成品尺寸】衣长47cm　胸围74cm　连肩袖长47cm

【工具】3.5mm棒针

【材料】灰色、红色、蓝色羊毛绒线　绣花图案若干　拉链1条

【密度】10cm²：20针×28行

【制作说明】1. 前片：分左右两片编织，分别按图起36针，织10cm双罗纹后，改织全下针，并间色，左右两边按图示收成插肩袖。后片：按图起74针，织10cm双罗纹后，改织全下针，并间色，左右两边按图示收成插肩袖。前后领各按图示均匀减针，形成领口。　2. 袖片：按图起40针，织10cm双罗纹后，改织全下针，并间色，织至21cm时按图示均匀减针，收成插肩袖山。　3. 缝合：编织结束后，将前片、后片、袖片缝合。　4. 领：挑针，织20cm双罗纹，形成翻领。门襟另织5cm全下针，折边缝合，形成双层门襟。缝上图案及拉链。

173

5cm 14行　编织方向↑　门襟 单罗纹

50cm100针

领　编织方向↑　双罗纹　20cm 56行
49cm98针

10.5cm 21针　11cm 22针　10.5cm 21针

领结构图

全下针

单罗纹

（前片）
10.5cm 21针　7.5cm 15针　7.5cm 15针　10.5cm 21针
领口减针 4-1-2 2-1-3 2-2-2
4-1-6 2-1-8 2-2-8 2-3-2
5cm 14行
11cm 30行
21cm 59行
BRUTAL SPORTSUIT
前片　全下针
10cm 28行
单罗纹
18cm36针　18cm36针

（后片）
10.5cm 21针　15cm 30针　10.5cm 21针
2cm 7行　平收12针　领口减针 2-2-4
4-1-6 2-1-8 2-2-8 2-3-2
后片　全下针
单罗纹
37cm74针

（袖片）
4-1-6 2-1-8 2-2-8 2-3-2
袖片
16cm 45行
32cm64针
袖下加针 4-1-20
21cm 59行
全下针
10cm 28行
单罗纹
20cm40针

【成品尺寸】衣长45cm　胸围50cm　袖长43cm

【工具】12号棒针

【材料】褐色花股毛线400g　图案1个　拉链1条

【密度】10cm²：40针×40行

【制作过程】1. 后片：起88针，织花样B5cm后，改织花样A，织至28cm时开始收袖窿（织花样C3cm，再织花样A3cm，再织花样C3cm），两边隔1行减1针，收剩30针后，收后领窝，中间平收10针，两边每隔1行减1针，共收5次。　2. 左右前片：起44针，织花样B5cm后，改织花样A，织至28cm时收袖窿，每隔1行减1针，织至41cm时收前领窝，中间平收6针，再每隔1行收1针，共收5次）。　3. 袖片：起54针，织花样B5cm后开始织花样A（中间12针织花样B），每隔4行两边各加1针，加6次，织至27cm时开始收袖山，每隔1行收1针，织至43cm后，平收。　4. 领：缝合前后片、袖片，挑起领围92针，织花样B5cm，收针。　5. 参考毛衣成品图缝制图案及拉链。

174

花样A
16　8　1　8

花样B
16　8　1

花样C
16　8　1

领结构图
10cm 40针
8cm 32行　花样B　花样B
13cm 52针
领
8cm 32行　花样B
23cm 90针

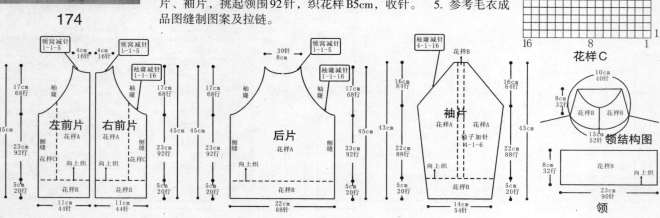

领窝减针 1-1-5　4cm 16行　4cm 16行　领窝减针 1-1-5
袖窿减针 1-1-16
17cm 68行　袖窿
左前片 花样A　右前片 花样A
45cm　侧缝　花样C　45cm
23cm 92行
向上织　花样B
5cm 20行
11cm 44针　11cm 44针

30针 8cm
领窝减针 1-1-5
17cm 68行　17cm 68行　袖窿
后片 花样A
45cm　侧缝
23cm 92行
向上织　花样B
5cm 20行
22cm 88针

袖窿减针 1-1-16　花样B
16cm 64行　16cm 64行
袖片 花样A　花样A　袖子加针 4-1-6
43cm
22cm 88行
向上织　花样B
5cm 20行
14cm 54针

【成品尺寸】衣长47cm　胸围74cm　连肩袖长47cm

【工具】3.5mm棒针

【材料】灰色、橙色、蓝色羊毛绒线　绣花图案若干　拉链1条

【密度】10cm²：20针×28行

【制作过程】1. 前片：分左右两片编织，分别按图起36针，织10cm双罗纹后，改织全下针，并间色，左右两边按图示收成插肩袖。　2. 后片：按图起74针，织10cm双罗纹后，改织全下针，并间色，左右两边按图示收成插肩袖。前后领各按图示均匀减针，形成领口。　3. 袖片：按图起40针，织10cm双罗纹后，改织全下针，并间色，织至21cm按图示均匀减针，收成插肩袖山。　4. 缝合：编织结束后，将前片、后片、袖片缝合。　5. 门襟：另织5cm单罗纹，折边缝合，形成双层门襟。　6. 衣袋：另织，并与前片缝合。　7. 装饰：绣上绣花图案，装上拉链。

175

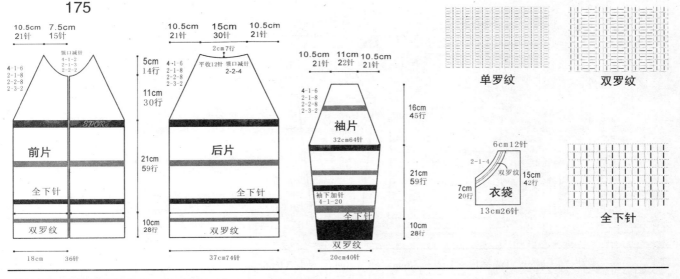

【成品尺寸】衣长47cm　胸围74cm　袖长42cm

【工具】3.5mm棒针　绣花针

【材料】蓝色、浅灰色、红色羊毛绒线　前后片绣花图案若干　拉链1条

【密度】10cm²：20针×28行

【制作过程】1. 前片：分左右两片编织，分别按图起37针，织10cm双罗纹后，改织全下针，并间色，左右两边按图示收成袖窿。　2. 后片：按图起针，织10cm双罗纹后，改织全下针，左右两边按图收成袖窿。前后领各按图示均匀减针，形成领口。　3. 袖片：按图起40针，织10cm双罗纹后，改织全下针，织至21cm按图示均匀减针，收成袖山。　4. 缝合：编织结束后，将前、后片、袖片缝合。　5. 领：挑针，织20cm双罗纹，折边缝合，形成双层翻领。　6. 门襟：拉链边另织，折边缝合，形成双层门襟拉链边。　7. 装饰：装上拉链，绣上前后片绣花图案。

176

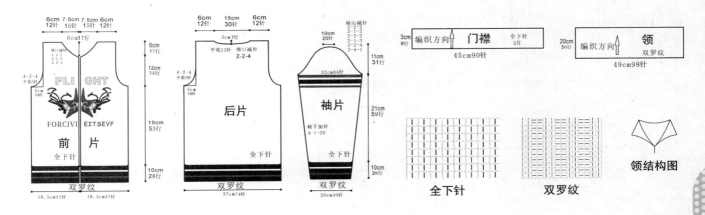

【成品尺寸】衣长55cm　胸围74cm　袖长42cm
【工具】3.5mm棒针
【材料】灰色羊毛绒线　扣子4枚
【密度】10cm²：20针×28行
【制作过程】1. 前片：分左右两片编织，左前片按图起37针，织8cm双罗纹后，改织17cm全下针，再织花样，按图示收成袖窿，用同样方法编织右前片。　2. 后片：按图起74针，织8cm双罗纹后，改织全下针，左右两边按图收成袖窿。前后领各按图示均匀减针，形成领口。　3. 袖片：按图起40针，织8cm双罗纹后，改织全下针，织至23cm后按图示均匀减针，收成袖山。　4. 缝合：编织结束后，将前片、后片、袖片缝合。 5. 领：挑针，织10cm双罗纹，形成翻领。 6. 门襟：另织，与前片门襟缝合。 7. 装饰：内衣袋、衣袋口、腰带和腰带扣另织，按图缝合，缝上扣子。

6cm 17行　编织方向↑　门襟 双罗纹 2片　46cm92针

5cm 10针　编织方向→　腰带 单罗纹　150cm420行

177

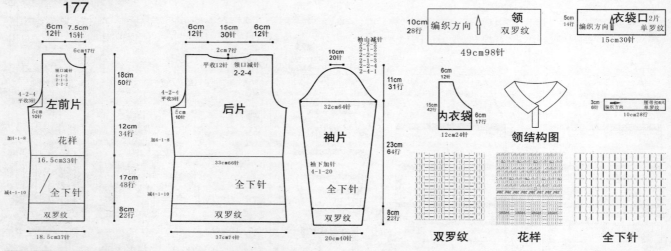

6cm12针　7.5cm15针　6cm17行
领口减针 4-1-2 2-1-3 2-2-2
4-2-4 平收3针　5cm10针
加4-1-8
左前片　花样　16.5cm33针
减4-1-10　**全下针**
双罗纹　18.5cm37针
18cm50行　12cm34行　17cm48行　8cm22行

6cm12针　15cm30针　6cm12针
2cm7行
平收12针　领口减针 2-2-4
4-2-4 平收3针　5cm10针
加4-1-8
后片　33cm66针
全下针
双罗纹　37cm74针
减4-1-10

袖山减针 2-2-2 2-1-2 2-1-2 2-1-3 2-2-4 2-4-1
10cm20针
11cm31行
32cm64针
袖片　23cm64行
袖下加针 4-1-20
全下针　20cm40针
双罗纹　8cm22行

10cm28行　编织方向↑　**领** 双罗纹　49cm98针

5cm14针　编织方向→　**衣袋口** 2片 单罗纹　15cm30针

6cm12针
15cm42行　6cm17行
内衣袋　12cm24针

领结构图

3cm6针　编织方向→　腰带扣6片 单罗纹　10cm28行

双罗纹　**花样**　**全下针**

【成品尺寸】衣长38cm　胸围70cm　袖长34cm
【工具】3.5mm棒针
【材料】白色羊毛绒线　拉链1条
【密度】10cm²：20针×28行
【制作过程】1. 前片：分左右两片编织，左前片按图起35针，织5cm双罗纹后，改织花样，按图示收成袖窿，用同样方法编织右前片。　2. 后片：按图起70针，织5cm双罗纹后，改织花样，左右两边按图收成袖窿。前后领各按图示均匀减针，形成领口。　3. 袖片：按图起36针，织5cm双罗纹后，改织花样，织至20cm按图示均匀减针，收成袖山。　4. 缝合：编织结束后，将前片、后片、袖片缝合。 5. 领：挑针，织10cm双罗纹，领角按图减针，形成圆角翻领。门襟边挑针，织3cm下针，折边缝合，形成双层拉链边。 6. 装饰：缝上拉链。

178

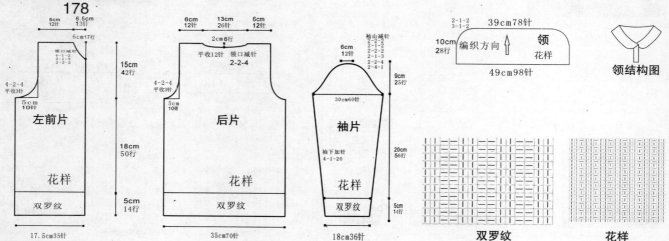

6cm12针　6.5cm13针　6cm17行
领口减针 4-1-2 2-1-2 2-1-3 2-2-2
4-2-4 平收3针　5cm10针
左前片　**花样**
双罗纹　17.5cm35针
15cm42行　18cm50行　5cm14行

6cm12针　13cm26针　6cm12针
2cm6行
平收12针　领口减针 2-2-4
4-2-4 平收3针　5cm10针
后片　**花样**
双罗纹　35cm70针

袖山减针 2-2-2 2-1-2 2-1-2 2-1-3 2-2-4 2-4-1
6cm12针
9cm25行
30cm60针
袖片　**花样**
袖下加针 4-1-20
双罗纹　18cm36针
20cm56行　5cm14行

2-1-2 3-1-2　39cm78针
10cm28行　编织方向↑　**领**　花样　49cm98针

领结构图

双罗纹　**花样**

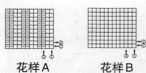

【成品尺寸】衣长62cm　胸围80cm　袖长50cm

【工具】10号棒针

【材料】灰色粗棉线400g

【密度】10cm²：18针×24行

【制作过程】1. 后片：为一片编织，从衣摆往上编织，起72针，先织4行花样A后，改织花样B，织至110行后，两侧开始袖窿减针，方法为1-3-1、2-1-5，织至146行后，从第147行开始后领减针，方法是中间留取20针不织，两侧各减2针，织至150行后，两肩部各余下16针。后片共织62cm长。　2. 前片：分为左前片、右前片分别编织，从衣摆往上编织，先织左前片，起36针，先织4行花样A后，改织花样B，织至76行后，改织花样C，织至110行后，左侧开始袖窿减针，方法为1-3-1、2-1-5，同时右侧衣领减针，方法为2-1-12　织至150行后，肩部余下16针。左前片共织62cm长。用同样方法相反方向编织右前片。从编织完成后，将前、后片侧缝缝合，并将肩缝缝合。　3. 袖片：起40针，起织花样A，织4行后，从第5行开始改织花样B，两侧同时加针，方法为14-1-5，两侧的针数各增加5针，织至88行时，将织片织成50针，接着就编织袖山，袖山减针编织，两侧同时减针，方法为1-3-1、2-1-16，两侧各减少19针，织至120行，最后织片余下12针后，收针断线。用同样的方法再编织另一袖片。缝合方法：将袖山对应前片与后片的袖窿线用线缝合，再将两袖侧缝对应缝合。　4. 领：棒针编织法编织衣领，沿领口挑针起织，挑起84针编织花样A，一边织一边两侧减针，方法为2-1-12，织24行后，收针断线。

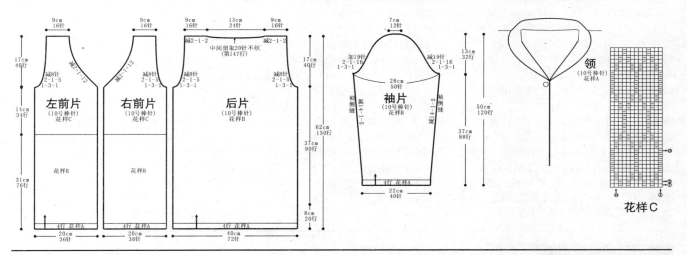

【成品尺寸】衣长38cm　胸围70cm　袖长34cm

【工具】3.5mm棒针

【材料】白色、紫色羊毛绒线　拉链1条　亮片若干

【密度】10cm²：20针×28行

【制作过程】1. 前片：分左右两片编织，左前片按图起35针，织5cm双罗纹后，改织全下针，并间色，按图示收成袖窿。用同样方法编织右前片。　2. 后片：按图起70针，织5cm双罗纹后，改织全下针，左右两边按图收成袖窿。前后领各按图示均匀减针，形成领口。　3. 袖片：按图起36针，织5cm双罗纹后，改织全下针，织至20cm按图示均匀减针，收成袖山。　4. 缝合：编织结束后，将前片、后片、袖片缝合。　5. 领：挑针，织10cm双罗纹，并间色，折边缝合，形成双层开襟圆领。　6. 装饰：缝上拉链和亮片。

180

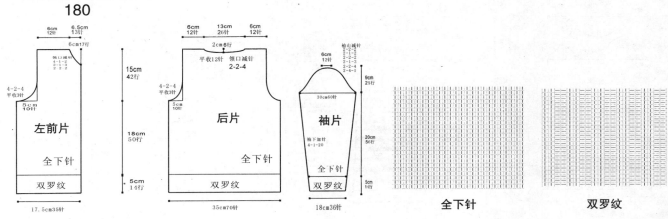

181

【成品尺寸】衣长62cm 胸围80cm 袖长56cm

【工具】13号棒针

【材料】天蓝色棉线300g 浅紫色棉线50g 白色棉线150g

【密度】10cm²：26针×34行

【制作过程】1. 前片、后片：起织后片，双罗纹针起针法，用天蓝色棉线起104针，起织花样A，织10行后，改为天蓝色棉线与浅紫色棉线间隔10行重复编织，再织花样B，织至140行后，在第141行两侧各减4针，然后减针织成插肩袖窿，减针方法为2-1-10，两侧针数减少10针，织至156行后，改织花样A，织至160行，织片余下76针后，收针断线。在前胸花样A边沿的内侧挑针起织，挑起80针，用白色棉线织花样B，一边织一边两侧减针，方法为2-1-24，织48行后，织片余下32针，再留针编织衣领。用同样的方法编织前片，前领处织至48行时，中间留取16针不织，两侧减针，方法为2-2-4，最后两侧各减1针，断线。前片与后片的两侧缝对应缝合。 2. 袖片：双罗纹针起针法，用白色棉线起52针，编织花样A，织20行后，改织花样B，一边织一边两侧加针，方法为8-1-13；两侧的针数各增加13针，织至106行后，收针。另起天蓝色棉线编织花样A，织4行后，与白色袖合并编织，再织花样B，织至24行，在第25行两侧各减4针，然后减针织成插肩袖窿，减针方法为2-1-10，两侧针数减少10针，织至40行后，改织花样A，织至44行，织片余下58针后，收针断线。在织片内侧花样A边沿挑针起织，挑起58针，用白色棉线织花样B，一边织一边两侧减针，方法为2-1-24，织48行后，织片余下14针，再留针编织衣领。用同样的方法再编织另一袖片。缝合方法将袖山对应前片与后片的袖窿线，用线缝合，再将两袖侧缝对应缝合。

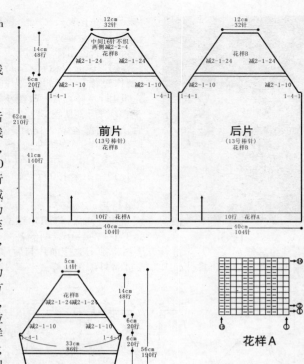

182

【成品尺寸】衣长63cm 胸围74cm 袖长47cm

【工具】1.7mm棒针

【材料】白色、粉红色、灰色羊毛绒线 亮珠若干

【密度】10cm²：44针×53行

【制作过程】1. 前片、后片：分上下两片编织，上片按图起145针，织全下针，左右两边按图示收成插肩袖窿；下片按图起198针，织35cm全下针，并间色，均匀地打皱褶，并与上片缝合。前后领各按图示均匀减针，形成领口。 2. 袖片：按图起88针，织8cm双罗纹后，改织全下针，并间色，织至23cm后按图示均匀减针，收成插肩袖山，按图示挑针，织下针，形成袖边。 4. 缝合：编织结束后，将前片、后片、袖片缝合。 5. 领：挑针，织4cm双罗纹，形成圆领。 6. 装饰：缝上亮片图案。

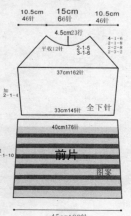

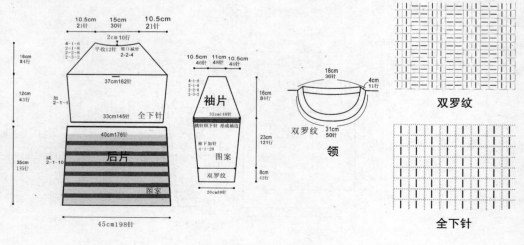

183

【成品规格】衣长47cm　胸围72cm　袖长44cm

【工具】3mm棒针

【材料】蓝色棉线250g　白色毛线100g　红色毛线20g　布贴1套　拉链1条

【密度】10cm²：24针×30行

【制作过程】1. 后片：起86针，配色编织双罗纹针6cm，然后改织平针，织26cm后如图示收针，还剩2cm时收后领。　2. 前片：起44针，配色编织双罗纹针6cm，然后如图配色编织平针，配色结束后继续用蓝色棉线编织，还剩6cm时收前领。　3. 袖片：用白色毛线起44针，配色编织双罗纹针6cm，然后用白色棉线编织平针，织72行后如图进行配色编织，然后收袖山，编织2片。　4. 缝合：将前片、后片与袖片进行缝合。　5. 领：挑起84针，编织双罗纹针48行，然后往里缝成双层领。　6. 沿着门襟与领的边挑120针，编织单罗纹针12行，往里折双层缝合。缝上拉链，贴上布贴。

平针

双罗纹

后片

左前片（2片）

编织双罗纹针

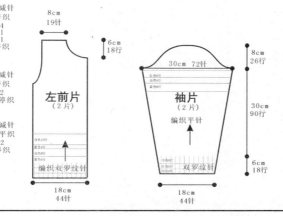

袖片（2片）
编织平针

双罗纹

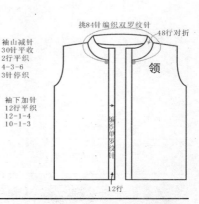

领
编织单罗纹针

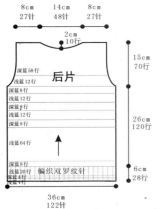

184

【成品尺寸】衣长47cm　胸围72cm　袖长44cm

【工具】2.5mm棒针

【材料】浅蓝色羊毛线250g　深蓝色毛线100g　布贴1套　拉链1条

【密度】10cm²：34针×46行

【制作过程】1. 后片：起122针，如图示配色编织双罗纹针6cm，然后改织平针8行，再换浅蓝色羊毛线织平针，配色方法见图示，织26cm后收袖窿，还剩2cm时收后领。　2. 前片：起62针，用与后片相同方法编织，还剩6cm时收前领。编织2片。　3. 袖片：起62针，如图示配色编织双罗纹针6cm，然后改织平针，织30cm后收袖山，编织2片。　4. 口袋：起40针，编织双罗纹针3cm，编织2片。　5. 缝合：将前、后片与袖片进行缝合。　6. 领：用深蓝色毛线挑144针，编织双罗纹针50行后对折缝合。　7. 沿着门襟衣领边用浅蓝色羊毛线挑152针，编织单罗纹针12行，然后再里折缝合。将拉链藏于门襟边下。贴上布贴。

口袋（二片）

平针

双罗纹

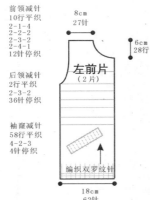

后片

左前片（2片）

编织双罗纹针

领

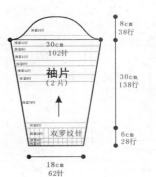

袖片（2片）

编织双罗纹针

185

【成品尺寸】衣长54.5cm　胸围98cm　长52cm
【工具】8号棒针
【材料】深蓝色毛线500g　黄色、灰色毛线各少许　拉链1条
【密度】10cm²：24针×30行
【制作过程】1. 前片、后片：以机器边起针编织双罗纹针，衣身编织基本针法，按图示减袖窿、前领窝、后领窝。　2. 袖片：用与前后片同样方法起针编织，按图示加袖下、减袖坡、袖山，编织2片。　3. 缝合：将前片、后片、袖片缝合，按领挑针示意图挑织衣领编织单罗纹针。　4. 门襟处横向织下针2cm，包住门襟边，然后装上拉链。

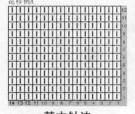

花样例A

基本针法

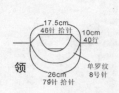

17.5cm
46针 拾针
10cm
40行

26cm
79针 拾针

领　单罗纹
8号针

185

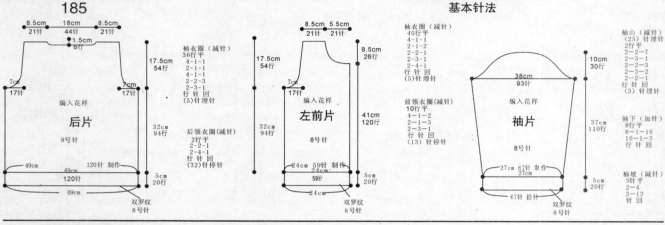

后片
8号针

左前片
8号针

袖片
8号针

【成品尺寸】衣长45cm　胸围50cm　袖长43cm
【工具】12号棒针
【材料】深灰色毛线400g　拉链1条
【密度】10cm²：40针×40行
【制作过程】1. 后片：起88针，织花样B5cm后，改织花样A，织至28cm时开始收袖窿，两边每1行减1针，收剩30针后，收后领窝，中间平收10针，两边每1行减1针，共收5次。　2. 左右前片：起44，针织花样B5cm后，改织花样A，织至28cm时收袖窿，每隔1行减1针，织至41cm后收前领窝，中间平收6针，再每隔1行收1针，共收5次。　3. 袖片：起54针，织花样B5cm后，开始织花样A，每隔4行两边各加1针，加6次，织至27cm时开始收袖山，每隔1行收1针，织至43cm后，平收。　4. 领片：缝合前后片、袖片，挑起领围92

186

针，织花样B织5cm，收针。　5. 参考毛衣成品图缝制图案及拉链。

花样A

花样B

10cm
40针
5cm
32行

花样B

13cm
52针

领

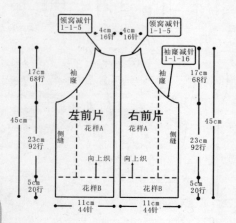

左前片
花样A

右前片
花样A

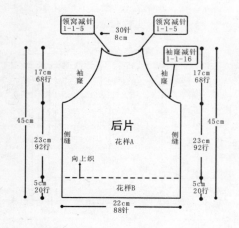

后片
花样A

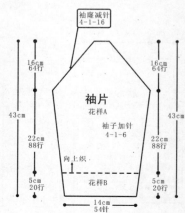

袖片
花样A

袖子加针
4-1-6

187

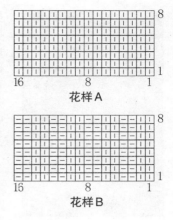

花样A

花样B

【成品尺寸】衣长45cm　胸围50cm　袖长43cm
【工具】12号棒针
【材料】花色深灰色毛线400g　拉链1条
【密度】10cm²：40针×40行
【制作过程】1. 后片：起88针，织花样B5cm后，改织花样A，织至28cm时开始收袖窿，两边隔1行减1针，收剩30针，收后领窝，中间平收10针，两边每隔1行减1针，共收5次。　2. 左右前片：起44针，织花样B5cm后，改织花样A，织至28cm后收袖窿，每隔1行减1针，织至41cm后收前领窝，中间平收6针，再每隔1行收1针，共收5次。　3. 袖片：起54针，织花样B5cm后开始织花样A，每隔4行两边各加1针，加6次，织至27cm后开始收袖山，每隔1行收1针，织至43cm后，平收。
4. 领：缝合前、后片、袖片，挑起领围92针，织花样B5cm，收针。　5. 参考毛衣成品图缝制图案及拉链。

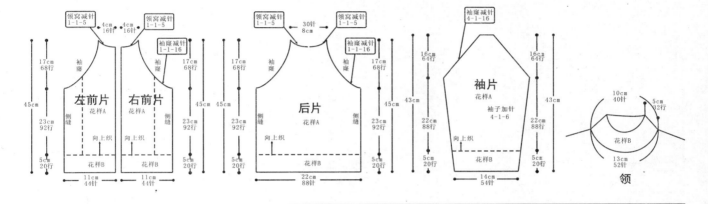

188

【成品尺寸】衣长45cm　胸围50cm　袖长43cm
【工具】12号棒针
【材料】深灰色毛线400g　拉链1条
【密度】10cm²：40针×40行
【制作过程】1. 后片：起88针，织花样B5cm后，改织花样A，织至28cm时开始收袖窿，两边隔1行减1针，收剩30针，收后领窝，中间平收10针，两边每隔1行减1针，共收5次。　2. 左右前片：起44针，织花样B5cm后，改织花样A，织至28cm后收袖窿，每隔1行减1针，织至41cm时收前领窝，中间平收6针，再每隔1行收1针，共收5次。　3. 袖片：起54针，织花样B5cm后开始织花样A，每隔4行两边各加1针，加6次，织至27cm后开始收袖山，每隔1行收1针，织至43cm后，平收。　4. 领：缝合前、后片、袖片，挑起领围92针，织花样B5cm，收针。　5. 参考毛衣成品图缝制图案及拉链。

花样A

花样B

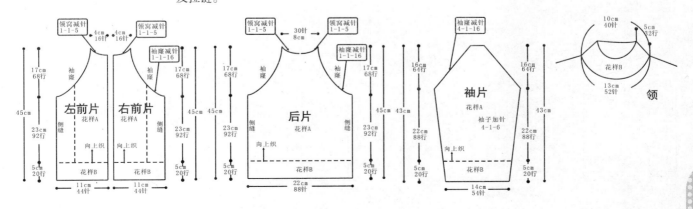

189

【成品尺寸】衣长47cm　胸围72cm　袖长44cm

【工具】2.5mm棒针

【材料】灰色羊毛线250g　白色毛线50g　布贴1套　拉链1条

【密度】10cm²：34针×46行

【制作过程】1. 后片：用白色毛线起122针，如表配色编织双罗纹针6cm，然后用灰色羊毛线织平针，织26cm后收袖隆，在离衣领长2cm处收后领。　2. 前片：编织方法与后片相同，在胸前适合的位置如图配色编织，在离衣领长6cm处收前领。编织2片。　3. 袖片：用白色毛线起62针，配色编织双罗纹针6cm，然后改用灰色羊毛线织平针，织30cm后收袖山，注意袖山后32行按图配色编织，编织2片。

4. 缝合：将前片、后片与袖片进行缝合。　5. 领：用白色毛线挑144针，编织机器边，然后如图配色编织双罗纹64行后对折缝合。　6. 沿着门襟衣领边用灰色线挑152针编织单罗纹针12行，然后再里折缝合。将拉链藏于门襟边下。贴上布贴。

平针

双罗纹

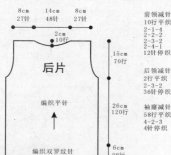

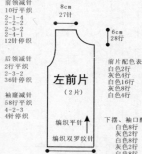

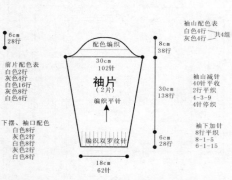

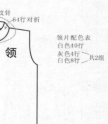

【成品尺寸】衣长47cm　胸围72cm　袖长44cm

【工具】2.5mm棒针

【材料】中灰色毛线250g　深灰色毛线50g　白色毛线、红色毛线各10g　布贴1套　拉链1条

【密度】10cm²：34针×46行

【制作过程】1. 后片：起122针，如图示配色编织双罗纹针6cm，然后换深灰色毛线编织平针，织26cm后收袖隆，然后如图配色编织，在离衣领长2cm处收后领。　2. 前片：起62针，配色编织双罗纹针6cm，然后换深灰色毛线侧缝编7组2正针2反针（60行），其余针数织平针，织26cm后收袖隆，在离衣领长6cm处收前领。编织2片。　3. 袖片：起62针，如图示配色编织双罗纹针6cm，然后用深灰色毛线织平针，织30cm后收袖山，编织2片。　4. 缝合：将前片、后片与袖片进行缝合。　5. 领：挑起144针，配色编织双罗纹针80行后折双层缝合。　6. 沿着门襟衣领边挑起152针编织单罗纹针16行，然后再里折缝合。将拉链藏于门襟边下。贴上布贴。

190

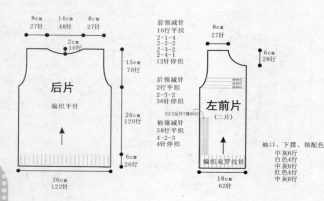

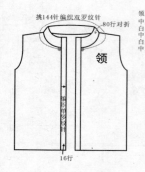

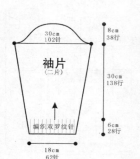

191

【成品尺寸】衣长47cm　胸围72cm　袖长44cm

【工具】2.5mm棒针

【材料】白色羊毛线150g　藏蓝色毛线200g　红色毛线30g　布贴1套　拉链1条

【密度】10cm²：34针×42行

【制作过程】1. 后片：用白色羊毛线起122针，如图配色编织双罗纹针4cm，然后用藏蓝色毛线织平针，织28cm后收袖窿，还剩2cm时收后领。　2. 前片：用白色羊毛线起62针，配色编织双罗纹针4cm，然后改用白色羊毛线编织平针，织28cm后收袖窿并如图示配色编织，离衣领长6cm处收前领。编织2片。　3. 袖片：用白色羊毛线起62针，配色编织双罗纹针4cm，然后改用白色羊毛线织平针，织32cm后收袖山，编织2片。　4. 袖片装饰条：起136针，配色编织平针24行，编织2条。缝在袖片正中间。　5. 缝合：将前片、后片与袖片进行缝合。　6. 领：用藏蓝色毛线挑144针，编织机器边，然后如图配色编织双罗纹针64行后对折缝合。　7. 沿着门襟衣领边用白色羊毛线挑152针，编织单罗纹针12行，然后再里折缝合。将拉链藏于门襟边下。贴上布贴。

平针

双罗纹

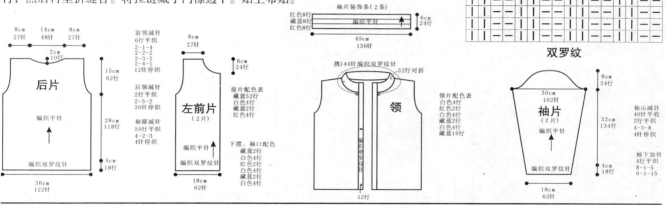

192

【成品尺寸】衣长47cm　胸围74cm　袖长42cm

【工具】3.5mm棒针　绣花针

【材料】深蓝色羊毛绒线　白色、橙色毛线少许　前后片绣花图案若干　拉链1条

【密度】10cm²：20针×28行

【制作过程】1. 前片：分左右两片编织，分别按图起37针，织10cm双罗纹后，改织19cm全下针，并间色，左右两边按图示收成袖窿。　2. 后片：按图起针，织10cm双罗纹后，改织19cm全下针，并间色，左右两边按图收成袖窿。前、后领各按图示均匀减针，形成领口。　3. 袖片：按图起40针，织10cm双罗纹后，分左右两片编织，并改织全下针，织至21cm后按图示均匀减针，收成袖山，袖中衬边另织5cm双罗纹，并间色，与衣袖缝合，多余部分与肩部缝合。　4. 缝合：编织结束后，将前片、后片、袖片缝合。　5. 领：挑针，织20cm双罗纹，折边缝合，形成双层翻领。　6. 门襟：另织，折边缝合，形成双层门襟拉链边。　7. 装饰：装上拉链，绣上前后片绣花图案。

全下针

双罗纹

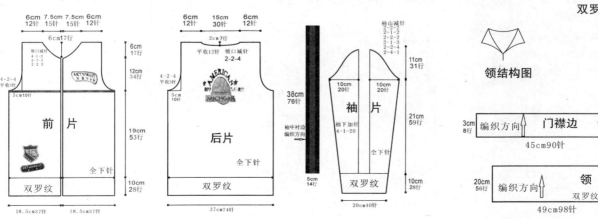

193

【成品尺寸】衣长48cm　胸围54cm　袖长45cm
【工具】12号棒针
【材料】黑灰色毛线450g
【密度】10cm²：60针×60行
【制作过程】1. 前片：起160针，织花样B5cm后，中间改织花样A，两边继续织花样B，织至33cm时开始收袖窿，两边各平收2针，然后隔1行减1针，共收4次，织至42cm后开始收肩和前领窝，先平收4针，再隔1针收1针，收2行。　2. 后片：编织方法与前片相同（织至45cm后开始留后领窝，先平收16针，再每隔1行两边各收1针，共收2次）。　3. 袖片：起88针，织花样B，织至12cm时开始加针，每隔1行两边各加1针，加4次，再每隔1行两边各加1针，加6次，织至30cm后开始收袖山，两边各平减2针，然后再隔1行减1针，减2次，再每隔6行减1次，减4次，再每隔2行两边各减2针，减2次，最后平收。　4. 领：挑起领围138针，织花样B10cm，收针。　5. 缝合：缝合前片、后片、袖片。

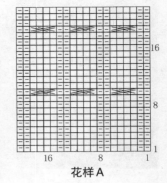

花样A

花样B

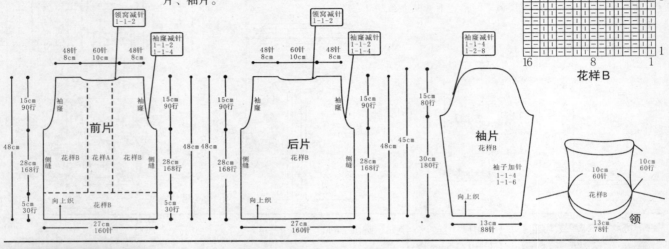

前片　后片　袖片　领

194

【成品尺寸】衣长49cm　胸围72cm　袖长46cm
【工具】3mm棒针
【材料】灰色棉毛线300g　黑色毛线30g　橙色毛线50g　布贴1套
【密度】10cm²：24针×30行
【制作过程】1. 后片：用橙色毛线起86针，先编织6行双罗纹针，然后再用灰色棉毛线继续编织14行双罗纹针，接着改平针编织，织28cm后如图示收针，在离衣领长2cm处收后领。　2. 前片：编织方法与后片相同，在离衣领长6cm处收前领。　3. 袖片：起60针，先编织2cm双罗纹针，然后改织平针10cm后收袖山。接着在双罗纹针与平针交界处挑起60针，从上往下如图配色编织平针，并如图示进行减针。最后再编织5cm双罗纹针，编织两片。　4. 缝合：将前片、后片与袖片进行缝合。
5. 领：挑起84针，如图示配色编织双罗纹针32行，然后往里缝成双层领。最后在胸前贴上布贴。

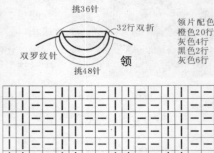

挑36针
32行双折
领片配色
橙色20行
灰色4行
黑色2行
灰色6行
双罗纹针
挑48针
领

双罗纹

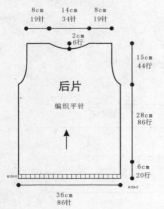

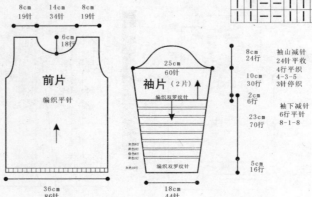

后片　前片　袖片（2片）

平针

195

【成品尺寸】衣长49cm　胸围72cm　袖长46cm

【工具】3mm棒针

【材料】灰色棉线200g　深蓝色毛线100g　橙色毛线100g　布贴1套

【密度】10cm²：24针×30行

【制作过程】1. 后片：起86针，编织双罗纹针5cm，然后如图示进行配色平针编织，织29cm后如图示收针，在离衣领长2cm处收后领。　2. 前片：编织方法与后片相同，在离衣领长6cm处收前领。　3. 袖片：起60针，先编织2cm双罗纹针，然后改织平针10cm后收袖山。接着在双罗纹针与平针交界处挑起60针，从上往下如图配色编织平针，并如图示进行减针。最后再编织5cm双罗纹针，编织2片。　4. 缝合：将前片、后片与袖片进行缝合。　5. 领：挑起84针，编织双罗纹针24行，然后往里缝成双层领。最后在胸前贴上布贴。

双罗纹

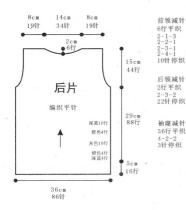

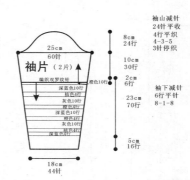

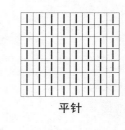

平针

领

196

【成品尺寸】衣长47cm　胸围72cm　袖长46cm

【工具】3mm棒针

【材料】灰色羊毛线300g　藏蓝色毛线50g　白色、红色毛线各10g　布贴1套　拉链1条

【密度】10cm²：24针×30行

【制作过程】1. 后片：起86针，配色编织双罗纹针6cm，然后改织平针，织26cm后如图示收针，在离衣领长2cm处收后领。　2. 前片：起44针，配色编织双罗纹针6cm，然后如图在袖窿侧编入2组双罗纹，其余针数织平针，织26cm后收袖窿，在离衣领长6cm处收前领，编织2片。　3. 袖片起44针，配色编织双罗纹针6cm，改织平针，织30cm后收袖山，编织2片。　4. 缝合：将前片、后片与袖片进行缝合。　5. 领：用藏蓝色毛线挑起84针，如表配色编织双罗纹针48行，然后往里缝成双层领。　6. 沿着门襟与领的边挑120针，编织单罗纹针16行，往里折双层缝合，将拉链藏在下面，最后在前片上贴上布贴并整理好。

平针

双罗纹

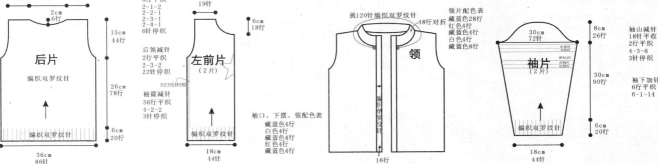

197

【成品尺寸】衣长48cm 胸围56cm 袖长45cm

【工具】12号棒针

【材料】黑色、灰色毛线400g 拉链1条

【密度】10cm²：53针×53行

【制作过程】1. 后片：起144针，织花样B5cm后，改织花样C至32cm后，收袖窿，两边各平收2针，每隔1行两边各收1针，收4次，织至45cm后，留后领窝，先平收4针，再隔1针收1针，收2行。 2. 左右前片：起72针，织花样B5cm后，改织花样C至33cm后（左前片织至22cm后，改织花样A10cm接着织花样C；右前片织完花样B接着织花样A10cm，然后织花样C）收袖窿，两边各平收2针，每隔1行两边各收1针，收4次，织花样C至42cm时收前领窝，领窝的收针法是先平收2针，再每隔1行收1针，收4次，织至45cm后开始收肩，先平收4针，再隔1针收1针，收2行。 3. 袖片：起56针，织花样B5cm后，改织花样C，每隔4针加1针，共加10针，织至28cm后开始收袖山，先两边各平收2针，然后每隔1行两边各收1针，收4次，再每隔1行收2针后收8次，最后平收，缝合前后片。 4. 领：缝合前片、后片及袖片，从领圈挑105针织花样B5cm，平收。

花样C

花样A

花样B

左前片 花样C

右前片 花样A

后片 花样C

袖片 花样C

领

198

【成品尺寸】衣长47cm 胸围72cm 袖长44cm

【工具】2.5mm棒针

【材料】中灰色线250g 深灰色毛线50g 白色毛线、红色毛线各10g 布贴1套 拉链1条

【密度】10cm²：34针×46行

【制作过程】1. 后片：起122针，如图示配色编织双罗纹针6cm，然后换中灰色线继续编织，织26cm后收袖窿，在离衣长2cm处收后领。 2. 前片：起62针，配色编织双罗纹针6cm，然后换中灰色线侧缝编5组2正2反针，其余针数织平针，织26cm后收袖窿，在离衣领长6cm处收前领。编织2片。 3. 袖片：起62针，如图示配色编织双罗纹针6cm，然后用中灰色线织平针，然后在适合位置配色编织，织30cm后收袖山，编织2片。 4. 缝合：将前片、后片与袖片进行缝合。 5. 领：挑起144针，配色编织双罗纹针80行后折双层缝合。 6. 沿着门襟衣领边挑起152针编织单罗纹针16行，然后再里折缝合。将拉链藏于门襟边下。贴上布贴。

平针

双罗纹

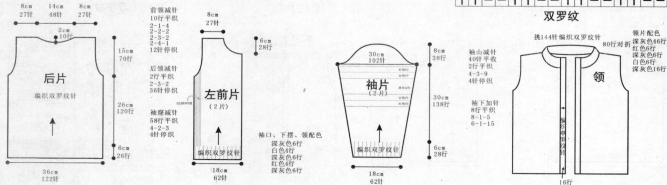

后片 编织双罗纹针

左前片（2片）编织双罗纹针

袖片（2片）编织双罗纹针

领

199

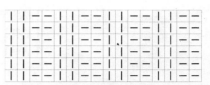

双罗纹

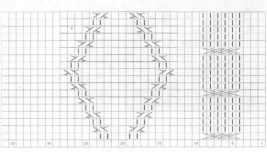

花样

【成品尺寸】衣长47cm　胸围72cm　袖长44cm
【工具】4mm棒针
【材料】红色羊毛线250g　深蓝色毛线100g　白色、天蓝色毛线各20g　布贴1套　拉链1条
【密度】10cm²：20针×28行
【制作过程】1. 后片：用红色羊毛线起72针，编织双罗纹针6cm，然后编织反针，织26cm后收袖窿，还剩2cm时收后领。　2. 前片：用红色羊毛线起36针，编织双罗纹针6cm，然后配色织花样26cm后收袖窿，还剩6cm时收前领。编织2片。　3. 袖片：用红色羊毛线起36针，编织双罗纹针6cm，然后改织平针并如图示配色，织30cm后收袖山，编织2片。　4. 缝合：将前片、后片与袖片进行缝合。　5. 领：用深蓝色毛线挑78针，编织双罗纹针48行后折双层缝合。　6. 沿着门襟衣领边用红色线挑起适合的针数编织单罗纹针8行，然后再里折缝合。将拉链藏于门襟边上。贴上布贴。

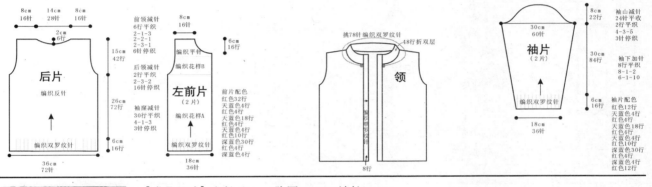

200

双罗纹

【成品尺寸】衣长47cm　胸围72cm　袖长44cm
【工具】2.5mm棒针
【材料】红色羊毛线250g　深蓝色毛线100g　白色毛线、浅蓝色毛线各20g　布贴1套　拉链1条
【密度】10cm²：20针×28行
【制作过程】1. 后片：用深蓝色毛线起72针，编织双罗纹针6cm，然后用红色羊毛线进行平针编织，织26cm后收袖窿，还剩2cm时收后领。　2. 前片：用深蓝色毛线起36针，编织双罗纹针6cm，然后改织花样A，织26cm后收袖窿，并改织花样B，花样B编织结束后改用红色羊毛线编织平针，还剩6cm时收前领。编织2片。　3. 袖片：用红色羊毛线起36针，编织双罗纹针6cm，然后改织平针，织30cm后收袖山，编织2片。　4. 缝合：将前片、后片与袖片进行缝合。　5. 领：用红色羊毛线挑78针，编织双罗纹针48行后折双层缝合。　6. 沿着门襟衣领边挑起适合的针数编织单罗纹针8行，然后再里折缝合。将拉链藏于门襟边下。贴上布贴。

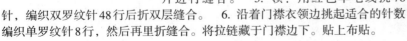

花样A

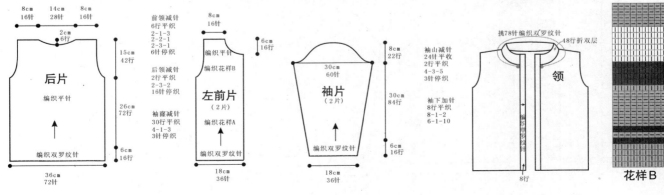

花样B

【成品尺寸】衣长47cm　胸围74cm　袖长42cm

【工具】3.5mm棒针　绣花针

【材料】白色、深蓝色、红色羊毛绒线　绣花图案若干　拉链1条

【密度】10cm²：20针×28行

【制作过程】1. 前片：分左右两片编织，分别按图起37针，织10cm双罗纹后，改织全下针，并间色，左右两边按图示收成袖窿。　2. 后片：按图起针，织10cm双罗纹后，改织全下针，左右两边按图收成袖窿。前后领各按图示均匀减针，形成领口。　3. 袖片：按图起40针，织10cm双罗纹后，改织下针，织至21cm后按图示均匀减针，收成袖山。　4. 缝合：编织结束后，将前后片侧缝，并将肩部、袖片缝合。　5. 领：挑针，织20cm双罗纹，折边缝合，形成双层立领。　6. 门襟：另织，折边缝合，形成双层门襟拉链边，装上拉链，绣上绣花图案。

201

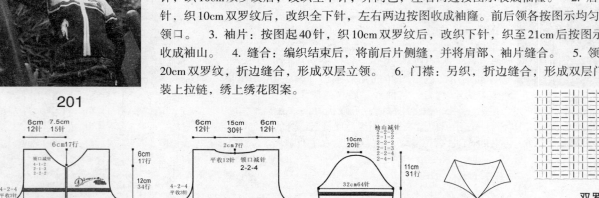

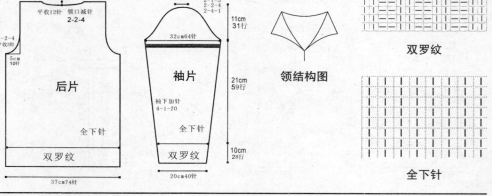

【成品尺寸】衣长47cm　胸围74cm　袖长42cm

【工具】3.5mm棒针　绣花针

【材料】白色、深蓝色、红色羊毛绒线　绣花图案若干　拉链1条

【密度】10cm²：20针×28行

【制作过程】1. 前片：分左右两片编织，分别按图起37针，织10cm双罗纹后，改织全下针，并间色，左右两边按图示收成袖窿。　2. 后片：按图起针，织10cm双罗纹后，改织全下针，左右两边按图收成袖窿。前后领各按图示均匀减针，形成领口。　3. 袖片：按图起40针，织10cm双罗纹后，改织下针，织至21cm按图示均匀减针，收成袖山。　4. 缝合：编织结束后，将前后片侧缝，并将肩部、袖片缝合。　5. 领：挑针，织20cm双罗纹，折边缝合，形成双层立领。　6. 门襟：另织，折边缝合，形成双层门襟拉链边，装上拉链，绣上绣花图案。

202

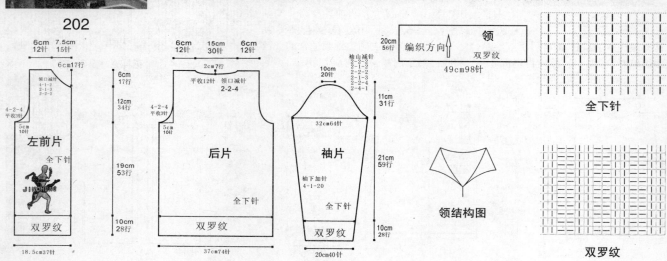

【成品尺寸】衣长47cm　胸围74cm　袖长42cm

【工具】3.5mm棒针

【材料】白色、深蓝色、红色羊毛绒线　拉链3条

【密度】10cm²：20针×28行

【制作过程】1. 前片：分左右两片编织，分别按图起37针，织10cm双罗纹后，改织全下针，并开衣袋和间色，左右两边按图示收成袖窿。　2. 后片：按图起针，织10cm双罗纹后，改织全下针，左右两边按图收成袖窿。前后领各按图示均匀减针，形成领口。　3. 袖片：按图起40针，织10cm双罗纹后，改织全下针，并间色，织至21cm后按图示均匀减针，收成袖山。　4. 缝合：编织结束后，将前后片侧缝，并将肩部、袖片缝合。　5. 帽子：另织，并与领缝合。　6. 门襟：至帽缘拉链边另织，折边缝合，形成双层门襟拉链边。　7. 装饰：衣袋拉链边另织，折边缝合，形成双层拉链边，内衣袋另织，装上拉链。

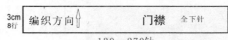

203

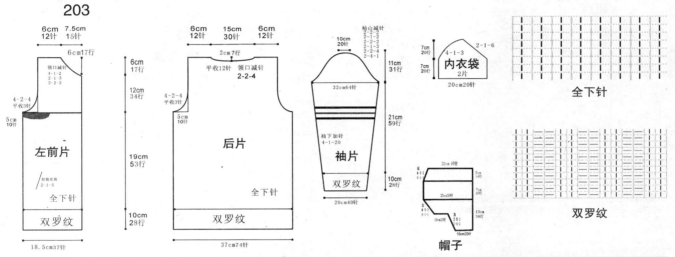

【成品尺寸】衣长47cm　胸围74cm　袖长42cm

【工具】3.5mm棒针　绣花针

【材料】白色、浅咖啡色羊毛绒线　绣花图案若干　拉链1条

【密度】10cm²：20针×28行

【制作说明】1. 前片：分左右两片编织，分别按图起37针，织10cm双罗纹后，改织花样，并间色，左右两边按图示收成袖窿。　2. 后片：按图起针，织10cm双罗纹后，改织花样，左右两边按图收成袖窿。前后领各按图示均匀减针，形成领口。　3. 袖片：按图起40针，织10cm双罗纹后，改织花样，织至21cm后按图示均匀减针，收成袖山。　4. 缝合：编织结束后，将前后片侧缝，并将肩部、袖片缝合。　5. 领：挑针，织20cm双罗纹，折边缝合，形成双层翻领。　6. 门襟：拉链边另织，折边缝合，形成双层门襟拉链边，装上拉链，绣上绣花图案。

204

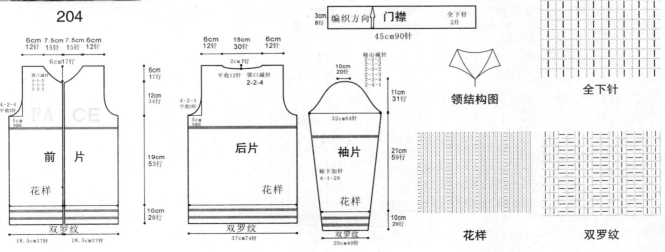

195

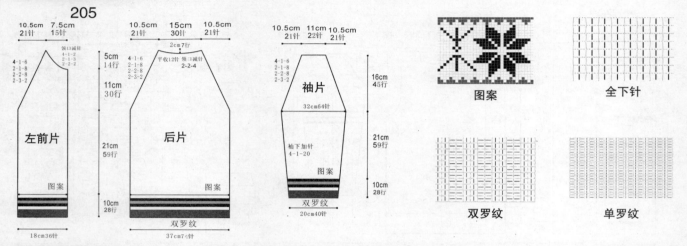

【成品尺寸】衣长47cm 胸围74cm 连肩袖长42cm
【工具】3.5mm棒针
【材料】红色毛线500g 白色、黑色羊毛绒线各少量 拉链1条
【密度】10cm²：20针×28行
【制作过程】1. 前片：分左右两片编织，分别按图起36针，织10cm双罗纹后，改织全下针，并编入图案，左右两边按图示收成插肩袖。 2. 后片：按图起74针，织10cm双罗纹后，改织全下针，并编入图案，左右两边按图示收成插肩袖。前后领各按图示均匀减针，形成领口。 3. 袖片：按图起40针，织10cm双罗纹后，改织全下针，并编入图案，织至21cm后按图示均匀减针，收成插肩袖山。 4. 缝合：编织结束后，将前后片侧缝，并将肩部、袖片缝合。 5. 门襟：另织5cm单罗纹，折边缝合，形成双层门襟。装上拉链。

5cm 14行 编织方向 ↑ 门襟 单罗纹
50cm100针

205

10.5cm 21针 | 7.5cm 15针
领口减针
4-1-6
2-1-8
2-2-8
2-3-2
左前片
图案
18cm36针

10.5cm 21针 | 15cm 30针 | 10.5cm 21针
2cm 7行
平收12针 领口减针
5cm 14行
4-1-6 2-1-8 2-2-8 2-3-2 2-2-4
11cm 30行
后片
21cm 59行
图案
10cm 28行
双罗纹
37cm74针

10.5cm 21针 | 11cm 22针 | 10.5cm 21针
4-1-6
2-1-8
2-2-8
2-3-2
袖片
32cm64针
16cm 45行
21cm 59行
袖下加针
4-1-20
图案
10cm 28行
双罗纹
20cm40针

图案
全下针
双罗纹
单罗纹

206

【成品尺寸】衣长42cm 胸围70cm 袖长41cm
【工具】12号棒针
【材料】大红色毛线450g 黑色、白色毛线各50g 拉链1条
【密度】10cm²：40针×40行
【制作过程】1. 后片：用黑色毛线起130针，织花样B1cm后，换大红色毛线织花样B至5cm，改织花样A，织至27cm后开始收袖窿，两边各平收2针。然后隔2行两边各减1针，共收4次，再每隔4行两边各减1针，减2次，织至40cm后开始收肩和后领窝，织至42cm后全部平收。 2. 左右前片：用黑色毛线起65针，织花样B1cm后，换大红色线织花样B至5cm，改织花样A，织至15cm后在侧边平收15针，再每隔1行减1针，减5次，织至18cm后再每隔1行加1针，加5次，然后同时加15针（目前65针）织至27cm后开始收袖窿，两边各平收2针。然后隔2行两边各减1针，共收4次，再每隔4行两边各减1针，减2次，织至35cm后开始收肩和前领窝，靠前襟这边平收8针，再每隔1行减1针，减4次，织至42cm后全部平收。在左边侧缝处挑42针，织花样A至25cm后，全部收针与前边缝合（左口袋），在口袋上挑44针，织花样C4cm后（注意换线）。 3. 袖片：用黑色毛线起68针，织花样B1cm后，换大红色毛线织花样A，每隔2行两边各加1针，加4次，再每隔6行两边各加1针，加8次，织至27cm后开始收袖山，两边各平收

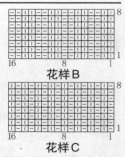
花样B
花样C

2针，然后再每隔2行两边各收1针收6次，织至40cm后全部平收。 4. 帽子：缝合前后片，挑起领围104针，织花样A织至24cm对折缝合，在帽沿处改织花样C。 5. 前襟：在门襟以及帽沿挑起320针，用黑色线织花样C2cm后，收针。缝合袖片；参考毛衣成品图缝制图案。

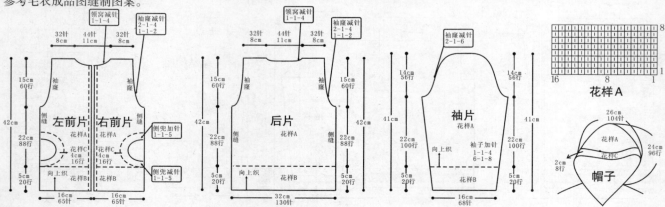

领窝减针
1-1-4
袖窿减针
2-1-4
1-1-2

32针 8cm | 44针 11cm | 32针 8cm
15cm 60行 袖窿 | 袖窿
42cm
左前片 右前片
侧缝
花样A 花样A
22针 88行
花样C 花样C 4cm 16行 4cm 16行
向上织 | 向上织
5cm 20行 花样B 花样B
16cm 65针 | 16cm 65针
侧兜加针 1-1-5
侧兜减针 1-1-5

领窝减针 1-1-4
袖窿减针 2-1-4 1-1-2

32针 8cm | 44针 11cm | 32针 8cm
15cm 60行 袖窿 | 袖窿
后片
42cm
侧缝 | 侧缝
花样A
22针 88行
向上织
5cm 20行 花样B
32cm 130针

袖窿减针 2-1-6

14cm 56行 | 14cm 56行
袖片
花样A
41cm
袖子加针 1-1-4 6-1-8
22针 100行
5cm 20行 花样B
16cm 68针

花样A

26cm 104针
花样A
花样C
帽子
2cm 8行
24cm 96行

196

207

【成品尺寸】衣长48cm　胸围50cm　袖长45cm
【工具】12号棒针
【材料】大红色毛线400g　金色、银色亮片各适量　金丝线、银丝线各少许
【密度】10cm²：48针×48行
【制作过程】1. 前片、后片：起140针，织花样B5cm后，改织花样A，织至33cm时收袖窿，两边各平收2针，每隔1行两边各收1针，收4次，织至42cm后，同时留前领窝，织至46cm时，收后领窝，先平收4针，再隔1针收1针，收2次，织至48cm。　2. 袖片：起68针，织花样B5cm后，每隔4针加1针，加4次，再每隔1行加1针，加6次，织至30cm后开始收袖山，先两边各平收2针，然后每隔1行两边各收1针，收4次，织至45cm后平收。缝合前后片。　3. 领：挑140针，织花样B5cm后，全部收针。　4. 缝合：缝上图案（如图）。

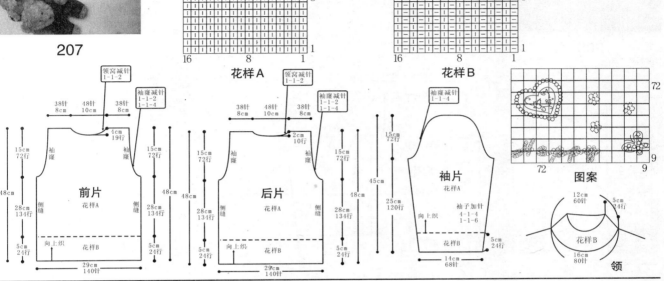

花样A　花样B

前片　后片　袖片　图案　领

208

【成品尺寸】衣长48cm　胸围50cm　袖长45cm
【工具】12号棒针
【材料】大红色毛线400g　金色、银色亮片各适量　金丝线、银丝线各少许　桃心贴布2幅
【密度】10cm²：48针×48行
【制作过程】1. 前片、后片：起140针，织花样B5cm后，改织花样A，织至33cm后收袖窿，两边各平收2针，每隔1行两边各收1针，收4次，织至42cm后，同时留前领窝，织至46cm时，收后领窝，先平收4针，再隔1针收1针，收2次，织至48cm。　2. 袖片：起68针，织花样B至5cm后，每隔4行加1针，加4次，再每隔1行加1针，加6次，织至30cm后开始收袖山，先两边各平收2针，然后每隔1行两边各收1针，收4次，织至45cm后最后平收。缝合前后片。　3. 领：挑140针，织花样B5cm后，全部收针。　4. 缝合：缝上图案（如图）。

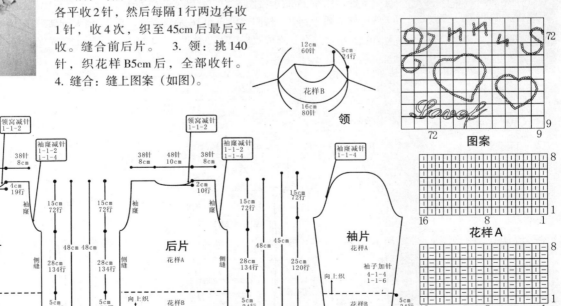

领　图案

前片　后片　袖片

花样A

花样B

【成品尺寸】衣长47cm　胸围74cm　袖长42cm
【工具】3.5mm棒针
【材料】红色羊毛绒线　亮片若干
【密度】10cm²：20针×28行
【制作过程】1. 前片、后片：按图起74针，织8cm花样B后，改织花样A，左右两边按图示收成袖窿。前后领各按图示均匀减针，形成领口。　2. 袖片：按图起40针，织8cm花样B后，改织花样A，织至23cm后按图示均匀减针，收成袖山。　3. 缝合：编织结束后，将前后片侧缝，并将肩部、袖片缝合。领圈挑针，织15cm双罗纹后改织花样C，形成高领。
5. 装饰：缝上亮片。

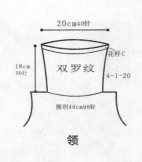

领

209

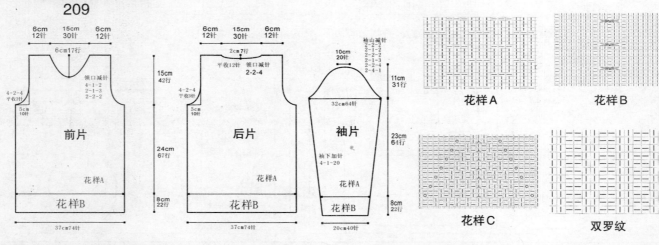

花样A　花样B

花样C　双罗纹

【成品尺寸】衣长47cm　胸围74cm　袖长42cm
【工具】3.5mm棒针
【材料】红色羊毛绒线　亮珠若干　拉链1条
【密度】10cm²：20针×28行
【制作过程】1. 前片：分左右两片编织，左片按图起37针，织8cm双罗纹后，改织花样，左右两边按图示收成袖窿。　2. 后片：按图起针，织8cm双罗纹后，改织全下针，左右两边按图收成袖窿。前后领各按图示均匀减针，形成领口。　3. 袖片：按图起40针，织8cm双罗纹后，改织全下针，织至23cm后按图示均匀减针，收成袖山。　4. 缝合：编织结束后，将前后片侧缝，并将肩部、袖片缝合。领圈挑针，织16cm双罗纹，折边缝合，形成双层翻领。　5. 门襟：拉链边另织，折边缝合，形成双层门襟拉链边。　6. 装饰：装上拉链，缝上亮珠。

领

门襟

210

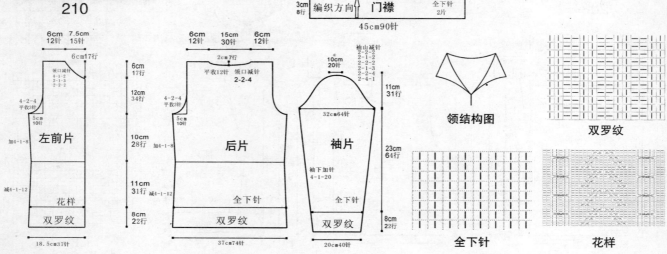

领结构图

全下针　花样

双罗纹

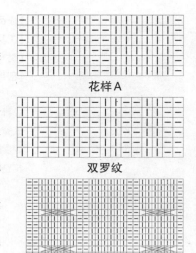

花样A

双罗纹

花样B

【成品尺寸】衣长47cm　胸围72cm　袖长44cm
【工具】2.5mm棒针
【材料】红色羊毛线350g　黑色、白色毛线各30g　布贴1套　拉链1条
【密度】10cm²：34针×46行
【制作过程】1. 后片：用红色羊毛线起122针，编织双罗纹针6cm，然后如图示织花样B，织26cm后收袖窿，在离衣领长2cm处收后领。　2. 前片：起62针，用与后片相同方法编织，在离衣领长6cm处收前领，编织2片。　3. 袖片：起62针，编织双罗纹针6cm，然后如图示改织花样B，织30cm后收袖山，编织2片。　4. 缝合：将前片、后片与袖片进行缝合。　5. 领：用红色羊毛线挑144针，如图示配色编织双罗纹针70行后对折缝合。　6. 沿着门襟衣领边用红色羊毛线挑152针编织单罗纹针12行，然后再里折缝合。将拉链藏于门襟边下。贴上布贴。

211

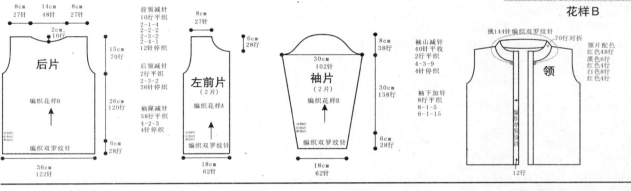

【成品尺寸】衣长47cm　胸围74cm　袖长42cm
【工具】3.5mm棒针　绣花针
【材料】红色羊绒线　白色、黑蓝色毛线各少许　绣花图案若干　拉链1条
【密度】10cm²：20针×28行
【制作过程】1. 前片：分左右两片编织，分别按图起37针，织10cm双罗纹后，改织19cm全下针，并间色，左右两边按图示收成袖窿。　2. 后片：按图起针，织10cm双罗纹后，改织19cm全下针，并间色，左右两边按图收成袖窿。前后领各按图示均匀减针，形成领口。　3. 袖片：按图起40针，织10cm双罗纹后，分左右两片编织，并改织21cm全下针，织至21cm后按图示均匀减针，收成袖山，袖中衬边另织，并间色，与衣袖缝合，多余部分与肩部缝合。　4. 缝合：编织结束后，将前后片侧缝，并将肩部、袖片缝合。　5. 领：挑针，织20cm双罗纹，折边缝合，形成双层翻领。　6. 门襟：拉链边另织，折边缝合，形成双层门襟拉链边，装上拉链，绣上绣花图案。

全下针

双罗纹

212

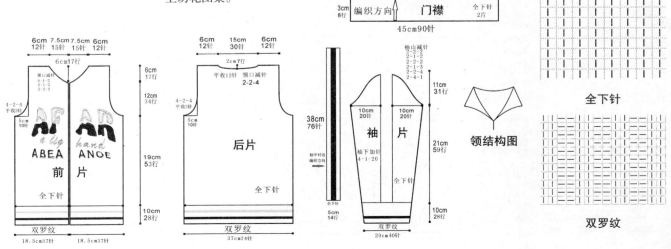

213

【成品尺寸】衣长38cm 胸围74cm 袖长34cm
【工具】3.5mm棒针
【材料】红色羊毛绒 装饰图案若干 装饰拉链1条
【密度】10cm²：20针×28行
【制作过程】1. 前片、后片：按图起74针，织5cm双罗纹后，改织全下针，左右两边按图示收成袖窿。前后领各按图示均匀减针，形成领口。 2. 袖片：按图起40针，织5cm双罗纹后，改织全下针，织至20cm后按图示均匀减针，收成袖山。 3. 缝合：编织结束后，将前后片侧缝，并将肩部、袖片缝合。 4. 领：挑针，织8cm双罗纹，折边缝合，形成双层圆领。缝上装饰拉链。

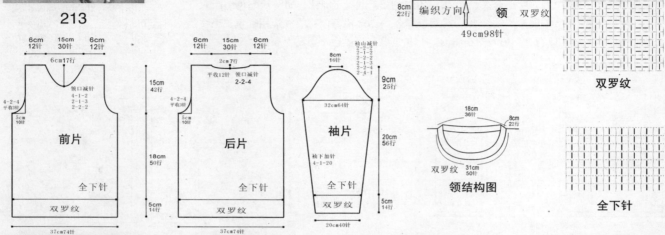

双罗纹

全下针

领结构图

214

【成品尺寸】衣长52cm 胸围74cm 连肩袖长47cm
【工具】3.5mm棒针 绣花针
【材料】粉红色羊毛绒线 绣花若干 绳子1条
【密度】10cm²：20针×28行
【制作过程】1. 前片、后片：按图起74针，织3cm单罗纹后，改织21cm花样，再织全下针，左右两边按图示收成插肩袖。前后领各按图示均匀减针，形成领口。 2. 袖片：按图起40针，织10cm双罗纹后，改织全下针，织至21cm后按图示均匀减针，收成插肩袖山。 3. 编织结束后，将前后片侧缝，并将袖片缝合。 4. 领：挑针，织4cm单罗纹，形成圆领。 5. 装饰：绣上绣花，系上腰带绳子。

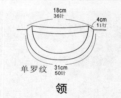

领

花样

单罗纹

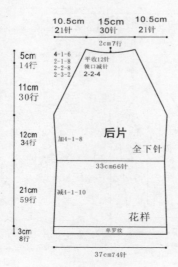

215

【成品尺寸】衣长30cm 胸围24cm 袖长27cm
【工具】3.5mm棒针
【材料】粉色棉线600g 蕾丝花边 粉色马海毛线 亮片、珠子各少许
【密度】10cm²：28针×34行
【制作过程】1. 前片：起84针，编织花样B，织22行后均匀减针成66针后编织花样A。织15cm高度后按图示减针，形成前片袖窿和领口。
　2. 后片：起84针，编织花样B，22行后均匀减针成66针后编织花样A。织15cm高度后按图示减针，形成后片袖窿和后片领口。 3. 袖片：起44针，编织花样B，织6cm高度后按图示编织花样A，织15cm高度后再按图示减针，形成袖山。 4. 横织条：各片缝合后，另起20针，编织前后片横织条，编织花样C，织47cm长度后缝合成圆形，并与前后片领口缝合，将蕾丝花边、马海毛线放中间一起缝合。 5. 领：挑104针（挑两层），编织花样A4行后两两并针，形成双层，上面加针成156针，编织花样B48行后收针。 6. 最后在前后片横织条上绣上亮片、珠子。

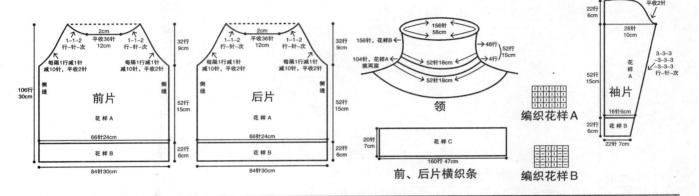

编织花样C

前片　花样A　花样B
后片　花样A　花样B
领
前、后片横织条　花样C
编织花样A
编织花样B
袖片　花样A

216

【成品尺寸】衣长62cm 胸围68cm 袖长46cm
【工具】10号棒针 1.5mm钩针
【材料】粉红色粗棉线400g
【密度】10cm²：18针×24行
【制作过程】1. 后片：为一片编织，从衣摆往上编织，起72针，先织4行花样A后，改织花样B，一边织一边两侧减针，方法为20-1-5，织至110行后，两侧开始袖窿减针，方法为1-2-1、2-1-4，织至146行，从第147行开始后领减针，方法是中间留取20针不织，两侧各减2针，织至150行后，两肩部各余下13针。后片共织62cm长。 2. 前片：为一片编织。从衣摆往上编织，起2针，两侧一边织一边加针，方法为2-1-30，将织片加至62针，不加减针往上织至70行后，两侧开始袖窿减针，方法为1-2-1、2-1-4，织至98行，从第99行开始前领减针，方法是中间留取12针不织，两侧各减6针，方法为2-2-2、2-1-4，减针后不加减针织至110行，两肩部各余下13针。前片共织46cm长。 3. 花样：钩织4个单元花样C，2个半花样C，完成后按结构图所示用鱼网针连接，与衣服下摆缝合。沿前片下摆钩织一圈花样D作为衣摆花边。编织完成后，将前后片侧缝缝合，肩缝缝合。 4. 袖片：从袖口起织。起40针，起织花样A，织20行后，在第21行改织花样B，两侧同时加针，方法为10-1-5，两侧的针数各增加5针，织至78行时，将织片织成50针，接着编织袖山，袖山减针编织，两侧同时减针，方法为1-2-1、2-1-16，两侧各减少18针，织至110行，最后织片余下14针，收针断线。用同样的方法再编织另一袖片。

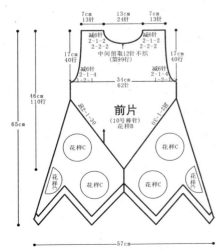

前片
（10号棒针）
花样B

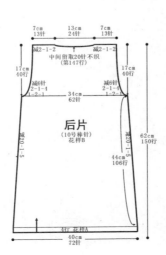

后片
（10号棒针）
花样B

花样D

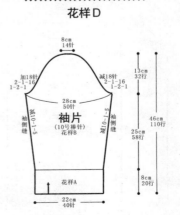

袖片
（10号棒针）
花样A

花样A

花样B

花样C

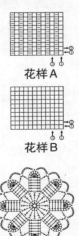

【成品规格】衣长47cm　胸围74cm　袖长49cm

【工具】3.5mm棒针

【材料】白色羊毛绒线　金属扣子14枚　门襟扣子3枚

【密度】10cm²：20针×28行

【制作说明】1. 前片：分左右2片编织，按图起24针，织5cm双罗纹后，依次织全下针、花样和全下针，左右两边按图示收成袖窿。门襟另织，与前片缝合。　2. 后片：按图起74针，织5cm双罗纹后，改织全下针，左右两边按图收成袖窿。前后领各按图示均匀减针，形成领口。　3. 袖片：按图起40针，织12cm双罗纹后，改织全下针，织至26cm后按图示均匀减针，收成袖山。袖口卷起。袖窿衬边另织，并按图缝合。　4. 缝合：编织结束后，将前片、后片、袖片缝合。　5. 领：挑针，织10cm双罗纹，形成翻领。　6. 衣袋：另织，与前片缝合。

217

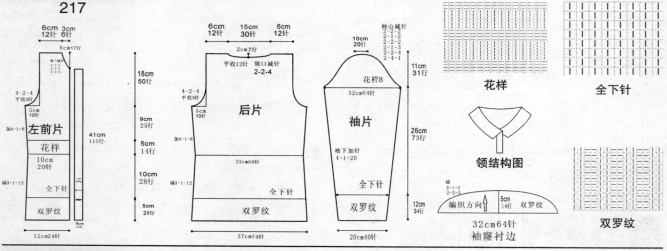

【成品尺寸】衣长47cm　胸围74cm　袖长42cm

【工具】3.5mm棒针

【材料】白色羊毛绒线　衣袋扣子5枚

【密度】10cm²：20针×28行

【制作过程】1. 前片：分左右两片编织，按图起37针，织8cm双罗纹后，改织全下针，织至21cm时，再织花样，左右两边按图示收成袖窿。　2. 后片：按图起74针，织8cm双罗纹后，改织全下针，织至21cm时，再织花样，左右两边按图收成袖窿。前后领各按图示均匀减针，形成领口。　3. 袖片：按图起40针，织8cm双罗纹后，改织全下针，织至23cm后按图示织花样，并均匀减针，收成袖山。在中间留16针，再织6cm花样作为肩位。　4. 缝合：编织结束后，将前后片侧缝，并将肩部、袖片缝合。　5. 帽子：另织，并与领缝合。　6. 门襟：门襟边另织，按图缝合。　7. 衣袋：另织，并与前片缝合。　8. 装饰：缝上扣子。　9. 缝合方法：将袖山对应前片与后片的袖窿线用线缝合，再将两袖侧缝对应缝合。

218

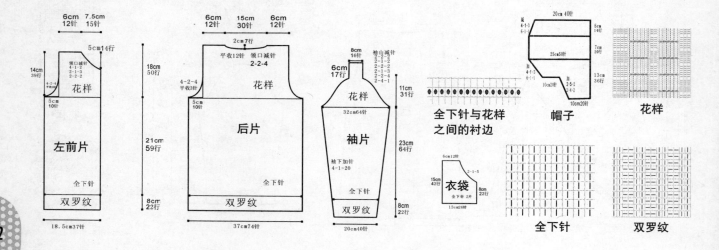

219

【成品规格】衣长50cm　胸围74cm　袖长54cm

【工具】11号棒针

【材料】白色棉线400g　拉链1条

【密度】10cm²：20针×26行

【制作过程】1. 后片：双罗纹针起针法起80针，起织花样A，共织16行后，改织花样B，织至88行时，两侧同时减针织成袖窿，方法为1-2-1、2-1-4，各减6针，余下72针不加减织往上织至127行，中间留取40针不织，两端相反方向减针编织，各减少2针，方法为2-1-2，最后两肩部各余下12针，收针断线。　2. 前片：双罗纹针起针法起80针，起织花样A，共织16行后，改织花样B与花样C组合编织，组合方法如结构图所示，织至88行时，两侧同时减针织成袖窿，方法为1-2-1、2-1-4，各减6针，余下72针不加减织往上织至99行后，将织片从中间分开成左前片和右前片编织，中间减针织成前领，方法为2-2-9、2-1-4，各减少22针，最后两肩部各余下12针，收针断线。前片与后片的两侧缝对应缝合，两肩部对应缝合。　3. 袖片：双罗纹针起针法起38针，编织花样A，织16行后，改织花样B，一边织一边两侧加针，方法为10-1-9，两侧的针数各增加9针，织至114行后，开始编织袖山。袖山减针编织，两侧同时减针，方法为1-2-1、2-1-13，两侧各减少15针，最后织片余下26针，收针断线。用同样的方法再编织另一袖片。　4. 缝合：将袖山对应前片与后片的袖窿线用线缝合，再将两袖侧缝对应缝合。

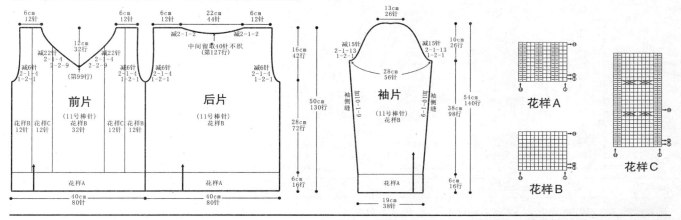

220

【成品尺寸】衣长47cm　胸围74cm　袖长49cm

【工具】3.5mm棒针　绣花针

【材料】黄色羊毛绒线　绣花图案若干　拉链1条　下摆绳子1条

【密度】10cm²：20针×28行

【制作过程】1. 前片：分左右两片编织，分别按图起37针，织10cm双罗纹后，改织全下针，左右两边按图示收成袖窿。　2. 后片：按图起针，织10cm双罗纹后，改织全下针，左右2边按图收成袖窿。前后领各按图示均匀减针，形成领口。　3. 袖片：按图起40针，织12cm双罗纹后，改织全下针，织至26cm按图示均匀减针，收成袖山，袖口卷起。　4. 缝合：编织结束后，将前片、后片、袖片缝合。　5. 领：挑针，织12cm双罗纹，折边缝合，形成双层立领。　6. 门襟：拉链边另织，折边缝合，形成双层门襟拉链边。　7. 装饰：装上拉链，绣上绣花图案，系上下摆绳子。

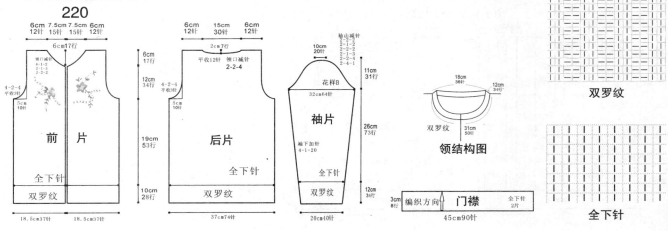

3cm 8行 编织方向 门襟 全下针 2片
45cm90针

【成品尺寸】衣长47cm 胸围74cm 袖长42cm
【工具】3.5mm棒针 绣花针
【材料】绿色羊毛绒线 绣花图案若干 拉链1条
【密度】10cm² 20针×28行
【制作过程】1. 前片：分左右两片编织，分别按图起37针，织全下针，左右两边按图示收成袖窿。 2. 后片：按图起针，织全下针，左右两边按图收成袖窿。下摆边卷起。前后领各按图示均匀减针，形成领口。 3. 袖片：按图起40针，织全下针，织至31cm后按图示均匀减针，收成袖山。 4. 缝合：编织结束后，将前片、后片、袖片缝合。 5. 领：挑针，织12cm双罗纹，折边缝合，形成双层立领。 6. 门襟：拉链边另织，折边缝合，形成双层门襟拉链边。 7. 装饰：装上拉链，绣上绣花图案。

221

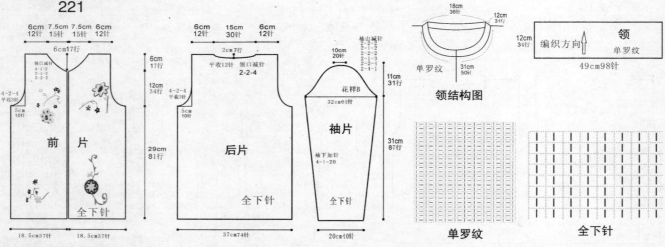

【成品尺寸】衣长39cm 胸围31cm 袖长27cm
【工具】2.5mm棒针
【材料】青色纯棉线600g 银白色柳丁少许
【密度】10cm² 32针×40行
【制作过程】1. 前片：起98针，编织花样B14行后，按图示编织花样C、F、D、E、D、F、C，编织20cm后按图示减针，形成前片袖窿，按图收领口。 2. 后片：起98针，编织花样B14行后，按图示编织花样D，编织20cm高度后按图示减针，形成后片袖窿，按图收领口。 3. 袖片：起50针，编织花样B14行后，编织花样D、F、D，并按图示加针，织18cm后按图示减针，形成袖山，按图示编织花样A12行、花样C10行后，收针。 4. 领：各片缝合，均匀挑针织领口，挑118针，按图示编织花样E。 5. 最后，在前片钉上柳丁完成。

222

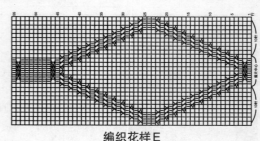

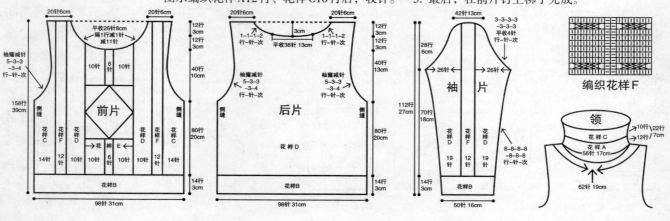

【成品尺寸】衣长52cm　胸围74cm　袖长45cm

【工具】3.5mm棒针

【材料】白色羊毛绒线　装饰花　丝带花边若干

【密度】10cm²：20针×28行

【制作说明】1. 前片、后片：按图起74针，织16cm花样后，改织全下针13cm，左右两边按图示收成袖窿。前后领各按图示均匀减针，形成领口。2. 袖片：按图起40针，织8cm全下针后，改织5cm双罗纹，再织全下针，织至21cm后按图示均匀减针，收成袖山。3. 缝合：编织结束后，将前片、后片、袖片缝合。4. 领：按图示挑针，织4cm双罗纹后，形成圆领。5. 装饰：把装饰花绣于胸口的位置，按图示缝上丝带花边。

223

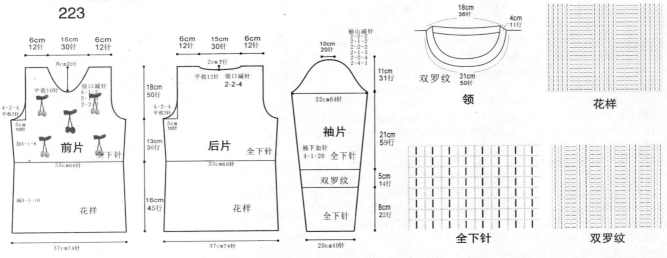

【成品尺寸】衣长55cm　胸围74cm　袖长42cm

【工具】3.5mm棒针

【材料】白色羊毛绒线　丝绸花边　亮珠若干　腰带1条

【密度】10cm²：20针×28行

【制作说明】1. 前片、后片：都分为上下两部分编织，上部分按图起74针，织5cm单罗纹后，改织14cm全下针，前领位置织花样B，左右两边按图示收成袖窿；下部分按编织方向起针，织18cm花样，将上下两部分缝合。前后领各按图示均匀减针，形成领口。2. 袖片：按图起40针，织8cm单罗纹后，改织全下针，织至23cm时按图示均匀减针，收成袖山。3. 缝合：编织结束后，将前片、后片、袖片缝合。4. 装饰：缝上丝绸花边和亮珠，系上腰带。

领结构图

224

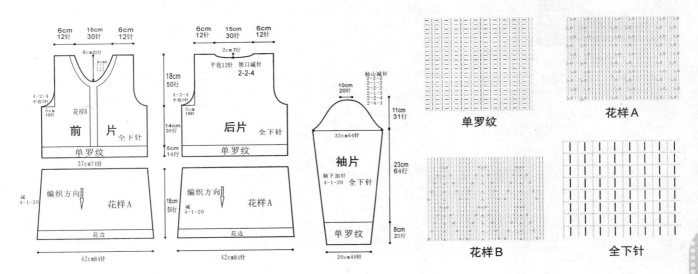

225

【成品尺寸】衣长 52cm　胸围 78cm　袖长 51cm

【工具】13号棒针　1.5mm钩针

【材料】白色棉线500g　拉链1条

【密度】10cm²　32针×38行

【制作过程】1. 后片：为一片编织，从衣摆往上编织，双罗纹针起针法起126针，先织2行单罗纹针后，改织花样A，不加减针织至70行后，改织花样B，织至132行后，改织花样C，两侧开始袖窿减针，方法为1-4-1、2-1-6，减针后不加减针往上织至192行，从第193行开始后领减针，方法是中间留取38针不织，两侧各减2针，织至196行，两肩部各余下32针。后片共织52cm长。　2. 前片：为一片编织。从衣摆往上编织，双罗纹针起针法起126针，先织2行单罗纹针后，改织花样A，不加减针织至70行后，改织花样B，织至124行后，将织片中间收6针，两侧分为左右两片分别编织，先织左片，左片的右边是衣襟侧，织至132行后，改织花样C，左侧开始袖窿减针，方法为1-4-1、2-1-6，织至174行，从第175行将右侧收针12针，然后开始减针织成前领，方法为2-2-2、2-1-2，减针后不加减针织至196行的总长度后，肩部各下32针。前片共织62cm长。用同样的方法相反方向编织右前片。编织完成后，将前后片侧缝缝合，肩缝缝合。前衣襟两侧分别横向挑针起织，织下针，织6行后，与起针缝合成双层，缝好拉链。　3. 袖片：起70针，起织单罗纹针，织4行后，改织花样A，两侧一边织一边加针，方法是10-1-13，两侧的针数各增加13针，织至40行后，改织花样B，织至144行时，将织片织成96针，接着就编织袖山，袖山减针编织，两侧同时减针，方法为1-4-1、2-1-25，两侧各减少29针，织至194行，最后织片余下38针，收针断线。用同样的方法再编织另一袖片。缝合方法：将袖山对应前片与后片的袖窿线用线缝合，再将两袖缝对应缝合。　4. 领：沿领口挑起90针，编织花样B，一边织一边两侧减针，方法为2-1-19，织38行后，收针断线。在领片两侧钩织花样D。两侧对称编织。最后沿领边钩织一圈荷叶边。

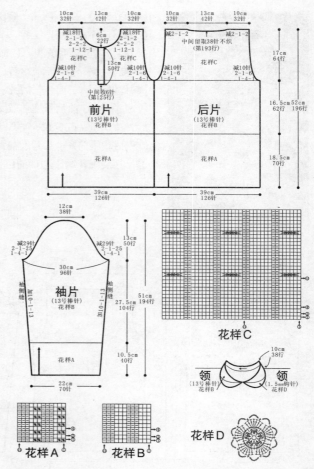

226

【成品规格】衣长47cm　胸围74cm　袖长42cm

【工具】3.5mm棒针　绣花针

【材料】白色、粉红色羊毛绒线　扣子5枚

【密度】10cm²　20针×28行

【制作过程】1. 前片：分左右两片编织，左前片按图起37针，织10cm双罗纹后，改织全下针，并间色，左右两边按图示收成袖窿。　2. 后片：按图起针，织10cm双罗纹后，改织全下针，并间色，左右两边按图收成袖窿。前后领各按图示均匀减针，形成领口。　3. 袖片：按图起40针，织10cm双罗纹后，改织全下针，并间色，织至21cm后按图示均匀减针，收成袖山。　4. 缝合：编织结束后，将前片、后片、袖片缝合。　5. 门襟：另织5cm双罗纹，并间色与前片缝合。　6. 领：挑针，织5cm双罗纹，并间色，形成开衫圆领。绣上装饰图案，缝上扣子。

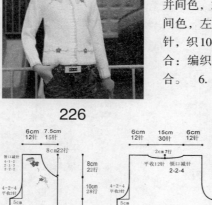

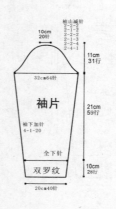

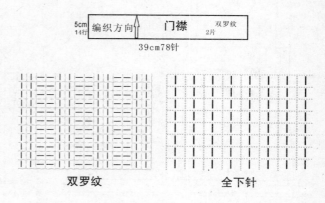

【成品尺寸】衣长38cm　胸围72cm　袖长36cm
【工具】8号棒针
【材料】白色羊毛线650g　拉链1条
【密度】10cm²：24针×30行
【制作过程】1. 前片、后片：以机器边起针编织花样，衣身编织基本针法。　2. 袖片：从袖口以机器边起针编织花样，袖身编织基本针法。　3. 缝合：将前片、后片、袖片缝合后，按图挑织衣领。为使拉链上得平整美观，要在门襟处织6针单针罗纹。

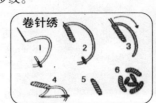

领
12c
31针 拾针
15行
16c
41针 拾针
织花样A
8号针

花样

卷针绣

227

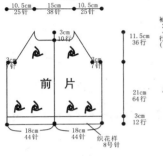

10.5cm 25针　15cm 38针　10.5cm 25针
3cm 10行
11.5cm 36行
3cm 针
3cm 针
7针
前片
21cm 64行
3cm 12行
18cm 44针　18cm 44针　织花样 8号针

袖衣圈（减针）
2-1-16
4-2-1
行 针 回
(7)针埋针

后领衣圈（减针）
2行平
2-1-1
2-1-1
2-2-1
2-3-1
2-6-1
针 行次

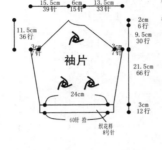

袖片

15.5cm 39针　6cm 15针　13.5cm 33针
11.5cm 36行
3cm 针
3cm 7针
2cm 6行
9.5cm 30行
21.5cm 66行
3cm 12行
24cm
60针 拾　织花样 8号针

袖山中央（减针）
2行平
2-2-2
行 针 回
(11)针埋针

袖山右（减针）
2-2-3
2-2-2
2-1-1
2-1-1
2-1-1
2-2-2
2-1-1
2-2-3
2-2-2
2-2-1
行 针 回
(7)针埋针

袖山右（减针）
2-2-3
2-1-1
2-2-2
2-1-1
2-2-2
2-1-1
2-2-2
2-2-2
2-1-1
2-2-3
2-2-1
行 针 回
(7)针埋针

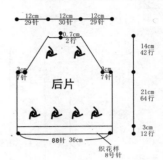
后片

12cm 29针　12cm 30针　12cm 29针
0.7cm 2行
3cm 7针
3cm 7针
14cm 42行
21cm 64行
3cm 12行
88针 36cm
织花样 8号针

袖衣圈（减针）
2-1-5
2-2-1
4-1-1
4-2-1
2-2-1
2-1-8
2-4-1
行 针 回
(7)针埋针

后领衣圈（减针）
2行平
(30)针停针

【成品尺寸】衣长47cm　胸围74cm　袖长42cm
【工具】3.5mm棒针　绣花针
【材料】白色、粉红色羊毛绒线　绣花图案若干
【密度】10cm²：20针×28行
【制作过程】1. 前片、后片：按图起74针，织8cm双罗纹后，改织全下针，并间色，左右两边按图示收成袖窿。前后领各按图示均匀减针，形成领口。　2. 袖片：按图起40针，织8cm双罗纹后，改织全下针，并间色，织至23cm后按图示均匀减针，收成袖山。　4. 缝合：编织结束后，将前片、后片、袖片缝合。　5. 领：挑针，织5cm双罗纹，并间色，形成圆领。

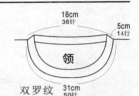

领
18cm 36针
5cm 14行
双罗纹
31cm 50针

228

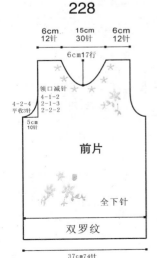
前片

6cm 12针　15cm 30针　6cm 12针
6cm17行
领口减针
4-1-2
2-1-3
2-2-2
4-2-4
2-1-3
2-2-2
平收3针
5cm 10针
全下针
双罗纹
37cm74针

后片

6cm 12针　15cm 30针　6cm 12针
2cm 7行
平收12针　领口减针 2-2-4
18cm 50行
4-2-4
平收3针
5cm 10针
21cm 59行
全下针
8cm 22行
双罗纹
37cm74针

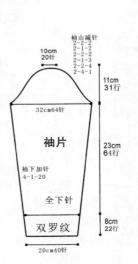
袖片

10cm 20针
11cm 31行
32cm64针
23cm 64行
袖下加针
4-1-20
全下针
8cm 22行
双罗纹
20cm40针

袖山减针
2-2-2
2-1-2
2-1-1
2-1-3
2-1-2
2-4-1

全下针

双罗纹

207

229

【成品尺寸】衣长40cm　胸围54cm　袖长40cm
【工具】12号棒针
【材料】粉红色毛线300g　白色毛线、黄色毛线、桃红色毛线、绿色毛线、蓝色毛线各50g
【密度】10cm²：40针×40行
【制作过程】1. 前片、后片：起140针，织花样B5cm后，改织花样A至25cm后开始收袖窿，每隔1行两边各减1针，减16次。织至38cm后收后领窝，前片织至32cm时中间先平收10针，织至36cm后留前领窝，前片这时是开口领，左边先平收5针，再隔1行减1针，减2次。　2. 袖片：起72针，织花样B5cm后改织花样A，每4行两边各加1针，加4次，再每隔6行两边各加1针，加8次，织至25cm后开始收袖山，每隔4行两边各减1针，减16次，织至40cm（注：袖片编织时各种毛线的交换，每织2cm换一个颜色，如图）。　3. 领：起140针，织花样B10cm，再缝合前片、后片、袖片及领，在领处竖挑起68针，织花样B2cm后，每隔10行留一个扣眼。

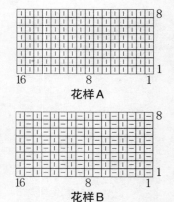

花样A

花样B

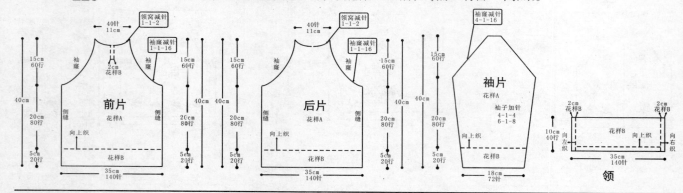

前片　花样A　花样B

后片　花样A　花样B

袖片　花样B　袖子加针 4-1-4 6-1-8

领　花样B

230

【成品尺寸】衣长33cm　胸围54cm　袖长33cm
【工具】3.5mm棒针
【材料】3股开司米毛线350g　马海毛线50g　紫色毛线、黄色毛线各少量　拉链1条
【密度】10cm²：20针×24行
【制作过程】1. 左右前片：起22针，织花样A7cm后，改织花样B，织至21cm后留袖窿，平收2针。然后隔1行减1针，减2次。织至27cm后，收前领窝，先平收4针，再隔1行收1针，收2行，织至31cm后，开始收肩。开始收第1针和第2针留下不织，织第2行时不留，织第3行时再留2针不织，依次类推。最后1行把所有针全织，一起收针。　2. 后片：起52针，织花样A7cm后，改织花样B，织至21cm后留袖窿，两边各平收2针，然后隔1行减1针，减2行，织至31cm后开始收后领窝，在中间平收4针，两边隔1行减1针，共减2次。（收领窝同时也收肩膀，同前片）　3. 袖片：起28针织花样A，织至7cm后，改织花样B，织袖管要加针，每4行加1针，加6次，使针数加到46针，织至21cm后，开始收袖山，两边各平收2针，再每隔1行两边各收1针，共收6次，剩余针数全部平收。　4. 领：用马海毛线起44针，织花样C，织至9cm后，全部平收。　5. 衣襟：从胸前连领共挑起140针，织花样A2cm。最后缝上拉链。　6. 用紫色毛线缝出图案。

领

shape happy
图案

图案

花样A

花样B

花样C

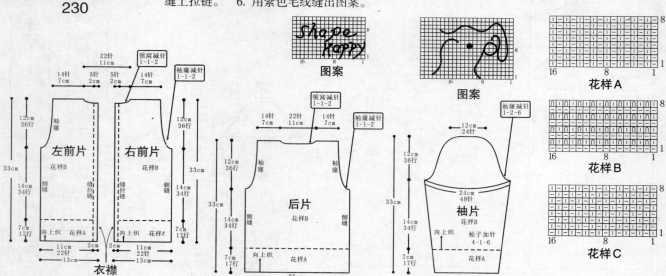

左前片　花样B

右前片　花样B

衣襟　花样A

后片　花样B　花样A

袖片　花样B　袖子加针 4-1-6　花样A

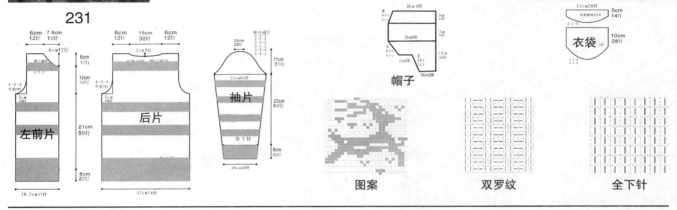

【成品尺寸】衣长47cm　胸围74cm　袖长42cm

【工具】3.5mm棒针

【材料】白色、粉红色羊毛绒线　衣袋扣2枚　拉链1条

【密度】10cm²：20针×28行

【制作过程】1. 前片：分左右两片编织，左前片按图起37针，织8cm双罗纹后，改织全下针，并间色和编入图案，按图示收成袖窿，用同样方法编织右前片。　2. 后片：按图起针，织8cm双罗纹后，改织全下针，并间色和编入图案，左右两边按图收成袖窿。前后领各按图示均匀减针，形成领口。　3. 袖片：按图起40针，织8cm双罗纹后，改织全下针，并间色，织至23cm后按图示均匀减针，收成袖山。　4. 缝合：编织结束后，将前片、后片、袖片缝合。　5. 帽子：另织，并与领缝合。　6. 门襟：另织，折边缝合，形成双层门襟拉链边。　7. 衣袋：另织，并与前片缝合。　8. 装饰：装上拉链，缝上衣袋扣。

编织方向↑　门襟　全下针
3cm 8行
130cm270针

231

左前片　后片　袖片　帽子　衣袋

图案　双罗纹　全下针

【成品尺寸】衣长50cm　胸围74cm　袖长54cm

【工具】11号棒针

【材料】粉红色棉线400g

【密度】10cm²：20针×26行

【制作过程】1. 后片：双罗纹针起针法起80针，起织花样A，共织16行后，改织花样B，织至88行后，两侧同时减针织成袖窿，方法是1-2-1、2-1-4，各减6针，余下72针不加减针往上织至127行后，中间留取40针不织，两端相反方向减针编织，各减2针，方法为2-1-2，最后两肩部各余下12针，收针断线。　2. 前片：双罗纹针起针法起80针，起织花样A，共织16行后，改织花样C，织至66行后，再改织花样B，织至88行后，两侧同时减针织成袖窿，方法为1-2-1、2-1-4，各减6针，余下72针不加减针往上织至115行后，中间留取12针不织，两端相反方向减针编织，各减少12针，方法为2-2-4、2-1-4，最后两肩部各余下12针，收针断线。前片与后片的两侧缝对应缝合，两肩部对应缝合。　3. 袖片：双罗纹针起针法起38针，编织花样A，织16行后，改织花样D，一边织一边两侧加针，方法为10-1-9，两侧的针数各增加9针，织至114行后，开始编织袖山。袖山减针编织，两侧同时减针，方法为1-2-1、2-1-13，两

232

侧各减少15针，最后袖片余下26针，收针断线。用同样的方法再编织另一袖片。缝合方法：将袖山对应前片与后片的袖窿线用线缝合，再将两袖侧缝对应缝合。

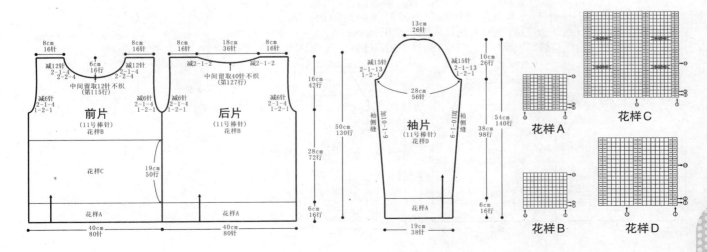

前片
(11号棒针)
花样B

后片
(11号棒针)
花样B

袖片
(11号棒针)
花样D

花样A　花样C

花样B　花样D

【成品尺寸】衣长47cm　胸围74cm　连肩袖长47cm

【工具】3.5mm棒针　绣花针

【材料】白色、咖啡色羊毛绒线　扣子3枚　装饰图案若干

【密度】10cm²：20针×28行

【制作过程】1. 前片、后片：按图起74针，织8cm双罗纹后，改织全下针，并间色，前片织至31cm时，分左右两片编织，左右两边腋窝按图示收成插肩袖。前后领各按图示均匀减针，形成领口。　2. 袖片：按图起40针，织8cm双罗纹后，改织全下针，织至23cm后按图示均匀减针，收成插肩袖山。　3. 缝合：编织结束后，将前片、后片、袖片缝合。　4. 帽子：另织，与领缝合。　5. 门襟：另织，沿着帽缘和门襟缝合。　6. 装饰：缝上扣子和图案。

5cm
14行　编织方向↑　门襟 双罗纹

80cm160针

233

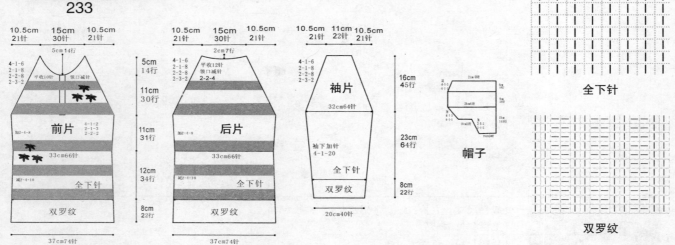

全下针

双罗纹

【成品尺寸】衣长48cm　胸围56cm　袖长48cm

【工具】12号棒针

【材料】蓝色棉线100g　黑色棉线250g　白色棉线50g

【密度】10cm²：26针×34行

【制作过程】1. 后片：用蓝色棉线起104针，织花样A6cm后，改为黑色棉线织花样B，织至30cm后改为白色棉线编织，插肩减针，方法为1-4-1、2-1-27。白色棉线织26行后，改回黑色棉线编织，织至46cm长后，织片余42针。

2. 前片：用蓝色棉线起104针，织花样A6cm改为黑色棉线织花样B，织至30cm后，改为白色棉线编织，插肩减针，方法为1-4-1、2-1-27。用白色棉线织26行改回黑色棉线编织，织至43cm后，中间收20针，两侧减针织成前领，方法为2-2-5，织至46cm长后，两侧各余1针。　3. 袖片：用蓝色棉线起56针，织花样A，织至6cm后，改为黑色棉线织花样B，袖片两侧加针，方法为8-1-11，织至

234

32cm后，织片变成78针，改为白色棉线编织，减针织插肩袖山，方法为1-4-1、2-1-27，再用白色棉线织26行后改回黑色棉线编织，织至48cm后，织片余下26针。　4. 领：用蓝色棉线沿领口挑针织花样A，挑起136针织12cm长。　5. 用平针绣方式依图案方法绣上图案。

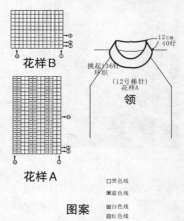

花样B

花样A

12cm
40行

挑起136针环织

（12号棒针）
花样A

领

□黑色线
■蓝色线
□白色线
■红色线

图案

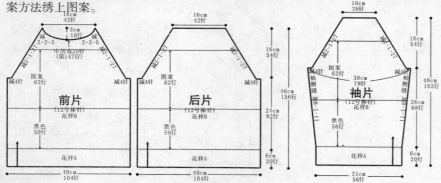

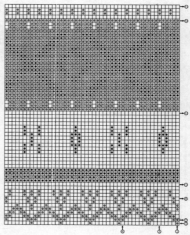

235

【成品尺寸】衣长47cm　胸围74cm　袖长42cm

【工具】3.5mm棒针

【材料】黑色羊毛线　亮珠若干

【密度】10cm²：20针×28行

【制作说明】1. 前片、后片：按图起74针，织双罗纹，织至完成，左右两边按图示收成袖窿。前后领各按图示均匀减针，形成领口。　2. 袖片：按图起40针，织双罗纹，织至21cm后按图示均匀减针，收成袖山。　3. 缝合：编织结束后，将前片、后片、袖片缝合。　4. 领：挑针，织3cm双罗纹，形成圆领。　5. 装饰：缝上亮珠。

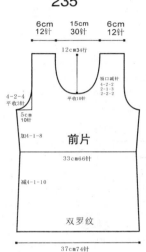

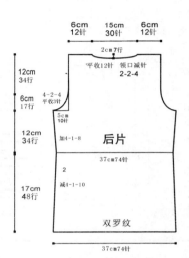

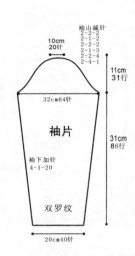

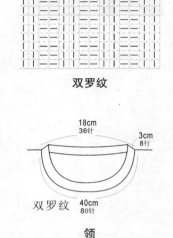

双罗纹

领

236

【成品尺寸】衣长46cm　胸围80cm　袖长47cm

【工具】11号棒针

【材料】粉红色棉线400g　纽扣3枚

【密度】10cm²：16针×24行

【制作过程】1. 后片：起64针，织花样B，织至30cm后开始袖窿减针，方法为1-2-1、2-1-3，织至45cm后收后领，中间留取24针不织，两侧减针方法为2-1-2。后片共织46cm长。　2. 左前片：起30针，织花样B，织至30cm后开始袖窿减针，方法为1-2-1、2-1-3。同时右侧减针织前领，方法为2-1-12，织至46cm长，肩部余下13针。用同样方法相反方向织右前片。　3. 衣襟花边：编织1片宽114cm，长8cm的织片，织花样A，缩皱成木耳边，缝合于前后片图示位置。　4. 袖片：起36针，织花样B，一边织一边两侧减针，方法为4-1-4，织至16行后，两侧加针，方法为8-1-8，织至33cm后，织片变成44针，减针织袖山，方法为1-2-1、2-1-17，织至47cm的长度后，织片余下6针。　5. 领及衣襟：沿领口及衣襟挑起180针织花样C，织6行后，收针断线。左侧衣襟均匀留3个扣眼。　6. 沿衣摆花边及袖口边机织绞边。

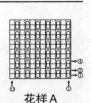

花样A

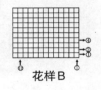

花样B

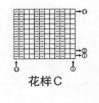

花样C

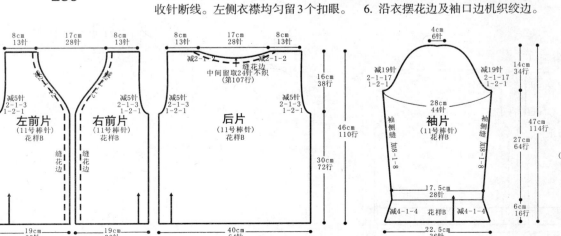

花样A

【成品尺寸】 衣长38cm　胸围50cm　袖长36cm
【工具】 12号棒针
【材料】 粉色毛线450g
【密度】 10cm²：32针×32行
【制作过程】 1. 后片：起64针，织花样B，织至24cm后收袖窿，两边各平收2针。然后每隔2行两边各收1针，收4次。再织至36cm后收后领窝和肩，先平收15针，再隔1行收1针，收2次。织至38cm后，全部平收。　2. 左右前片：起34针，织花样B，织至24cm后开始收袖窿，两边各平收2针，然后两边各收1针，收4次，织至32cm后开始收前领窝，先平收4针，每隔1行收1针，收6次，织至38cm后，全部平收。　3. 袖片：起32针，织花样B，每隔5行两边各加2针，加3次，织至22cm后开始收袖山，然后再每隔1行收1针收2次，再每隔6行收1针收4次，最后平收。　4. 领：缝合前后片后，挑起领围88针，织花样A至7cm后，对折缝合。

237

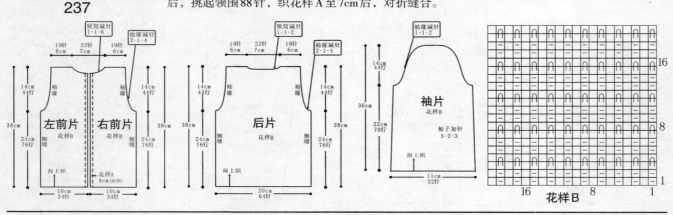

花样B

【成品尺寸】 衣长46cm　胸围80cm　袖长47cm
【工具】 11号棒针
【材料】 粉红色棉线400g　纽扣5枚
【密度】 10cm²：16针×24行
【制作过程】 1. 后片：起64针，织花样B，织至25cm后开始袖窿减针，方法为1-2-1、2-1-3。织至40cm后收后领，中间留取24针不织，两侧减针方法为2-1-2。后片共织41cm长。　2. 左前片：起30针，织花样C，织至25cm后左侧袖窿减针，方法为1-2-1、2-1-3。织至35cm后右侧减针织前领，方法为1-4-1、2-2-4，织至41cm长后，肩膀部余下13针。用同样方法相反方向织右前片。沿前后片衣摆挑起248针织花样A5cm，下针收针法收针断线。　3. 袖片：起28针，织花样B17.5cm后，两侧加针，方法为8-1-8，织至27cm后，袖片变成44针，减针织袖山，方法为1-2-1、2-1-17，织至47cm的长度后，织片余下6针。再沿袖口挑起56针织花样A6cm，下针收针法收针断线。　4. 衣襟：沿左右衣襟分别挑起66针织花样D，织12行后，向内与起针缝合成双层衣襟，左侧衣襟均匀留5个扣眼。　5. 领：沿领口及衣襟上边挑起60针织花样D，织12行后，向内与起针缝合成双层衣领。

238

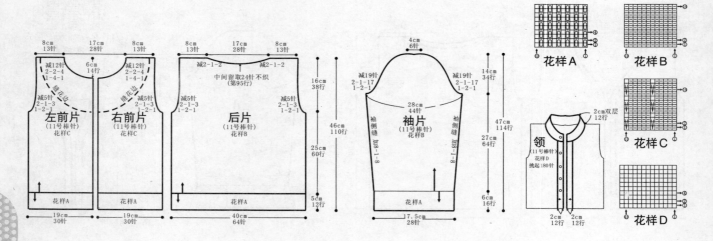

花样A　　花样B

花样C

领

花样D

239

【成品尺寸】衣长44cm　胸围54cm　袖长52cm
【工具】3.5mm棒针
【材料】粉红色棉线300g
【密度】10cm²：26针×34行
【制作过程】

　　1. 后片：右袖口起织，下针起针法起23针，起织花样B，共织16行后，将每2针并1针，减至23针，接着编织花样A，织4行后，两侧开始加针，方法为18-1-8，共织156行，在织片左侧加起36针，开始编织衣身，左侧衣摆一边织一边加针，方法为2-2-14、2-1-8、4-1-3，共加39针，织至212行后，右侧后领减针，方法为2-1-2，织至232行，右侧半片编织完成，继续用相同方法相反方向编织左半片。　　2. 前片：右袖口起织，下针起针法起23针，起织花样B，共织16行后，将织每2针并1针，减至23针，编织花样A，织4行后，两侧开始加针，方法为18-1-8，共织156行，在织片左侧加起36针，然后开始编织衣身，左侧衣摆一边织一边加针，方法为2-2-14、2-1-8、4-1-3，共加39针，织至212行后，右侧前领减针，方法为1-4-1、2-2-6，织至232行，右侧半片编织完成，继续用相同方法相反方向编织左半片。　　3. 缝合：将前片与后片的两侧缝对应缝合，两肩部对应缝合，两袖缝对应缝合。下针起针法另起400针，编织花样B，织16行后，收针，缝合于前片图示位置。制作衣摆边沿流苏。　　4. 领：挑起88针，编织花样C，织54行后，将织片均匀加针至132针，编织花样A，织16行后，下针收针法收针断线。

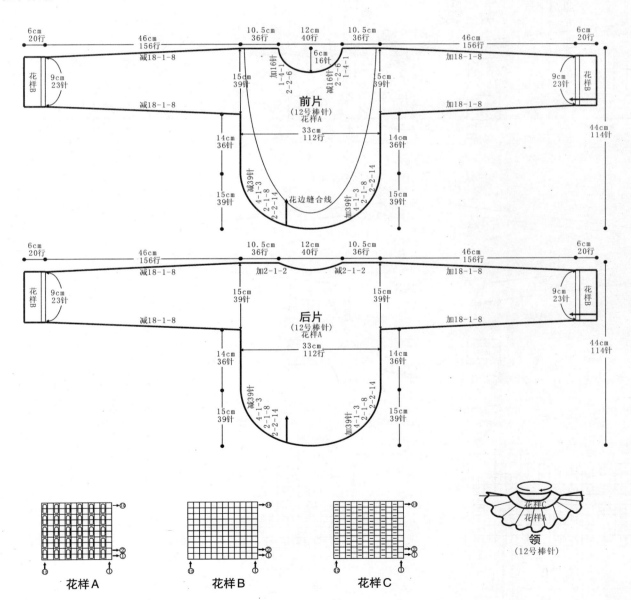

【成品尺寸】衣长48cm 胸围56cm 袖长55cm
【工具】12号棒针
【材料】西瓜红毛线400g 西瓜红长毛绒线100g 粉红色珠子、绿色小珠子（缝叶子）适量
【密度】10cm²：40针×40行
【制作过程】1. 前片、后片：从右袖起27针，织花样B7cm后，改织花样A，每隔4行两边各加1针，加6次，再隔6行两边各加1针，加8次，然后一边隔4行加1针，另一边不加针，共加4次，织至30cm后再一次加2针加2次，隔1行加4针共加2次，织至55cm后开始收领窝（注：前领窝深7cm，后领窝深3cm）隔1行减1针共减8次，织至62cm后开始隔1行加1针，加8次，然后织14cm后隔1行减4针，共减12次，再隔1行减2针，共减2次，再隔1行减1针，减4次，再隔1行减1针共减8次，再隔1行减1针减4次，剩27针织花样B7cm后，收针。 2. 领：从领窝挑100针，织花样D12cm后，收针。 3. 缝合：缝合前后片，参考毛衣成品图缝制图案（小花织法为花样C），把西瓜红长毛绒线减成长度相等的段，对折，再依次系在衣摆及袖片上（如图）。

240

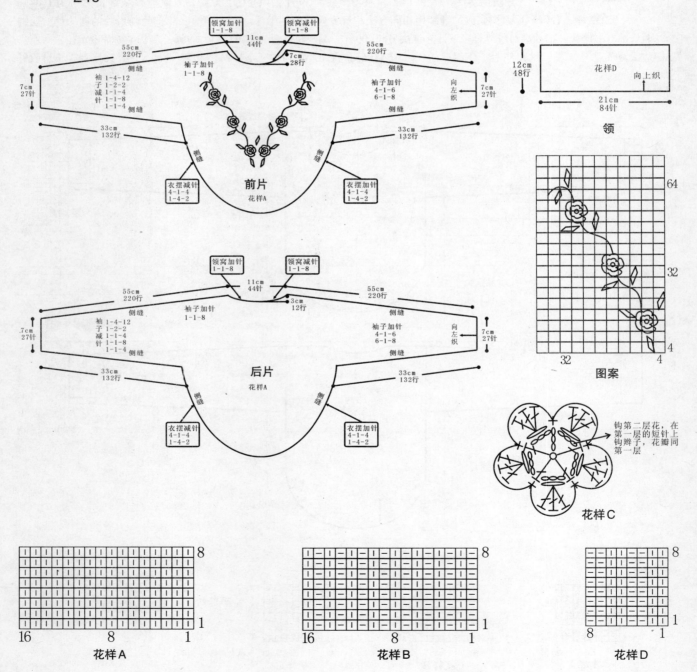

241

花样A

花样B

花样D

【成品尺寸】衣长46cm　胸围80cm　袖长47cm

【工具】11号棒针

【材料】粉红色棉线400g　纽扣3枚

【密度】10cm²：16针×24行

【制作过程】1. 后片：起64针，织花样B，织至25cm后开始袖窿减针，方法为1-2-1、2-1-3。织至40cm后收后领，中间留取24针不织，两侧减针方法为2-1-2。后片共织41cm长。　2. 左前片：起30针，将花样B与花样C组合编织，组合方法见结构图所示，织至25cm后开始袖窿减针，方法为1-2-1、2-1-3。同时右侧减针织前领，方法为2-1-12，织至41cm长后，肩膀部余下13针。用同样方法相反方向织右前片。另起248针织花样A，织5cm的高度，缝合于前后片图示位置。　3. 衣摆花边：沿前后衣摆挑针编织花样A，挑起的针数是原织片针数的2倍，织5cm的长度。　4. 袖片：起36针，织花样B，一边织一边两侧减针，方法为4-1-4，织至16行后，两侧加针，方法为8-1-8，织至33cm后，织片变成44针，减针织袖山，方法为1-2-1、2-1-17，织至47cm的长度后，织片余下6针。另起88针织花样A，织3cm的高度，缝合于袖片图示位置。　5. 领及衣襟：沿领口及衣襟挑起180针织花样D，织6行后，收针断线。左侧衣襟均匀留3个扣眼。　6. 沿衣摆花边及袖口边机织绞边。

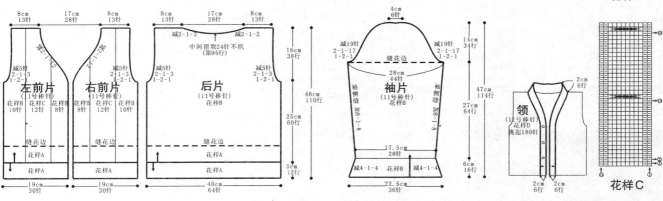

242

【成品尺寸】衣长55cm　胸围74cm　袖长42cm

【工具】3.5mm棒针

【材料】灰色羊毛线　扣子7枚

【密度】10cm²：20针×28行

【制作过程】1. 前片：分左右两片编织，左前片按图起37针，织2cm单罗纹后，依次织18cm全下针、5cm单罗纹和12cm花样A，左右两边按图示收成袖窿。　2. 后片：按图起74针，织2cm单罗纹后，依次织18cm全下针、5cm单罗纹和12cm花样A，左右两边按图收成袖窿。前后领各按图示均匀减针，形成领口。　3. 袖片：按图起40针，织10cm双罗纹后，改织全下针，织至21cm后按图示均匀减针，收成袖山。袖山织花样B。　4. 缝合：编织结束后，将前片、后片、袖片缝合。　5. 帽子和门襟：另织，分别与领和门襟缝合。　6. 装饰：前片衬边和衣袋另织，与前片缝合，缝上扣子。

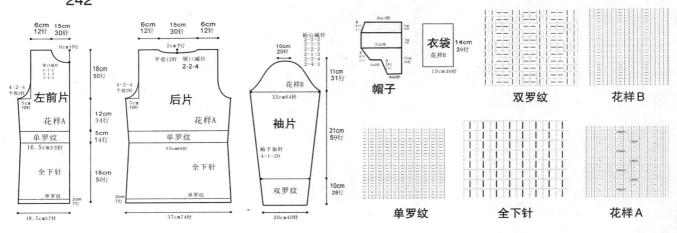

215

243

花样A

【成品尺寸】衣长32.5cm　胸围28cm　袖长28cm

【工具】4mm棒针

【材料】咖啡色纯棉线600g　粉红色带毛线少许　珠子少许

【密度】10cm²：24针×34行

【制作过程】1. 前片：起52针，编织花样A17行后，按图示编织花样B，编织15cm后按图示减针，形成前片袖窿。　2. 后片：起52针，编织花样A17行后，按图示编织花样B，编织B15cm后按图示减针，形成后片袖窿。　3. 袖片：起32针，编织花样A17行后编织花样B，按图示加针，织17cm后按图示减针，形成袖山。各片缝合。　4. 领：挑72针，按图示编织花样C，两种颜色各织22行后，收针，最后在前片绣上图案，缝上珠子。

花样B

花样C

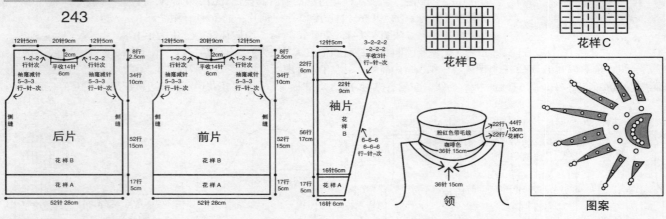

244

【成品尺寸】衣长58cm　胸围74cm　袖长54cm

【工具】13号棒针

【材料】灰色棉线500g

【密度】10cm²：26针×34行

【制作过程】1. 后片：下针起针法起4针，织花样，一边织一边两侧加针，方法为2-1-18，共织36行，用同样的方法再编织1片同样的织片及2片单片的织片，如结构图所示连起来编织，一边织一边两侧减针，方法为16-1-8，织至136行后，两侧开始袖窿减针，方法为1-4-1、2-1-5，织至195行后开始后领减针，方法是中间留取42针不织，两侧各减2针，织至136行后，两肩部各余下20针收针断线。　2. 前片：用与后片同样的方法编织前片，前片织至185行时，织片中间留取24针不织，两减减针织成前领，方法为2-2-4、2-1-3，各减11针，织至198行后，两肩部各余下20针收针断线。前片与后片的两侧缝对应缝合，两肩缝对应缝合。沿结构图所示缝制花边。　3. 袖片：下针起针法起60针，编织花样，一边织一边两侧加针，方法为10-1-12，织至130行，从第131行两侧开始袖山减针，方法为1-4-1、2-1-27，各减31针，共织54行，最后余下22针，收针断线。用同样的方法再编织另一袖片。缝合方法：将袖山对应前片与后片的袖窿线用线缝合，再将两袖侧缝对应缝合。　4. 领：沿领口用灰色棉线挑起96针，编织花样，织40行后，以下针收针法收针断线。

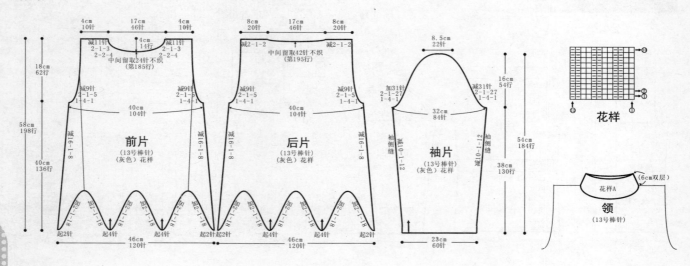

245

【成品尺寸】衣长56cm 胸围68cm 袖长8cm
【工具】10号棒针
【材料】粉红色粗棉线400g
【密度】10cm²：18针×24行
【制作过程】

1. 后片：为两片编织，先织后摆片。起70针，先织10行花样A，从第11行起改织花样B，不加减针往上织至78行后，第79行在两侧制作褶皱，如结构图所示，再改织花样A，织10行后，收针断线。后摆片共织37cm

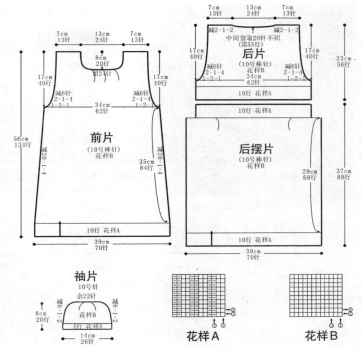

长。另起针编织后片，起62针，编织花样A，织10行后，改织花样B，织至16行后，两侧开始袖窿减针，方法为1-2-1、2-1-4，织至52行，从第53行开始后领减针，方法是中间留取20针不织，两侧各减2针，织至56行后，两肩部各余下13针。后片共织23cm长。 2. 前片：为一片编织，从衣摆往上编织。起70针，先织10行花样A，从第11行起改织花样B，一边织一边两侧减针，方法为20-1-4，织至94行，从第95行起，两侧开始袖窿减针，方法为1-2-1、2-1-4，织至114行后，第115行将织片中间24针留取不织，两侧各余下13针不加减针织至134行后，收针断线。前片共织56cm长。编织完成后，将前后片侧缝缝合，注意缝合侧缝时，将后摆片的上部花样A，叠于后片下部花样A下面，再将肩缝缝合。 3. 袖片：起26针，起织花样A，织4行后，从第5行开始改织花样B，两侧同时减针，方法为6-1-2，两侧的针数各减5针，织至20行时，收针断线。用同样的方法再编织另一袖片。缝合方法：将袖山对应前片与后片的袖窿线用线缝合，袖顶制作两个褶皱，再将两袖侧缝对应缝合。

246

【成品尺寸】衣长60cm 胸围74cm 袖长42cm
【工具】3.5mm棒针
【材料】白色、粉红色羊毛绒线 扣子3枚 绳子1条 腰间装饰花边1条
【密度】10cm²：20针×28行
【制作过程】1. 前片：分左右两片编织，左前片按图起37针，织12cm全下针后，按图示均匀减针，收成袖窿，其中门襟留10针织单罗纹，用同样方法编织右前片。后片：分上下两片编织，上片按图起74针，织12cm全下针。左右两边按图示均匀减针，收成袖窿。下片按编织方向起60针，织74cm全下针，并间色。 2. 袖片：按图起40针，织10cm双罗纹后，改织全下针，织至21cm后按图示均匀减针，收成袖山。 3. 缝合：编织结束后，将前片、后片、袖片缝合。下片打皱褶与上片缝合。 4. 帽子：另织，并与领缝合。帽缘挑针，织5cm下针，折边缝合，形成双层帽缘。 5. 装饰：缝上扣子和腰间装饰花边。系上帽子绳。

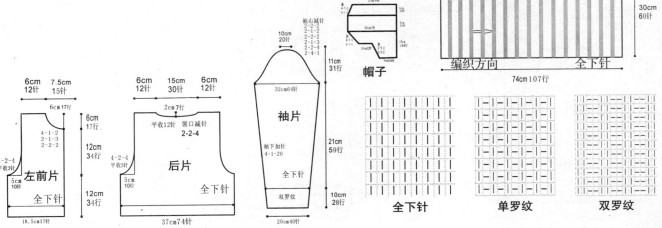

【成品尺寸】衣长38cm　胸围70cm　袖长34cm
【工具】3.5mm棒针　绣花针
【材料】粉红色　白色羊毛绒线　拉链1条　亮片少许　绣花图案若干
【密度】10cm²：20针×28行
【制作过程】1. 前片：分左右两片编织，左前片按图起35针，织5cm双罗纹后，改织全下针，并间色，按图示收成袖窿，用同样方法编织右前片。　2. 后片：按图起70针，织5cm双罗纹后，改织全下针，左右两边按图收成袖窿。前后领各按图示均匀减针，形成领口。　3. 袖片：按图起36针，织5cm双罗纹后，改织全下针，并间色，织至20cm后按图示均匀减针，收成袖山。　4. 缝合：编织结束后，将前片、后片、袖片缝合。　5. 领：挑针，织10cm双罗纹，并间色，折边缝合，形成双层开襟圆领。　5. 装饰：缝上拉链、亮片和绣花图案。

247

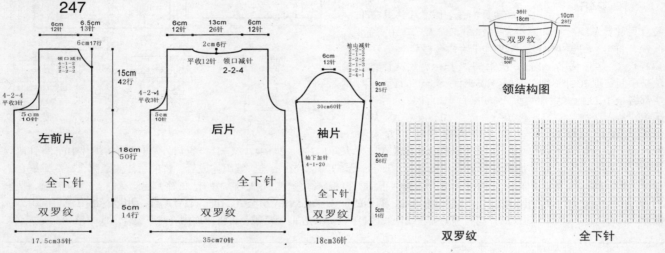

领结构图

双罗纹　　全下针

248

【成品尺寸】衣长47cm　胸围74cm　袖长42cm
【工具】3.5mm棒针
【材料】浅枚红色羊毛绒线
【密度】10cm²：20针×28行
【制作过程】1. 前片、后片：按图起74针，织3cm双罗纹后，改织花样，左右两边按图示收成袖窿。前后领各按图示均匀减针，形成领口。　2. 袖片：按图起40针，织3cm双罗纹后，改织花样，织至30cm后按图示均匀减针，收成袖山。　3. 缝合：编织结束后，将前片、后片、袖片缝合。　4. 领：挑针，织18cm双罗纹后，形成高领。

全下针

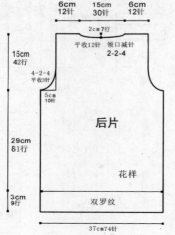

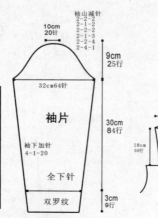

双罗纹

领

花样

【成品尺寸】衣长67cm　胸围74cm　袖长42cm

【工具】3.5mm棒针　绣花针

【材料】粉红色羊毛绒线　绣花图案若干

【密度】10cm²：20针×28行

【制作过程】1. 前片、后片：按图起84针，织20cm花样后，改织10cm单罗纹，再织全上针，前胸的位置织双罗纹，左右两边按图示收成袖窿。前、后领各按图示均匀减针，形成领口。　2. 袖片：按图起40针，织10cm双罗纹后，改织全上针，织至21cm后按图示均匀减针，收成袖山。　3. 缝合：编织结束后，将前片、后片、袖片缝合。　5. 领带：另起10针，织280行双罗纹后，将中间部分与领圈缝合，多余部分打结，形成领带。绣上绣花图案。

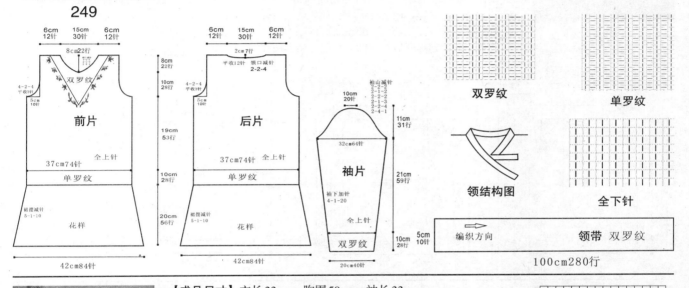

249

【成品尺寸】衣长33cm　胸围50cm　袖长33cm

【工具】11号棒针

【材料】粉色毛线400g

【密度】10cm²：30针×32行

【制作过程】1. 后片：起90针，织花样A，织至20cm后收袖窿，先平收2针，然后隔1行减1针，减2行，织至30cm后收肩，先平收4针，再隔1针收1针，收2行。　2. 左右前片：起45针，织花样C，织9cm后开始从侧边挑30针连同5针，共35针织花样C，织4行，接着织花样B，同时在30针处加1针，每隔1行加1针，加5次在靠近花样B处空3针加花样C，织至20cm后开始收袖窿（方法同后片）。　3. 袖片：起44针，织花样A，织袖管要加针，每4行加1针，加6次，使针数加到46针，织至20cm后，开始收袖山，两边各平收2针，再每隔1行两边各收1针，共收6次，剩余针数全部平收。　4. 领：起80针，织花样D8cm。

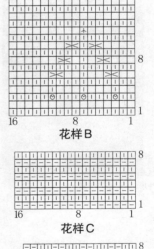

250

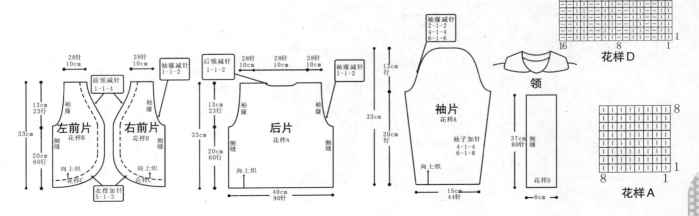

251

【成品尺寸】衣长35cm　胸围50cm　袖长33cm
【工具】12号棒针
【材料】粉红色350g　蝴蝶贴布2幅
【密度】10cm²：48针×50行
【制作过程】1. 后片：起120针，织花样C，将花样C对折缝合后，织花样A至20cm后开始收袖窿，两边各平收6针。再每隔4行两边各减1针，共减6次。织至33cm后开始收肩和后领窝，每隔1行两边各收1针，共收2次，织至35cm后，平收。
2. 前片：编织方法与后片相同（织至28cm后开始留前领窝，先平收20针，再每隔1行两边各收1针，共收6次）。
3. 袖片：起68针，织花样C，将花样C对折缝合后织花样A，每隔4行两边各加1针，加10次，再每隔6行两边各加1针，加6次，织至20cm后开始收袖山，两边各平收2针，再每隔4行收1针收10次，织至33cm后平收。
4. 领：起240针，织花样B5cm后，收针，对折缝合。
5. 缝合：缝合前片、后片、袖片及领。贴上贴布。

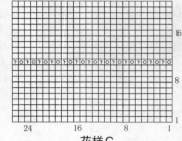

花样C

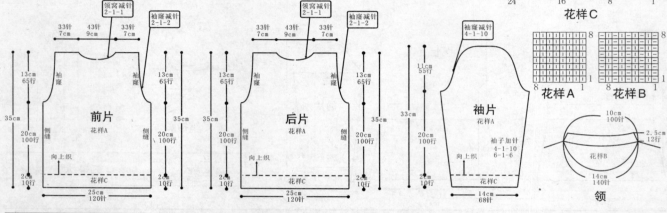

花样A　　花样B

领

252

【成品尺寸】衣长47cm　胸围74cm　袖长42cm
【工具】3.5mm棒针
【材料】粉红色羊毛绒线
【密度】10cm²：20针×28行
【制作过程】1. 前片、后片：按图起74针，织10cm单罗纹后，改织花样，左右两边按图示收成袖窿。前后领各按图示均匀减针，形成领口。　2. 袖片：按图起40针，织10cm单罗纹后，改织花样，织至21cm后按图示均匀减针，收成袖山。　3. 缝合：编织结束后，将前片、后片、袖片缝合。　4. 领：挑针，按领口花样图解织5cm单罗纹，形成V领。

单罗纹

花样

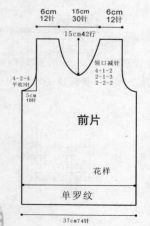

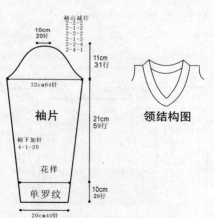

领结构图

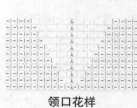

领口花样

全下针

【成品尺寸】衣长47cm　胸围72cm　袖长46cm

【工具】3mm棒针

【材料】灰色羊毛线300g　藏蓝色毛线50g　白色毛线10g　砂色线少许　布贴1套　拉链1条

【密度】10cm²：24针×30行

【制作过程】1. 后片：起86针，配色编织双罗纹针6cm，然后改织平针，织26cm后如图示收针，还剩2cm时收后领。　2. 前片：起44针，配色编织双罗纹针6cm，然后如图在袖窿侧编入4组双罗纹，其余针数织平针，织26cm后收袖窿，然后在适合位置如图配色编织，还剩6cm时收前领，编织2片。　3. 袖片：起44针，配色编织双罗纹针6cm，然后用砂色线编织平针，织30cm后收袖山，编织2片。　4. 缝合：将前片、后片与袖片进行缝合。　5. 领：用藏蓝色毛线挑起84针，编织双罗纹针48行，然后往里缝成双层领。　6. 沿着门襟与领的边挑120针，编织单罗纹针12行后，往里折双层缝合。将拉链藏在下面。贴上布贴。

平针

双罗纹

253

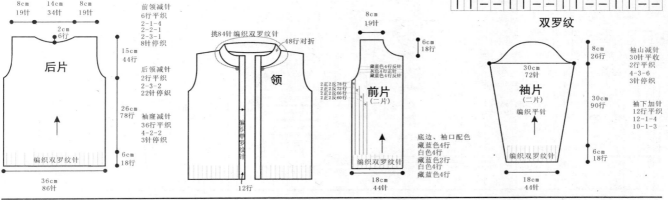

【成品尺寸】衣长47cm　胸围74cm　连肩袖长47cm

【工具】3.5mm棒针

【材料】白色、湖蓝色羊毛绒线　装饰图案若干　拉链1条

【密度】10cm²：20针×28行

【制作过程】1. 前片、后片：按图起74针，织3cm全下针后，改织8cm双罗纹，再织全下针，并间色，前片织至20cm时，分左右两边编织，袖窿按图示收成插肩袖。前后领各按图示均匀减针，形成领口。　2. 袖片：按图起40针，织3cm全下针后，改织10cm双罗纹，再织全下针，并间色，织至20cm按图示均匀减针，收成插肩袖山。　3. 缝合：编织结束后，将前片、后片、袖片缝合。领窝挑针，织10cm双罗纹，形成立领。　4. 装饰：缝上装饰图案和拉链。

领结构图

双罗纹

254

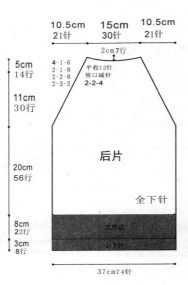

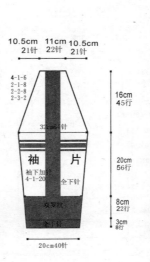

双罗纹

全下针

255

【成品尺寸】衣长49cm　胸围72cm　袖长46cm
【工具】3mm棒针
【材料】灰色棉线300g　深蓝色毛线30g　橙色毛线50g　布贴1套
【密度】10cm²：24针×30行
【制作过程】1. 后片：起86针，编织双罗纹针6cm，然后改平针编织，织28cm后如图示收针，还剩2cm时收后领。　2. 前片：编织方法与后片相同，还剩6cm时收前领。　3. 袖片：起60针，先编织2cm双罗纹针，然后改织平针10cm后收袖山。接着在双罗纹与平针交界处挑针60针，从上往下如图配色编织平针，并如图示进行减针。最后再编织5cm双罗纹针，编织2片。　4. 帽子：起10针，如图示进行配色编织，并加针加至38针，然后不加不减针编织24cm，编织2片，并缝合在一起。　5. 缝合：将前片、后片与袖片进行缝合，然后再将帽子缝合，最后在帽沿处挑180针，编织10行双罗纹针。　6. 胸前布贴在适合位置固定好。

平针

双罗纹

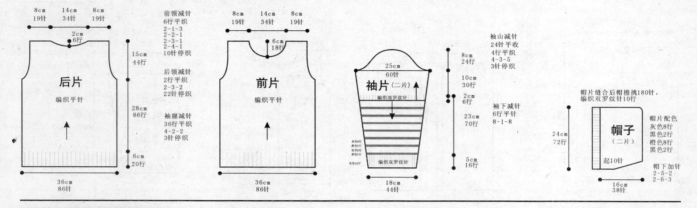

8cm　14cm　8cm
19针　34针　19针

2cm
6行

后片
编织平针

15cm
44行

28cm
86行

6cm
20行

36cm
86针

前领减针
6行平织
2-1-3
2-2-1
2-3-1
2-4-1
10针停织

后领减针
2行平织
2-3-2
22针停织

袖窿减针
36行平织
4-2-2
3针停织

8cm　14cm　8cm
19针　34针　19针

6cm
18行

前片
编织平针

36cm
86针

袖山减针
24针平收
4行平织
4-3-5
3行停织

25cm
60针

袖片(二片)

编织双罗纹针

编织双罗纹针

18cm
44针

8cm
24行

10cm
30行

2cm
6行

23cm
70行

5cm
16行

袖下减针
6行平织
8-1-8

帽片缝合后帽檐挑180针，
编织双罗纹针10行

帽子
(二片)

起10针

24cm
72行

16cm
38针

帽片配色
灰色8行
黑色2行
橙色8行
黑色2行

帽下加针
2-5-2
2-6-3

256

【成品尺寸】衣长47cm　胸围74cm　连肩袖长42cm
【工具】3.5mm棒针　绣花针
【材料】灰色羊毛绒线　绣花图案若干　拉链1条
【密度】10cm²：20针×28行
【制作过程】1. 前片：分左右两片编织，分别按图起36针，织10cm双罗纹后，改织全下针，左右两边按图示收成插肩袖。　2. 后片：按图起74针，织10cm双罗纹后，改织全下针，左右两边按图示收成插肩袖。前后领各按图示均匀减针，形成领口。　3. 袖片：按图起40针，织10cm双罗纹后，改织全下针，织至21cm后按图示均匀减针，收成插肩袖山。袖子中间按图配色。　4. 缝合：编织结束后，将前片、后片、袖片缝合。　5. 帽子：另织，并与领缝合。　6. 门襟：另织，与帽缘至门襟缝合。　7. 装饰：绣上绣花图案，装上拉链。衣袋另织，与前片缝合。

全下针

双罗纹

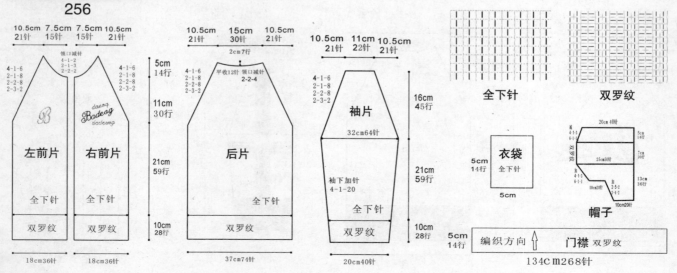

10.5cm　7.5cm　7.5cm　10.5cm
21针　15针　15针　21针

领口减针
4-1-2
2-1-3
2-2-2

4-1-6
2-1-8
2-2-8
2-3-2

4-1-6
2-1-8
2-2-8
2-3-2

左前片
全下针

右前片
全下针

双罗纹
18cm36针

双罗纹
18cm36针

5cm
14行

11cm
30行

21cm
59行

10cm
28行

10.5cm　15cm　10.5cm
21针　30针　21针

2cm7行

平收12针　领口减针
4-1-6　2-2-4
2-1-8
2-2-8
2-3-2

后片
全下针

双罗纹
37cm74针

10.5cm　11cm　10.5cm
21针　22针　21针

4-1-6
2-1-8
2-2-8
2-3-2

袖片

袖下加针
4-1-20

全下针

双罗纹
20cm40针

16cm
45行

21cm
59行

10cm
28行

5cm
14行

衣袋
全下针

5cm

20cm 40针

4-1-1

5cm
14行

25cm50针

7cm
20行

13cm
36行

10cm20针

2-5-2

10cm20针

帽子

编织方向↑　门襟 双罗纹

5cm
14行

134cm268针

222

【成品尺寸】 衣长47cm 胸围72cm 袖长44cm

【工具】 2.5mm棒针

【材料】 藏蓝色棉线250g 白色毛线100g 黄色毛线100g 布贴1套 拉链1条

【密度】 10cm²：30针×36行

【制作过程】 1. 后片：起108针，如图示配色编织双罗纹针6cm，然后用藏蓝色棉线进行平针编织，在离衣领长2cm处收后领。 2. 前片：起54针，用与后片相同方法编织，在离衣领长6cm处收前领，编织2片。 3. 袖片：起54针，如图示配色编织双罗纹针6cm，然后配色编织平针，编织2片。 4. 缝合：将前片、后片与袖片进行缝合。 5. 领：挑起144针，配色编织双罗纹针40行，然后往里缝成双层领。 6. 沿着门襟衣领边挑起152针，编织单罗纹针8行，然后再里折缝合。将拉链藏于门襟边下。贴上布贴。

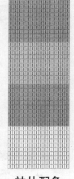

袖片配色

257

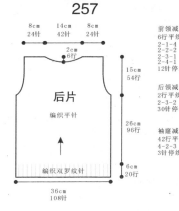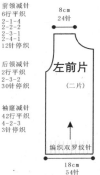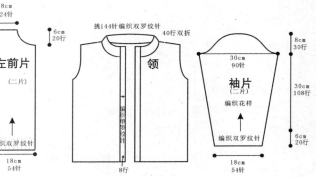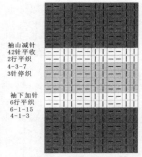

袖片、下摆、领配色

【成品尺寸】 衣长45cm 胸围72cm 袖长44cm

【工具】 2.5mm棒针

【材料】 深蓝色羊毛线300g 白色毛线30g 布贴1套

【密度】 10cm²34针×46行

【制作过程】 1. 后片：用白色毛线起122针，先编织双罗纹针6行后，再换深蓝色羊毛线织5cm，然后织平针，织25cm后收袖窿，在离衣领长2cm处收后领。 2. 前片：起122针，编织方法与后片相同，在离衣领长4cm处收前领。 3. 袖片：用白色毛线起62针，编织双罗纹针6行后，换深蓝色羊毛线编织至5cm，然后织平针31cm后收袖山，并配色编织，编织2片。 4. 缝合：将前片、后片与袖片进行缝合。 5. 领：挑128针，配色编织双罗纹针24行。

258

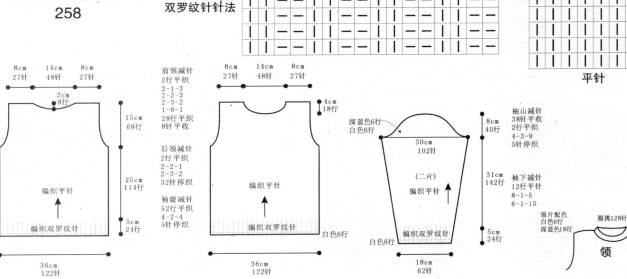

【成品尺寸】衣长47cm　胸围74cm　袖长42cm
【工具】3.5mm棒针　绣花针
【材料】白色羊毛绒线500g　绣花图案若干
【密度】10cm²：20针×28行
【制作说明】1. 前片、后片：按图起74针，织5cm双罗纹后，改织24cm全下针，左右两边按图示收成袖隆。前后领各按图示均匀减针，形成领口。　2. 袖片：按图起40针，织10cm双罗纹后，改织全下针，织至21cm后按图示均匀减针，收成袖山。　3. 缝合：编织结束后，将前片、后片、袖片缝合。　5. 领：另织，并与领圈缝合，形成叠领。　6. 装饰：绣上绣花图案。

259

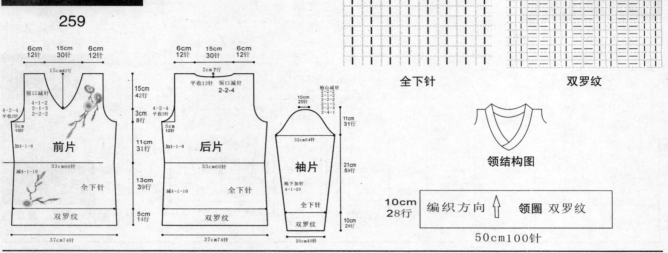

全下针　　双罗纹

领结构图

10cm 28行　编织方向↑　领圈 双罗纹
50cm100针

【成品尺寸】衣长25cm　胸围22cm　袖长28cm
【工具】4mm棒针　2mm棒针
【材料】白色纯棉线500g　直径1.5cm珠子6颗
【密度】10cm²：20针×32行
【制作过程】1. 前片：起机器边16针，编织花样A17行后，均匀减针成13针，编织花样B，按图示前片腰身加减针，织9cm后按图示减针形成袖隆。　2. 后片：起机器边54针，编织花样A17行后，均匀减针成40针，编织花样B，按图示腰身加减针，织9cm后按图示减针形成袖隆、后领口。　3. 袖片：袖片用直径4mm棒针编织，起36针，编织花样A15行后，均匀减针成20针，编织花样B，按图示加针，织18cm后按图示减针形成袖山。　4. 前领片起54针，编织花样C，织32行后收针。后领片起30针，编织花样C，按图示加针，织21行后收针。　5. 用直径2mm棒针编织绑条、衫耳，绑条起20针，编织花样D，织100cm后收针；衫耳起4针，编织花样B，织5cm后收针，编织两条。　6. 两条衫耳放在后腰位置与后片缝合，袖片缝合，前片再缝合编织花样C的领片，最后将绑条穿进衫耳。

260

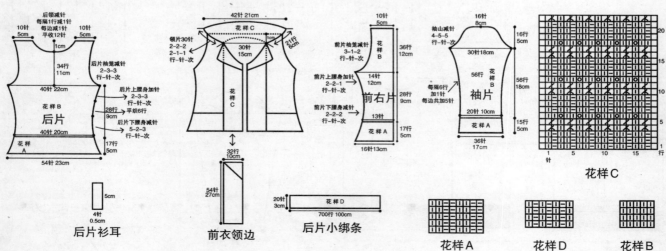

花样C

花样A　　花样D　　花样B

224

【成品尺寸】衣长52cm　胸围74cm　连肩袖长47cm

【工具】3.5mm棒针

【材料】白色羊毛绒线　粉红色毛线若干　扣子5枚

【编织密度】10cm²：20针×28行

【制作说明】1. 前片、后片：按图起74针，织10cm双罗纹后，改织全下针，并编入图案，左右两边按图示收成插肩袖。前后领各按图示均匀减针，形成领口。　2. 袖片：按图起40针，织21cm双罗纹后，改织全下针，并编入图案，织至10cm后按图示均匀减针，收成插肩袖山。　3. 缝合：编织结束后，将前片、后片、袖片缝合，左肩门襟不用缝合。　4. 领：以左肩门襟为中心挑针，织13cm双罗纹，形成翻领。　5. 门襟：另织5cm双罗纹，与左肩门襟缝合。　6. 装饰：缝上扣子。

261

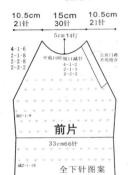

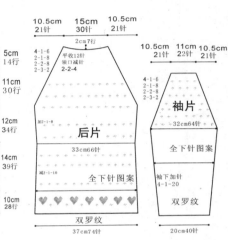

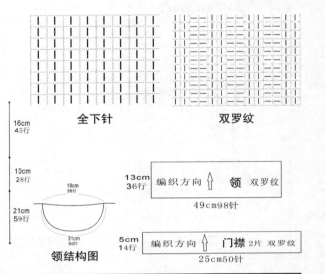

全下针　　双罗纹

领结构图

【成品尺寸】衣长47cm　胸围74cm　连肩袖长42cm

【工具】3.5mm棒针

【材料】黑色、白色、红色羊毛绒线　绣花图案若干　拉链1条

【密度】10cm²：20针×28行

【制作过程】1. 前片：分左右两片编织，分别按图起36针，织10cm单罗纹后，改织全下针，并间色，左右两边按图示收成插肩袖。　2. 后片：按图起74针，织10cm单罗纹后，改织全下针，并间色，左右两边按图示收成插肩袖。前后领各按图示均匀减针，形成领口。　3. 袖片：按图起40针，织10cm单罗纹后，改织全下针，并间色，织至21cm后按图示均匀减针，收成插肩袖山。　4. 编织结束后，将前片、后片、袖片缝合。领圈挑针，织10cm单罗纹，形成立领。　5. 门襟：另织5cm单罗纹，折边缝合，形成双层门襟。　6. 装饰：绣上绣花图案，装上拉链。

262

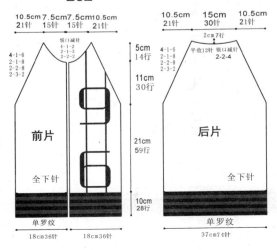

单罗纹　　全下针

263

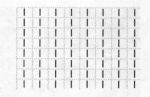

全下针

双罗纹

【成品尺寸】衣长47cm　胸围74cm　袖长42cm
【工具】3.5mm棒针　绣花针
【材料】深蓝色羊毛绒线　白色、浅蓝色毛线少许　绣花图案若干　拉链1条
【密度】10cm²：20针×28行
【制作过程】1. 前片：分左右两片编织，分别按图起37针，织10cm双罗纹后，改织19cm全下针，并间色，左右两边按图示收成袖窿。　2. 后片：按图起针，织10cm双罗纹后，改织19cm全下针，并间色，左右两边按图收成袖窿。前后领各按图示均匀减针，形成领口。　3. 袖片：按图起40针，织10cm双罗纹后，分左右两片编织，并改织全下针，织至21cm后按图示均匀减针，收成袖山，袖中衬边另织5cm双罗纹，并间色，与衣袖缝合，多余部分与肩部缝合。　4. 缝合：编织结束后，将前片、后片、袖片缝合。　5. 领：挑针，织20cm双罗纹，折边缝合，形成双层翻领。　6. 门襟：拉链边另织，折边缝合，形成双层门襟拉链边，装上拉链，绣上绣花图案。

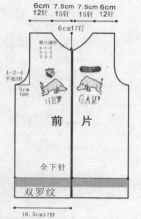

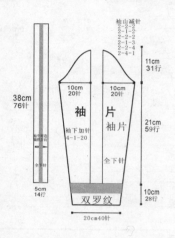

领结构图

264

【成品尺寸】衣长47cm　胸围72cm　袖长44cm
【工具】3mm棒针
【材料】深蓝色羊毛线250g　红色、白色、黄色、天蓝色、棕色毛线各20g　布贴1套　拉链1条
【密度】10cm²：30针×36行
【制作过程】1. 后片：用深蓝色羊毛线起108针，编织双罗纹针6cm，然后改织平针，织26cm后收袖窿，在离衣领长2cm处收后领。　2. 前片：起54针，用与后片相同方法编织，在离衣领长6cm处收前领，编织2片。　3. 袖片：用深蓝色羊毛线起54针，编织双罗纹针22行，然后继续配色编织双罗纹针，织30cm后收袖山，编织2片。　4. 缝合：将前片、后片与袖片进行缝合。　5. 领：挑起144针，配色编织双罗纹针48行后对折缝合。　6. 沿着门襟衣领边挑起152针，编织单罗纹针8行，然后再里折缝合，将拉链藏于门襟边下。

平针

双罗纹

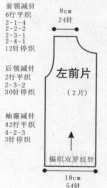

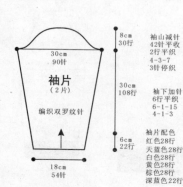

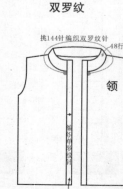

【成品尺寸】衣长49cm　胸围72cm　袖长44cm
【工具】2.5mm棒针
【材料】墨绿色羊毛线250g　草绿色毛线50g　白色毛线少许　绿色格子布40cm×40cm　拉链1条
【密度】10cm²：24针×30行
【制作过程】1. 后片：起86针，如图示配色编织双罗纹针5cm，然后用墨绿色羊毛线织平针，织29cm后收袖窿，在离衣领长2cm处收后领。　2. 前片：起86针，用与后片相同方法编织，在离衣领长10cm处收前领。　3. 袖片：起44针，编织双罗纹针5cm，然后如图示改织平针，织30cm后换白色毛线开始收袖山，编织2片。　4. 缝合：将前片、后片与袖片进行缝合。　5. 领：挑72针，配色编织双罗纹针48行后对折缝合。　6. 沿着门襟边线挑28针编织单罗纹针12行，然后再里折缝合。将拉链藏于门襟边下。

265

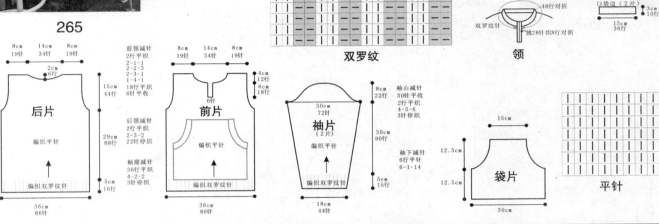

双罗纹　　领　　口袋边（2片）

后片　编织平针　编织双罗纹针
前片　编织平针　编织双罗纹针
袖片（2片）编织平针
袋片　平针

【成品尺寸】衣长44cm　胸围54cm　袖长46cm
【工具】10号棒针　12号棒针　1.5mm钩针
【材料】咖啡色粗棉线300g　咖啡色中细棉线50g
【密度】10cm²：12针×18行
【制作过程】

266

1. 后片：下针起针法起8针，起织花样A，一边织一边两侧加针，方法为2-2-4，2-1-6，4-1-2，两侧各加16针，织至28行，然后不加减针往上编织，织至48行后，改织花样B，织至52行后，两侧同时减针2针，然后织成插肩袖窿，减针方法为2-1-12，两侧针数减少12针，织至76行后，余下12针。　2. 前片：下针起针法起8针，起织花样A，一边织一边两侧加针，方法为2-2-4，2-1-6，4-1-2，两侧各加16针，织至28行，然后不加减针往上编织，织至48行后，改织花样B，织至52行后，两侧同时减针2针，然后织成插肩袖窿，插肩减针方法为2-1-12，两侧针数减少12针，织至70行后，织片内侧减针织成衣领，方法为2-2-1，2-1-2，织至76行后，收针断线。前片与后片的两侧缝对应缝合。　3. 袖片：下针起针法，起26针，编织花样B，一边织一边两侧加针，加10-1-5，两侧的针数各增加5针，将织片织成36针，共织54行。接着就编织袖山，两侧同时减针2针，然后织成插肩袖山，减针方法为2-1-12，两侧针数减少12针，织至82行后，余下8针。用同样的方法再编织另一袖片。缝合方法：将袖山插肩线对应前片与后片的插肩袖窿线，用线缝合，再将两袖侧缝对应缝合。

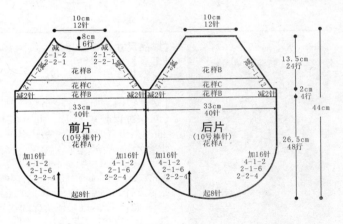

前片（10号棒针）花样A
后片（10号棒针）花样A

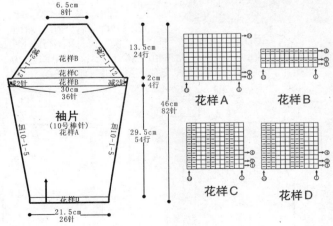

袖片（10号棒针）花样A
花样A　花样B　花样C　花样D

267

【成品尺寸】衣长48cm　胸围56cm　袖长55cm
【工具】12号棒针
【材料】土黄色花股线300g　褐色毛线150g　粉色花股线适量　土黄色线适量　白色珠子3颗
【密度】10cm²：40针×40行
【制作过程】1. 前片、后片：起40针，织花样A，每隔1行两边各加1针，织24次，织至30cm后（28cm后开始织花样B，再织8cm后换线）收肩，每隔1行收1针，织至43cm后留前领窝（后片织至45cm时留后领窝）中间平收14针，再每隔1行收1针，收8次。　2. 袖片：起54针织花样B7cm后，每隔1行两边各加1针，加6次，再每隔1行两边各加1针，加8次，织花样A至30cm后（13cm处换线，40cm处换线织花样A，再织8cm后换线）开始收袖山，每隔1行减1针，织至55cm时全部平收。　3. 领：缝合前片、后片后，挑起领围88针，织花样B织至16cm后，收针。　4. 钩针花样：钩出装饰图案小花（钩好花样C、花样D、花样E，按大小依次缝合），参照毛衣成品缝图案，最后缝小珠子；把土黄色花股线减成等份的段，对折，依次系在衣摆上（如图）。

花样F

花样E　　花样D　　花样C

花样B

领

花样A

前片 花样A

后片 花样A

袖片

268

【成品尺寸】衣长48cm　胸围50cm　袖长42cm
【工具】12号棒针
【材料】西瓜红毛线300g　白色小球毛线150g　粉色小球毛线50g　烫钻7颗
【密度】10cm²：40针×40行
【制作过程】1. 后片：起108针，织花样B5cm后，改织花样A，织至33cm后开始收袖窿，两边各平收2针。然后隔1行减1针，共收4次。织至45cm后开始收肩和后领窝，一起平收20针。　2. 前片：起108针，织花样B，织5cm后织花样A，织至31cm时换粉色小球线，斜着织2cm，织至33cm后（注意花样C和花样D的运用）开始收袖窿，两边各平收2针，然后隔1行减1针，共收4次。（织至42cm后开始留前领窝，先平收16针，再每隔1行两边各收1针，共收2次）　3. 袖片：起60针，织单罗纹（花样B），织至5cm后开始织花样A，织至12cm后开始加针，每隔1行两边各加1针，加4次，再每隔6行两边各加1针，加6次，织至30cm后开始收袖山，两边各平收2针，然后再每隔1行收1针，收2次，再每隔6行收1次，收4次，再每隔2行两边各收2针，收2次，最后平收。　4. 领：挑起领围80针，织花样B织至10cm后，收针。　5. 缝合：缝合前片、后片、袖片。注：前片斜纹毛线交替；领子用两种线各织5cm。

领

花样A

花样B

花样C

花样D

前　片 花样A

花样B

后片 花样A

花样B

袖片 花样A

花样B

269

【成品尺寸】衣长48cm　胸围56cm　袖长45cm
【工具】12号棒针
【材料】大红色毛线450g　黑色、白色、暗红色毛线各适量
【密度】10cm²：42针×42行
【制作过程】1. 后片：起108针，织花样B7cm后，改织花样A，织至33cm后开始收袖窿，两边各平收2针，然后隔1行减1针，共收4次。织至45cm后开始收肩和后领窝，一起平收20针。
2. 前片：编织方法与后片相同（织至42cm后开始留前领窝，先平收16针，再每隔1行两边各收1针，共收2次）。 3. 袖片：起60针，织花样B，织至7cm后开始织花样A，织至12cm后开始加针，每隔1行两边各加1针，加4次，再每隔6行两边各加1针，加6次，织至32cm后开始收袖山，两边各平收2针，然后再每隔1行减1针，减2次，再每隔6行减1针，减4次，再每隔2行两边各减2针，减2次，最后平收。 4. 帽子：起92针，中间留1针，开始织上针，在中间1针的两边隔1行两边各加1针，织至28cm收针。 5. 缝合：缝合前片、后片、袖片及帽子；参考毛衣成品图缝制图案。

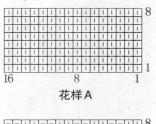

花样A

花样B

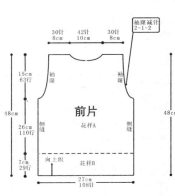

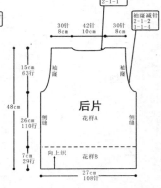

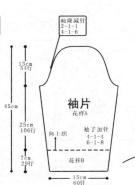

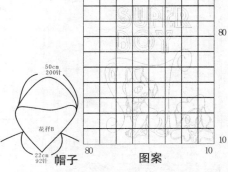

前片　后片　袖片　帽子　图案

270

【成品尺寸】衣长48cm　胸围56cm　袖长45cm
【工具】12号棒针
【材料】大红色毛线400g　蓝色、黄色毛线各50g　黑色毛线少量　绿色、黄色丝带各1卷　粉红色珠子40颗　拉链1条
【密度】10cm²：30针×40行
【制作过程】1. 后片：起88针，织花样C7cm（大红色3cm、黄色1cm、蓝色1cm、大红色2cm）后，改织花样B，织至33cm后收袖窿，先平收2针，然后隔1行两边各收1针，收4次。再织至45cm时收后领窝，先平收4针，再隔1针收1针，收2行。领窝平收20针，然后将收肩织至48cm。 2. 左右前片：起44针，织花样C7cm（大红色3cm、黄色1cm、蓝色1cm、大红色2cm）后，改织花样B和花样D，织至33cm时开始收袖窿，两边各平收2针，然后隔1行两边各收1针，收4次，织至42cm后开始收前领窝，在前襟上先平收4针，再每隔1行收1针，收6次，织至45cm开始收肩（方法同后片）。 3. 袖片：起54针，织花样C7cm（红色3cm、黄色1cm、蓝色1cm、红色2cm）后，改织花样A，织至31cm后开始收袖山，两边各平收2针，然后再每隔1行收1针，收2次，再每隔6行收1针，收4次，再每隔2行两边各减2针，收2次，最后平收。 4. 领：缝合前片、后片后，挑起领围88针，织花样C织至7cm（大红色3cm、黄色1cm、蓝色1cm、大红色2cm）后，收针。 5. 门襟：挑起170针，织花样C1cm后，收机器针，两边相同，最后缝上拉链及图案。

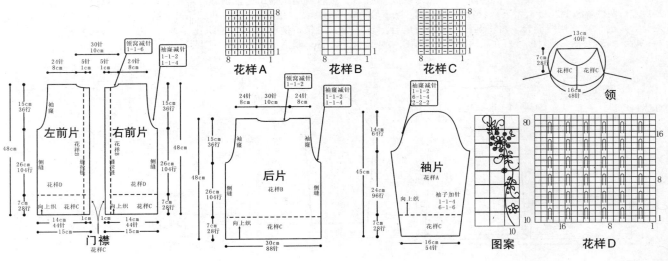

花样A　花样B　花样C　领　左前片　右前片　后片　袖片　门襟　图案　花样D

【成品尺寸】衣长34cm　胸围42cm　袖长32cm
【工具】11号棒针
【材料】桃红色毛线400g　白色毛线50g
【密度】10cm²：30针×32行
【制作过程】1. 左右前片：起44针，织花样B5cm后，改织花样A，在适当位置编入花样C，织至22cm后留袖窿，在两边各收2针，然后隔1行两边收1针，收4次。织至30cm后，留前领窝同时收肩，先平收4针，再隔1针收1针，收6次。　2. 后片：起98针织花样B5cm后，改织花样A，织至22cm后留袖窿，两边各平收2针，然后隔1行两边各收1针，收4次，织至32cm，这时针数为76针，把76针分为三等份，两肩各25针，中间26针留下不织，然后开始收斜肩，平收4针，两肩隔1行减1针，共减2行。（收领窝同时也收肩膀，同前片）　3. 袖片：起28针，织花样B，织至5cm后，改织花样A，织袖管要加针，每4行加1针，加6次，织至21cm，开始收袖山，两边各平收2针，再每隔1行两边各收1针，共收6次，剩余针数全部平收。
4. 领：起108针，织花样B，织至4cm后，全部平收。　5. 衣襟：从胸前连领共挑起100针，织花样B4cm。　6. 缝合：缝合前后片、领子及衣襟。

271

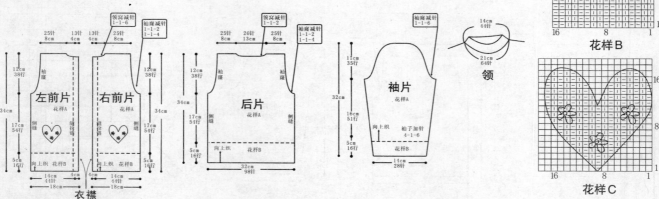

花样A

花样B

领

花样C

【成品尺寸】衣长62cm　胸围68cm　袖长51cm
【工具】12号棒针　1.5mm钩针
【材料】红色棉线500g　拉链1条
【密度】10cm²：26针×34行
【制作过程】1. 后片：为一片编织，从衣摆往上编织，双罗纹针起针法起104针，先织6行花样A后，改织花样C，一边织一边两侧减针，方法为30-1-5，织至152行，两侧开始袖窿减针，方法为1-4-1、2-1-5，织至206行，从第207行开始后领减针，方法是中间留取30针不织，两侧各减2针，织至210行后，两肩部各余18针。后片共62cm长。　2. 前片：为一片编织，从衣摆往上编织，起104针，先织6行花样A后，改织花样B，一边织一边两侧减针，方法为30-1-5，织至68行，改织花样E，花样E共织30行，然后改织花样C20行，然后将织片从中间分开成左右两片分别编织。先织左片，左片的右边是衣襟侧，织至152行后，左侧开始袖窿减针，方法为1-4-1、2-1-5，织至196行后，第197行将右侧收11针，然后开始减针织成前领，方法为2-2-2、2-1-2，减针后不加减针织至210行的总长度，肩部余下18针。前片共织62cm长。用同样的方法相反方向编织右前片。编织完成后，将前片、后片侧缝缝合，肩缝缝合。前衣襟处缝好拉链。　3. 袖片：起58针，起织花样D，两侧一边织一边加针，方法是12-1-10，两侧的针数各增加10针，织至106行后，改织花样C，织至130行时，将织片织成78针后，接着就编织袖山，袖山减针编织，两侧同时减针，方法为1-4-1、2-1-22，两侧各减少26针，织至174行后，最后织片余下18针，收针断线。用同样的方法再编织另一袖片。缝合方法：将袖山对应前片与后片的袖窿线用线缝合，再将两袖侧缝对应缝合。　4. 领：沿领口挑起74针，编织花样A，一边织一边两侧减针，方法为2-1-17，织34行后，收针断线。在领两侧钩织花样F，将两侧对称编织。最后沿领边钩织一圈荷叶边。

272

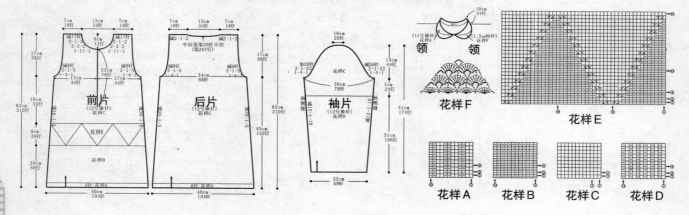

前片

后片

袖片

领　领

花样F

花样E

花样A　花样B　花样C　花样D

【成品尺寸】 衣长34cm　胸围42cm　袖长32cm
【工具】 11号棒针
【材料】 桃红色毛线400g　粉色绒布1块（贴花）
【密度】 10cm²：30针×32行
【制作过程】 1. 左右前片：起44针，织花样B5cm后，改织花样A，织至22cm后留袖窿，在两边各平收2针，然后隔1行两边收1针，收4次。织至30cm后，留前领窝同时收肩，先平收4针，再隔1针收1针，收6次。 2. 后片：起98针，织花样B5cm后，改织花样A，织至22cm后留袖窿，两边各平收2针，然后隔1行两边各收1针，收4次，织至32cm，这时针数为76针，把76针分为三等份，两肩各25针，中间26针留下不织，开始收斜肩，平收4针，两边隔1行减1针，共减2行。（收领窝同时也收肩膀，同前片） 3. 袖片：起28针织花样B，织至5cm后，改织花样A，织袖管要加针，每4行加1针，加6次，织至21cm后，开始收袖山，两边各平收2针，每隔1行两边各收1针，共收6次，剩余针数全部平收。 4. 领：起108针，织花样B，织至4cm后，全部平收。 5. 衣襟：从胸前连领共挑起100针，织花样B4cm。 6. 缝合前后片、领子及衣襟。用粉色绒布制作贴花。

273

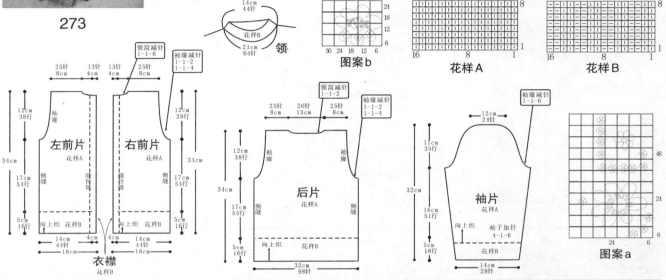

【成品尺寸】 衣长48cm　胸围53cm　袖长42cm
【工具】 12号棒针
【材料】 玫红色毛线400g　绿色、黄色、蓝色、白色、粉色、大红色毛线各适量　浅粉色小球绒线少许　黑色小珠子适量　拉链1条
【密度】 10cm²：42针×42行
【制作过程】 1. 后片：起108针，用浅粉色小球绒线织双罗纹花样B至7cm，织至33cm后收袖窿，先平收2针。然后隔1行两边各收1针，收4次。再织至45cm后收后领窝和肩，先平收4针，再隔1针收1针，收2行。领窝平收20针，然后将收肩织至48cm。 2. 左右前片：起50针，用浅粉色小球绒线织花样B7cm后，换粉色毛线织花样A，织至33cm后开始收袖窿，两边各平收2针，然后隔1行两边各收1针，收4次，织至42cm后开始收前领窝，在前襟上先平收4针，再每隔1行收1针，收6次，织至45cm后开始收肩（方法同后片）。 3. 袖片：起60针，用浅粉色小球绒线织花样B7cm后，换粉色毛线织花样A，每隔4行两边各加1针，加4次，再每隔6行两边各加1针，加8次，织至32cm后开始收袖山，两边各平收2针，然后每隔2行两边各减1针，减2次，再每隔3行两边各减1针，减8次，最后平收。 4. 领：缝合前后片后，挑起领围120针，织花样B至7cm后，收针。 5. 门襟：挑起170针，织单罗纹1cm后，收机器针，两边相同，最后缝上拉链。 6. 钩针花样：钩出装饰图案小花（花样C）和叶子（花样D），参照毛衣成品缝图案，最后缝小珠子。

274

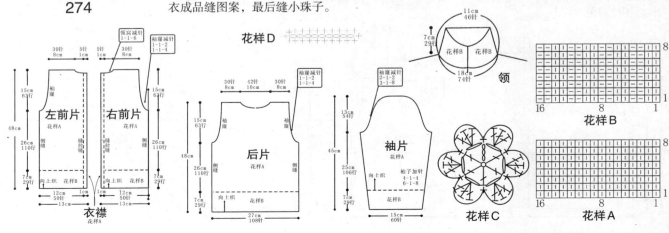

231

【成品尺寸】衣长47cm 胸围74cm 袖长42cm
【工具】3.5mm棒针 绣花针 小号钩针
【材料】白色羊毛绒线 绣花图案若干 拉链1条
【密度】10cm²：20针×28行
【制作说明】1. 前片：分左右两片编织，按图起37针，织10cm单罗纹后，改织花样A，左右两边按图示收成袖窿。 2. 后片：按图起针，织10cm双罗纹后，改织全下针，左右两边按图收成袖窿。领口：前后领各按图示均匀减针，形成领口。 3. 袖片：按图起40针，织10cm双罗纹后，改织花样B，织至21cm后按图示均匀减针，收成袖山。 4. 缝合：编织结束后，将前片、后片侧缝，并将肩部、袖片缝合。 5. 帽子另织，并与领缝合。 6. 门襟：拉链边另织，折边缝合，形成双层门襟拉链边。 7. 装饰：装上拉链，绣上绣花图案。帽缘用钩针钩织花边。

275

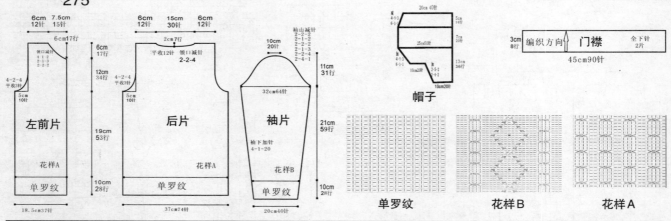

帽子

门襟

左前片
花样A
单罗纹

后片
花样A
单罗纹

袖片
花样B
单罗纹

单罗纹　　花样B　　花样A

【成品尺寸】衣长48cm 胸围56cm 袖长45cm
【工具】12号棒针
【材料】白色毛线400g 红色、绿色毛线各50g 圆珠子适量 长条珠子适量 亮片适量 布叶子12片
【密度】10cm²：42针×42行
【制作过程】1. 后片：起108针，织花样B，织7cm（红线5行、白线6行、红线4行、绿线4行、红线4行、绿线4行、白线4行）后，改织花样A，织至33cm后开始收袖窿，两边各平收2针，然后隔1行减1针，共收4次。织至45cm后开始收肩和后领窝，一起平收20针。 2. 前片：编织方法与后片相同（织至42cm时开始留前领窝，先平收16针，再每隔1行两边各收1针，共收2次）。 3. 袖片：起60针，织双罗纹（花样B），织至7cm（红线5行、白线6行、红线4行、绿线4行、红线4行、绿线4行、白线4行）后开始织花样A，织至12cm后开始加针，每隔1行两边各加1针，加4次，再每隔6行两边各加1针，加8次，织至35cm后开始收袖山，两边各平收2针，然后再每隔1

276

行收1针，收2次，再每隔4行收1次，收6次，再每隔2行两边各收2针，收2次，最后平收。 4. 领：挑起领围130针，织花样B织至7cm（红线5行、白线6行、红线4行、绿线4行、绿线4行、白线4行）后，收针。 5. 缝合：缝合前片、后片、袖片；参考毛衣成品图缝制图案。

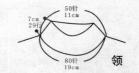

领

花样A

花样B

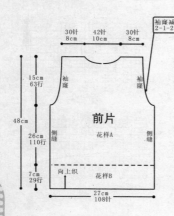

前片
花样A
向上织
花样B

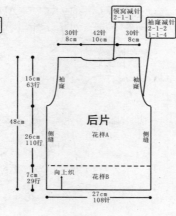

后片
花样A
向上织
花样B

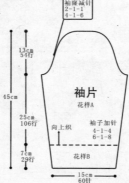

袖片
花样A
袖子加针
4-1-4
6-1-8
向上织
花样B

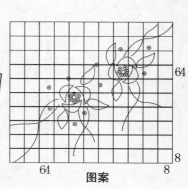

图案

【成品尺寸】衣长47cm 胸围72cm 袖长44cm
【工具】4mm棒针
【材料】白色羊毛线500g 黑色线50g 拉链1条
【密度】10cm²：20针×28行
【制作过程】1. 后片：用白色羊毛线起72针，配色编织双罗纹针6cm，然后织平针，织26cm后收袖窿，还剩2cm时收后领。 2. 前片：起36针，配色编织双罗纹针6cm，然后改织花样，织26cm后收袖窿，还剩6cm时收前领。编织2片。 3. 袖片：起36针，编织双罗纹针6cm，然后织平针30cm后收袖山，编织2片。 4. 帽子：起10针，然后如图示加针，编织24cm，编织2片，再缝合在一起。 5. 缝合：将前片、后片、袖片与帽子缝合好。 6. 沿着门襟衣帽子边挑起适合的针数编织双罗纹针16行，然后再里折缝合，将拉链藏于门襟边下。

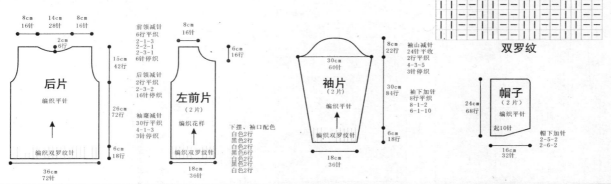

花样

双罗纹

277

后片 编织平针 编织双罗纹针
8cm 16针 14cm 28针 8cm 16针
2cm 6行
15cm 42行
前领减针 6行平织 2-1-3 2-2-1 2-3-1 6行停织
后领减针 2行平织 2-3-2 16行停织
26cm 72行
袖窿减针 30行平织 4-1-3 3针停织
6cm 18行
36cm 72针

左前片 （2片） 编织花样 编织双罗纹针
8cm 16针
6cm 16行
下摆、袖口配色 白色2行 黑色2行 白色2行 黑色6行 白色2行 黑色2行 白色2行
18cm 36针

袖片 （2片） 编织平针 编织双罗纹针
30cm 60针
8cm 22行
袖山减针 24针 平收 2行平织 4-3-5 3针停织
30cm 84行
袖下加针 8行平织 8-1-2 6-1-10
6cm 18行
18cm 36针

帽子 （2片） 编织平针 起10针 帽下加针 2-5-2 2-6-2
24cm 68行
16cm 32针

【成品尺寸】衣长48cm 胸围50cm 袖长42cm
【工具】12号棒针
【材料】藏蓝色毛线400g 红色小球毛线150g 西瓜红毛线、白色毛线、大红色毛线各适量 星星亮片28个 透明小珠子28个
【密度】10cm²：40针×40行
【制作过程】1. 后片：起108针，织花样B5cm后，改织花样A，织至33cm后开始收袖窿，两边各平收2针，然后隔1行减1针，共收4次。织至45cm后开始收肩和后领窝，一起平收20针。 2. 前片：编织方法与后片相同（织至42cm后开始留前领窝，先平收16针，再每隔1行两边各收1针，共收2次）。 3. 袖片：起60针，织双罗纹（花样B），织至5cm后开始织花样A，织至12cm后开始加针，每隔1行两边各加1针，加4次，再每隔6行两边各加1针，加6次，织至30cm后开始收袖山，两边各平收2针，然后再每隔2行收1针，收2次，再每隔6行收1次，收4次，再每隔2行两边各收2针，收2次，最后平收。 4. 领：挑起领围80针，织花样B10cm后，收针。 5. 缝合：缝合前片、后片、袖片；参考毛衣成品图缝制图案。注：两种毛线的交替；领用两种线各织5cm。

278

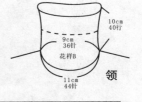

10cm 40行
9cm 36针
花样B
11cm 44针

领

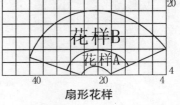

花样B
花样A

扇形花样

40 20 4 20

前片 花样A 花样B 侧缝 向上织
32针 8cm 40针 10cm 32针 8cm
袖窿减针 2-1-2 1-1-4
15cm 60行 15cm 60行
48cm 48cm
28cm 112行 28cm 112行
5cm 20行
27cm 108针

后片 花样A 花样B 侧缝 向上织
32针 8cm 40针 10cm 32针 8cm
领窝减针 2-1-1
袖窿减针 2-1-2 1-1-4
15cm 60行 15cm 60行
48cm 48cm
28cm 112行 28cm 112行
5cm 20行
27cm 108针

袖片 花样A 向上织 袖子加针 1-1-4 6-1-6
袖窿减针 2-1-1 6-1-4 2-1-2
12cm 48行
15cm 60行
42cm
25cm 100行
15cm 60针

花样A
16 8 1

花样B
16 8 1

279

【成品尺寸】衣长48cm　胸围50cm　袖长42cm
【工具】12号棒针
【材料】蓝色毛线300g　红色小球毛线150g　粉色小球毛线50g
【密度】10cm²：40针×40行
【制作过程】1. 后片：起108针，织5cm花样B，改织花样A，织至33cm后开始收袖窿，两边各平收2针，然后隔1行减1针，共收4次。织至45cm后开始收肩和后领窝，一起平收20针。
2. 前片：编织方法与后片相同（织至42cm后开始留前领窝，先平收16针，再每隔2行两边各收1针，共收2次）；横花纹织2行换一次线，纵花纹隔2针换一次线。　3. 袖片：起60针，织双罗纹（花样B），织至5cm后开始织花样A，织至12cm后开始加针，每隔1行两边各加1针，加4次，再每隔6行两边各加1针，加6次，织至30cm后开始收袖山，两边各平收2针，然后再隔1行收1针，收2次，再每隔6行收1针，收4次，再每隔2行两边各收1针，收2次，最后平收。　4. 领：挑起领围80针，织花样B10cm后，收针。
5. 缝合：缝合前片、后片、袖片；参考毛衣成品图缝制图案。注：两种毛线的交替；领用两种线各织5cm。

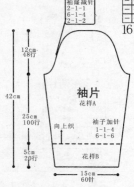

花样A

花样B

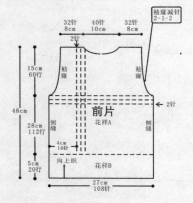

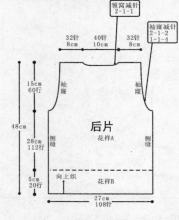

280

【成品尺寸】衣长48cm　胸围50cm　袖长42cm
【工具】12号棒针
【材料】暗红色毛线300g　红色小球毛线150g　粉红色小球毛线50g　星星亮片48个　透明小珠子48颗
【密度】10cm²：40针×40行
【制作过程】1. 后片：起108针，织花样B5cm后，改织花样A，织至33cm后开始收袖窿，两边各平收2针，然后隔1行减1针，共收4次。织至45cm后开始收肩和后领窝，一起平收20针。
2. 前片：起108针，织花样B5cm后，改织花样A，织至31cm后换粉色小球线，斜着织2cm，织至33cm后开始收袖窿，两边各平收2针。然后隔1行减1针，共收4次。（织至42cm后开始留前领窝，先平收16针，再每隔2行两边各收1针，共收2次）。
3. 袖片：起60针，织单罗纹（花样B），织至5cm后开始织花样A，织至12cm后开始加针，每隔1行两边各加1针，加4次，再每隔6行两边各加1针，加6次，织至30cm后开始收袖山，两边各平收2针，然后再每隔2行收1针，收1次，再每隔6行收1针，收4次，再每隔2行两边各收1针，收2次，最后平收。
4. 领：挑起领围80针，织花样B10cm后，收针。　5. 缝合：缝合前片、后片、袖片；参考毛衣成品图缝制图案。

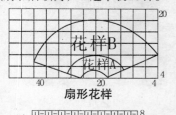

扇形花样

花样B

花样A

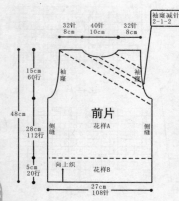

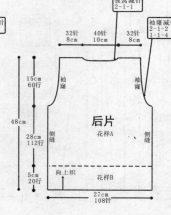

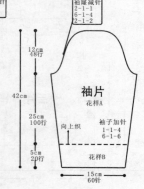

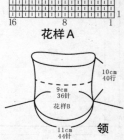

234

【成品尺寸】衣长38cm　胸围70cm　袖长34cm
【工具】3.5mm棒针
【材料】咖啡色羊毛绒线　粉红色长毛绒线　拉链1条　装饰图案若干
【密度】10cm²：20针×28行
【制作过程】1. 前片：分左右两片编织，按图起35针，织5cm双罗纹后，改织全下针，左右两边按图示收成袖窿。　2. 后片：按图起70针，织5cm双罗纹后，改织全下针，左右两边按图收成袖窿。前、后领各按图示均匀减针，形成领口。　3. 袖片：按图起36针，织5cm双罗纹后，改织全下针，织至20cm后按图示均匀减针，收成袖山。　4. 缝合：编织结束后，将前片、后片侧缝，并将肩部、袖片缝合。　5. 领：挑针，织10cm双罗纹，形成翻领。　6. 装饰：缝上拉链，绣上装饰图案。

281

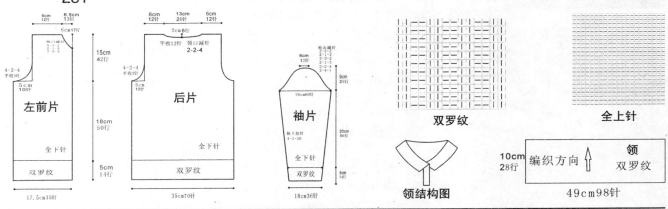

【成品尺寸】衣长56cm　胸围74cm　袖长52cm
【工具】12号棒针　防解别针
【材料】蓝色棉线共500g
【密度】10cm²：26针×34行
【制作过程】1. 前片、后片：下针起针法，起208针环织，起织花样A，共织68行后，改织花样B，织至184行，将织片分为前片和后片，前片与后片各取104针。先编织后片，而前片的针眼用防解别针扣住，暂时不织。分配后片的针数到棒针上，起织时两侧需要同时减针织成袖窿，减针方法为1-4-1，2-1-5，两侧针数减少10针，余下84针继续编织，两侧不再加减针，织至第187行时，中间留取38针不织，两端相反方向减针编织，各减少2针，方法为2-1-2，最后两肩部余下21针后，收针断线。前片的编织方法与后片相同，两侧袖窿减针方法也相同，织至第171行时，中间留取26针不织，两端相反方向减针编织，各减少8针，方法为2-2-2，2-1-4，最后两肩部余下21针后，收针断线。前片与后片的两肩部对应缝合。　2. 袖片：双罗纹针起针法，白色毛线起48针，编织花样C，织6行后，改织花样A，一边织一边两侧加针，加12-1-10，两侧的针数各增加10针，织至142行后，开始编织袖山。袖山减针编织，两侧同时减针，方法为1-4-1，2-1-17，两侧各减少21针，最后织片余下26针后，收针断线。用同样的方法再编织另一袖片。缝合方法：将袖片从内与袖山边重叠缝合，将袖山对应前片与后片的袖窿线，用线缝合，再将两袖侧缝对应缝合。　3. 领：挑起96针，编织花样A，织20cm的长度后，收针断线。

282

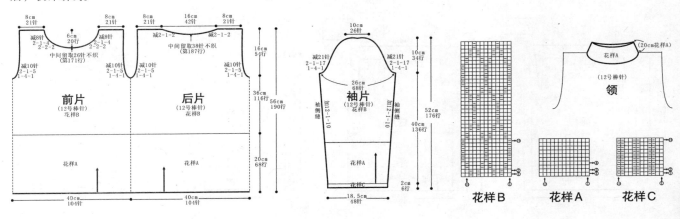

235

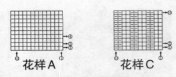

花样A　　花样C

【成品尺寸】衣长56cm　胸围74cm　袖长52cm
【工具】12号棒针
【材料】蓝色棉线500g
【密度】10cm²：26针×34行
【制作过程】1. 前片、后片：起208针，环织花样A，共织68行后，改织花样B，织至184行后，将织片分片，前片与后片各取104针。先编织后片，起织时两侧减针织成袖窿，减针方法为1-4-1，2-1-5，两侧针数减少10针，余下84针继续编织，织至第187行时，中间留取38针不织，两端相反方向减针编织，各减少2针，方法为2-1-2，最后两肩部余下21针，收针断线。前片的编织方法与后片相同，织至第171行时，中间留取26针不织，两端相反方向减针编织，各减少8针，方法为2-2-2，2-1-4，最后两肩部余下21针，收针断线。　2. 袖片：起48针，编织花样C，织6行后，改织花样A，一边织一边两侧加针，加12-1-10，两侧的针数各增加10针，织至142行后，开始编织袖山。袖山减针编织，两侧同时减针，方法为1-4-1，2-1-17，两侧各减少21针，最后织片余下26针，收针断线。4. 领：挑起96针，编织花样A，织16cm的长度后，收针断线。

283

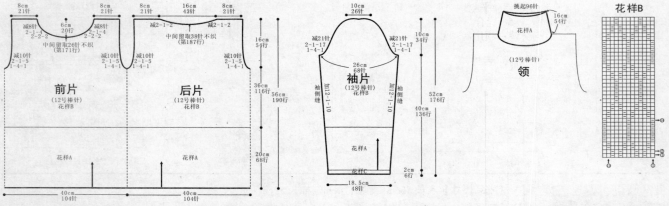

284

【成品尺寸】衣长48cm　胸围50cm　袖长42cm
【工具】12号棒针
【材料】蓝色毛线300g　红色小球毛线150g　粉色小球毛线50g　星星亮片48个　透明小珠子48颗
【密度】10cm²：40针×40行
【制作过程】1. 后片：起108针，织花样B5cm后，改织花样A，织至33cm后开始收袖窿，两边各平收2针，然后隔1行减1针，共收4次。织至45cm后开始收肩和后领窝，一起平收20针。
2. 前片：起108针，织花样B5cm后，改织花样A，织至31cm后换粉色小球毛线，斜着织2cm，织至33cm后开始收袖窿，两边各平收2针。然后隔1行减1针，共收4次。（织至42cm开始留前领窝，先平收16针，再每隔1行两边各收1针，共收2次）。　3. 袖片：起60针，织单罗纹（花样B），织至5cm后开始织花样A，织至12cm后开始加针，每隔1行两边各加1针，加4次，再每隔6行两边各加1针，加6次，织至30cm后开始收袖山，两边各平收2针，然后再隔1行收1针，收2次，再每隔6行收1针，收4次，再每隔2行两边各收1针，收1次，最后平收。　4. 领：挑起领围80针，织花样B织至10cm后，收针。　5. 缝合前片、后片、袖片；参考毛衣成品图缝制图案。

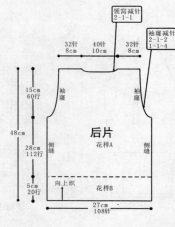

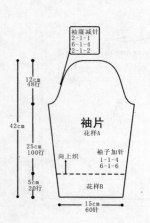

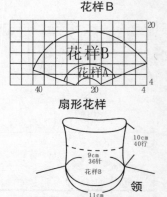

285

【成品尺寸】衣长48cm 胸围50cm 袖长42cm
【工具】12号棒针
【材料】蓝色毛线300g 红色小球毛线150g 粉色小球毛线50g 粉色小珠子61颗
【密度】10cm²：40针×40行
【制作过程】1. 后片：起108针，织花样B5cm后改织花样A，织至33cm后开始收袖窿，两边各平收2针。然后隔1行减1针，共减4次。织至45cm后开始收肩和后领窝，一起平收20针。 2. 前片：起108针，织花样B5cm后，改织花样A，织至31cm后换粉色小球毛线，斜着织2cm，织至33cm（注意花样C穿叉）后开始收袖窿，两边各平收2针。然后隔1行减1针，共收4次。（织至42cm后开始留前领窝，先平收16针，再每隔1行两边各收1针，共收2次） 3. 袖片：起60针，织单罗纹（花样B），织至5cm后开始织花样A，织至12cm后开始加针，每隔1行两边各加1针，加4次，再每隔6行两边各加1针，加6次，织至30cm后开始收袖山，两边各平收2针，然后再每隔2行收1针，收2次，再每隔6行收1针，收4次，再每隔2行两边各收1针，收1次，最后平收。 4. 领：挑起领围80针，织花样B织至10cm（织5cm换线）后，收针。 5. 缝合：缝合前片、后片、袖片；参考毛衣成品图缝制图案。注：前片斜纹毛线交替；领用两种线各织5cm。

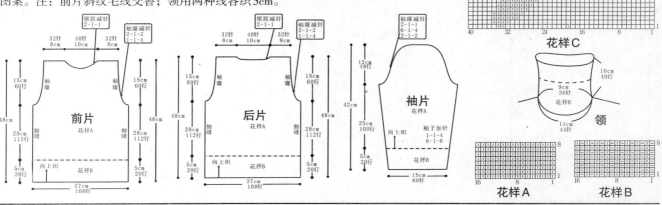

286

【成品尺寸】衣长50cm 胸围74cm 袖长54cm
【工具】12号棒针 防解别针
【材料】粉红色棉线400g
【密度】10cm：26针×34行
【制作过程】1. 前片、后片：双罗纹针起针法，起208针环织，起织花样A，共织20行后，改织花样B，织至116行后，将织片分片，分为前片和后片，前片与后片各取104针。先编织后片，而前片的针眼用防解别针扣住，暂时不织。分配后片的针数到棒针上，起织时两侧需要同时减针织成袖窿，减针方法为1-4-1，2-1-6，两侧针数减少10针，余下84针继续编织，两侧不再加减针，织至第167行时，中间留取38针不织，两端相反方向减针编织，各减少2针，方法为2-1-2，最后两肩部余下21针后，收针断线。前片的编织方法与后片相同，两侧袖窿减针方法也相同，织至第151行时，中间留取26针不织，两端相反方向减针编织，各减少8针，方法为2-2-2，2-1-4，最后两肩部余下21针后，收针断线。 2. 缝合：将前片与后片的两肩部对应缝合。 3. 袖片：挑起48针，编织花样A，织60cm的长度后，改织花样C8cm，再改织花样B8cm，织至44cm时开始袖山减针，完成。

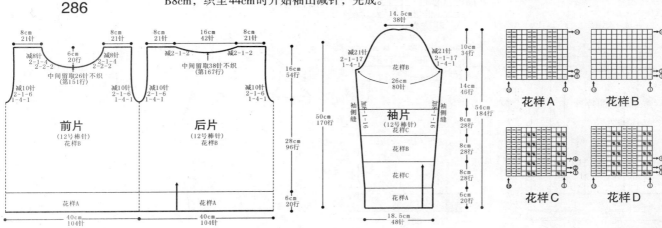

【成品尺寸】 衣长38cm　胸围70cm　袖长34cm

【工具】 3.5mm棒针

【材料】 粉红色羊毛绒线　粉红色长毛绒线　拉链1条

【密度】 10cm²：20针×28行

【制作说明】 1. 前片：分左右两片编织，按图起35针，织5cm双罗纹后，改织花样，左右两边按图示收成袖窿。　2. 后片：按图起70针，织5cm双罗纹后，改织全下针，左右两边按图收成袖窿。前、后领各按图示均匀减针，形成领口。　3. 袖片：按图起36针，织5cm双罗纹后，改织全下针，织至20cm后按图示均匀减针，收成袖山。　4. 缝合：编织结束后，将前片、后片侧缝，并将肩部、袖子缝合。　5. 帽子：另织，并与领缝合。　6. 装饰：缝上拉链。

287

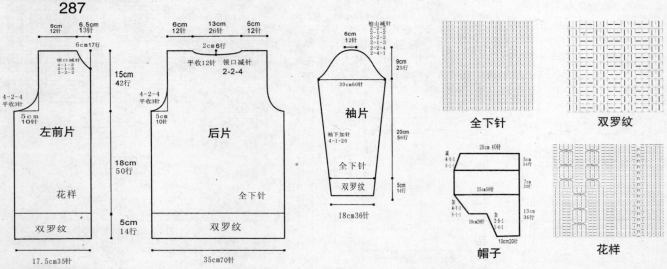

【成品尺寸】 衣长48cm　胸围76cm　袖长42cm

【工具】 2mm棒针

【材料】 浅粉红色毛线　粉白珍珠线

【密度】 10cm²：42针×42行

【制作过程】 1. 前片：用粉白珍珠线织单罗纹6cm，然后换浅粉红色毛线，按照花样C/D/E编织，织到袖窿处，在领窝处留12cm高。　2. 后片：用粉白珍珠线起160针织单罗纹6cm，在领窝处留2cm高。　3. 袖片：起76针，用粉白珍珠线织单罗纹针25行，后换浅粉红色毛线织平针，见花样B，照图织至袖山处。　4. 领：将前片、后片及袖片缝合，挑起领窝54针，用粉白珍珠线织12cm单罗纹针后，收针。

288

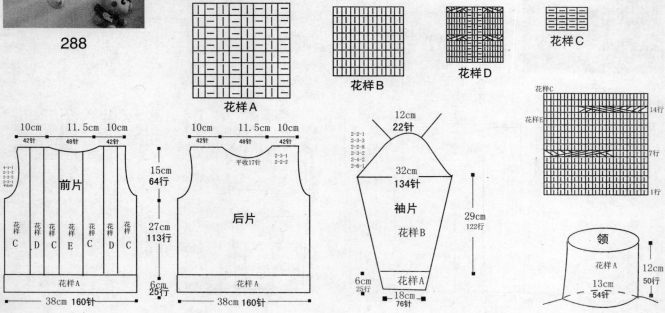

【成品尺寸】衣长38cm　胸围70cm　袖长34cm
【工具】3.5mm棒针　小号钩针
【材料】粉红色羊毛绒线　扣子6枚
【密度】10cm²：20针×28行
【制作过程】1. 前片：分左右两片编织，按图起41针，织全下针，至13cm时打皱褶，继续编织2cm全上针后，再改织全下针，左右两边按图示收成袖窿。　2. 后片：按图起70针，织全下针，左右两边按图收成袖窿。前、后领各按图示均匀减针，形成领口。　3. 袖片：按图起50针，织全下针，织至25cm后按图示均匀减针，收成袖山。　4. 缝合：编织结束后，将前片、后片侧缝，并将肩部、袖片缝合。　5. 帽子：另织，并与领缝合。　6. 装饰：缝上扣子。

289

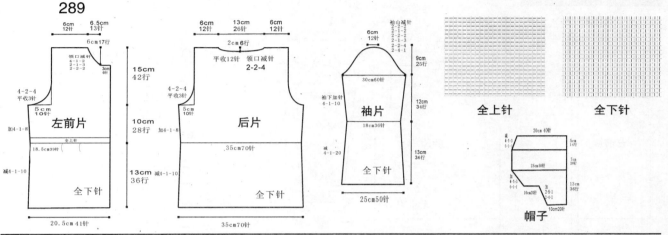

【成品尺寸】衣长48cm　胸围38cm　袖长42cm
【工具】11号棒针
【材料】粉红色毛线400g　绒毛边条68cm　拉链1条
【密度】10cm²：30针×28行
【制作过程】1. 后片：起80针，织花样A7cm后，改织花样B，织至33cm后收袖窿，两边各平收2针，每隔1行两边各收1针，收2次，织至45cm后，同时留后领窝，先平收4针，再每1针收1针，收2行。　2. 前片：起80针，织花样A7cm后，开始织花样C，织至42cm时收前领窝，领窝的收针法是先平收2针，再每隔1行收1针，收4次，织至45cm后开始收肩，先平收4针，再隔1针收1针，收2行。　3. 袖片：起50针，织花样A，织至7cm开始在袖片中间织花样B，每隔4行两边各加1针，加4次，再每隔6行两边各加1针，加6次，织至28cm后开始收袖山，先两边各平收2

290

针，然后每隔1行两边各收1针，收4次，每隔1行收两针，收8次，最后平收。
4. 帽子：起81针，中间留1针，开始织上针，在中间1针的两边隔1行两边各加1针，织至23cm后收针。　5. 缝合：将前片、后片、帽子、绒毛及拉链缝合。
注：缝合时线不要拉得太紧，否则不平展。

花样C

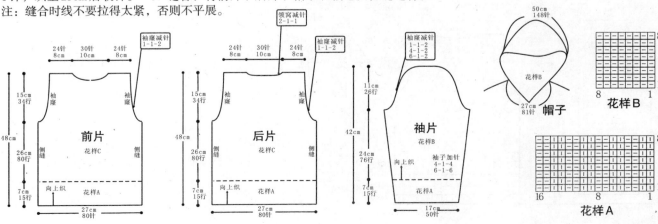

花样B

花样A

【成品尺寸】衣长38cm　胸围70cm　袖长34cm

【工具】3.5mm棒针

【材料】浅玫红色羊毛绒线　扣子5枚

【密度】10cm²：20针×28行

【制作过程】1. 前片：分左右两片编织，按图起

翻领
双罗纹

10cm
28行　编织方向

49cm98针

领子结构图

34针，织3cm单罗纹后，改织花样，门襟的位置留6针，来回行都是织全下针，左右两边按图示收成袖窿。　2. 后片：按图起70针，织3cm单罗纹后，改织全下针，左右两边按图收成袖窿。前后领各按图示均匀减针，形成领口。　3. 袖片：按图起36针，织3cm单罗纹后，改织全下针，织至22cm后按图示均匀减针，收成袖山。　4. 缝合：编织结束后，将前片、后片侧缝，并将肩部、袖片缝合。　5. 领：挑针，织10cm双罗纹，形成翻领。　6. 装饰：缝上扣子。

291

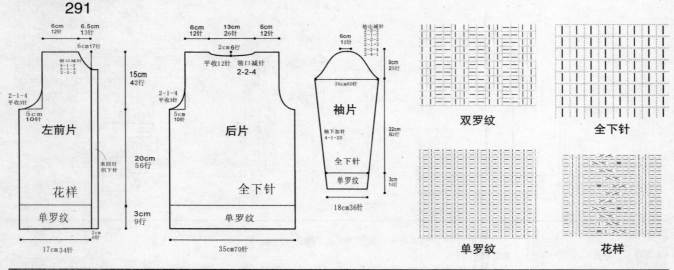

双罗纹　　全下针

单罗纹　　花样

【成品尺寸】衣长38cm　胸围70cm　袖长34cm

【工具】3.5mm棒针

【材料】白色羊毛绒线　粉红色长毛绒线少许　拉链1条　前片心形装饰图案1个

【密度】10cm²：20针×28行

【制作过程】1. 前片：分左右两片编织，按图起35针，织5cm单罗纹后，改织全下针，左右两边按图示收成袖窿。　2. 后片：按图起70针，织5cm单罗纹后，改织全下针，左右两边按图收成袖窿。前、后领各按图示均匀减针，形成领口。　3. 袖片：按图起36针，织5cm单罗纹后，改织全下针，织至20cm后按图示均匀减针，收成袖山。　4. 缝合：编织结束后，将前片、后片侧缝，并将肩部、袖片缝合。　5. 领：挑针，织16cm单罗纹，形成开襟圆领。　5. 装饰：缝上拉链和心形装饰图案。

292

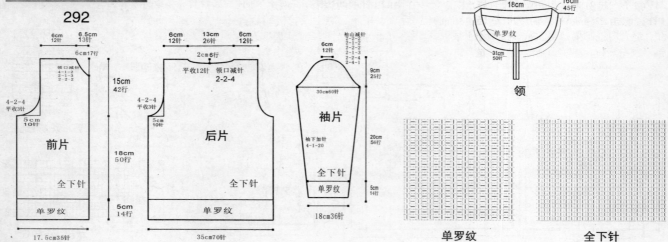

单罗纹　　全下针

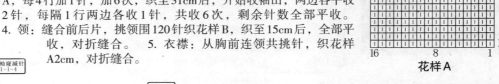

293

【成品尺寸】衣长45cm　胸围60cm　袖长42cm

【工具】12号棒针

【材料】大红色毛线400g　白色毛线50g　绿色、黑色、黄色毛线各50g　拉链1条

【密度】10cm²：32针×32行

【制作过程】1. 左右前片：起64针，织花样B13cm后，改织花样A，织至32cm后留袖窿，在两边同时各平收2针，然后隔1行两边收1针，收4次。织至41cm后，留前领窝同时织肩，先平减7针，再隔1针减1针，减4次。　2. 后片：用白色毛线起128针，织花样B（注意颜色的交替）13cm后，改织花样A，织至32cm后留袖窿，两边各平收2针，然后隔2行两边各收1针，收5次，织至43cm后收后领窝，中间平收14针，每隔1行两边各减1针，减4次。织至45cm后，全部平收。　3. 袖片：起72针，织花样B，织至13cm后，改织花样A，每4行加1针，加6次，织至31cm后，开始织袖山，两边各平收2针，每隔1行两边各收1针，共收6次，剩余针数全部平收。

4. 领：缝合前后片，挑领围120针织花样B，织至15cm后，全部平收，对折缝合。　5. 衣襟：从胸前连领共挑针，织花样A2cm后，对折缝合。

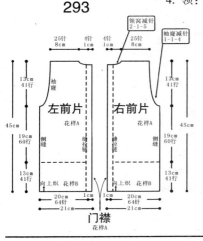

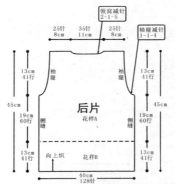

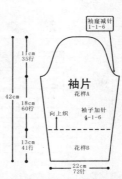

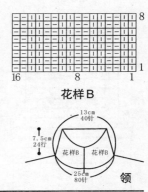

294

【成品尺寸】衣长46cm　胸围54cm　袖长48cm

【工具】12号棒针

【材料】红色棉线100g　粉红色棉线250g　白色、浅紫色、黄色棉线各少量　拉链1条

【密度】10cm²：26针×34行

【制作过程】1. 后片：红色棉线起104针，织花样A6cm后，改织花样B，织至17cm后，改为浅紫色棉线织花样C，织4行后，改为白色棉线织花样B，织4行后，改为粉红色棉线织花样B，织至30cm后袖窿减针，方法为1-4-1，2-1-5。织至45cm后收后领，中间留取40针不织，两侧2-1-2。后片共织46cm长。　2. 左前片：红色棉线起49针，织花样A6cm改织花样B，织至17cm后，改为浅紫色棉线织花样C，织4行后，改为白色棉线织花样B，织4行后，改为粉红色棉线织花样B与花样D组合，组合方法见结构图所示，织至30cm后袖窿减针，方法为1-4-1、2-1-5。织至40cm后侧前领减针，方法为1-7-1，2-2-6，共减19针，左前片共织46cm长。用同样方法相反方向织右前片。　3. 袖片：红色棉线起56针，织花样A6cm后，改织花样B，两侧加针，加8-1-11，织至17cm后，改为浅紫色棉线织花样C，织4行后，改为白色棉线织花样B，织4行后，改为粉红色棉线织花样B，织至34cm后，织片变成78针，再减针织袖山，方法为1-4-1，2-1-24，织至48cm的长度后，织片余下22针。　5. 领：红色棉线沿领口挑起针织花样A，挑起92针织12cm，与起针合并成双层衣领。　6. 衣襟：前襟连领共挑起104针，红色棉线织花样B，织6行后向内与起针合并。缝上拉链。钩织4朵如图所示饰花，缝合于左右前片花样D位置。

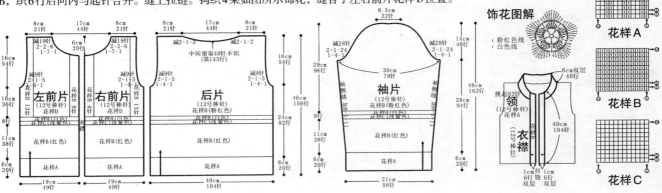

295

【成品尺寸】衣长47cm　胸围74cm　袖长42cm

【工具】3.5mm棒针　绣花针

【材料】红色、白色羊毛绒线　扣子4枚　绣花图案若干

【密度】10cm²：20针×28行

【制作说明】1. 前片、后片：按图起74针，织8cm双罗纹后，改织21cm全下针，左右两边按图示收成袖窿。前后领各按图示均匀减针，形成领口。　2. 袖片：按图起40针，织8cm双罗纹后，改织全下针，织至23cm后按图示均匀减针，收成袖山。　3. 缝合：编织结束后，将前片、后片侧缝，并将肩部、袖片缝合，左肩不用缝合。　5. 领：另织，并与领圈缝合，形成翻领。　6. 左肩门襟：另织，并与左肩和领边缝合。　7. 装饰：缝上扣子和衣袋，绣上绣花。

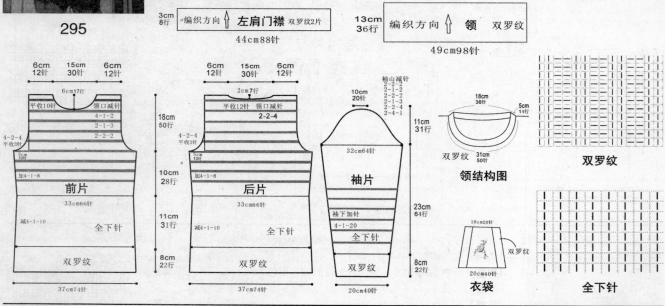

左肩门襟　3cm 8行　编织方向　双罗纹2片　44cm88针

领　13cm 36行　编织方向　双罗纹　49cm98针

前片　全下针　双罗纹　33cm66针　37cm74针

后片　全下针　双罗纹　33cm66针　37cm74针

袖片　全下针　双罗纹　20cm40针　32cm64针

领结构图　双罗纹

衣袋

双罗纹　全下针

296

【成品尺寸】衣长39cm　胸围68cm　袖长34cm

【工具】8号棒针

【材料】毛线650g　拉链1条

【密度】10cm²：24针×30行

【制作过程】1. 前片、后片：以机器边起针编织双罗纹针，按图示减袖窿、前领窝、后领窝。　2. 袖片：与前片、后片同样方法起针编织，按图示加袖下、减袖坡、袖山，编织2片。　3. 领：将前片、后片、袖片缝合，按领挑针示意图挑织衣领编织双罗纹针。　4. 门襟处横向织下针2cm高，包住门襟沿边，然后装上拉链。

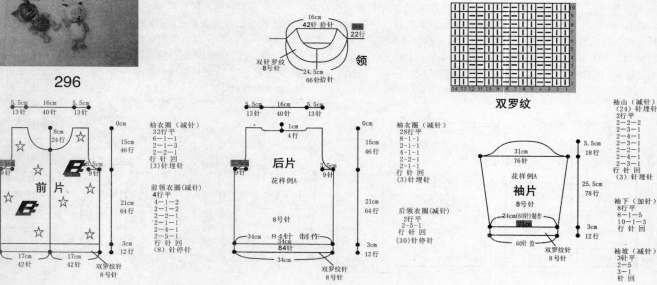

领　双罗纹

前片　花样例A

后片　花样例A

袖片　花样例A

双罗纹

【成品尺寸】衣长48cm　胸围50cm　袖长42cm
【工具】12号棒针
【材料】粉红色毛线300g　红色小球毛线150g
【密度】10cm²：40针×40行
【制作过程】1. 后片：起108针，织花样A5cm后，改织花样B，织至33cm后开始收袖窿，两边各平收2针，然后隔1行减1针，共收4次，织至45cm后开始收肩和后领窝，一起平收20针。　2. 前片：编织方法与后片相同（织至42cm开始留前领窝，先平收16针，再每隔1行两边各收1针，共收2次）。　3. 袖片：起60针，织双罗纹（花样A），织至5cm后开始织花样B，织至12cm后开始加针，每隔1行两边各加1针，加4次，再每隔6行两边各加1针，加6次，织至30cm后开始收袖山，两边各平收2针，然后再每隔2行收1针，收2次，再每隔6行收1针，收4次，再每隔2行两边各收1针，收1次，最后平收。　4. 领：挑起领围48针，织花样B织至13cm后，收针。　5. 缝合：缝合前片、后片、袖片；参考毛衣成品图缝制图案。注：两种毛线的交替！

花样A

297

前片

后片

袖片

领

花样C

花样B

【成品尺寸】衣长48cm　胸围56cm　袖长55cm
【工具】12号棒针
【材料】蓝色花股线300g　蓝色毛线150g　粉色花股线适量　白色珠子7颗
【密度】10cm²：40针×40行
【制作过程】1. 前片、后片：起40针，织花样A，每隔1行两边各加1针，织24次，织至30cm（28cm后开始织花样B，再织8cm换线）后收肩，每隔1行收1针，织至43cm后留前领窝（后片织至45cm后留后领窝）中间平收14针，再每隔1行收1针，收8次。　2. 袖片：起54针，织花样B，织7cm后，每隔1行两边各加1针，加6次，再每隔1行两边各加1针，加8次，织花样A至30cm（13cm处换线，40cm处换线织花样A，再织8cm换线）后开始收袖山，每隔1行减1针，织至55cm后全部平收。　3. 领：缝合前片、后片后，挑起领围72针，织花样B至13cm后，收针。　4. 钩针花样：钩出装饰图案小花（钩好花样C、花样D、花样E，按大小依次缝合），参照毛衣成品缝图案，最后缝小珠子；把蓝色花股线减成等份的段，对折，依次系在衣摆上（如图）。

花样C

298

花样B

花样A

花样D

花样E

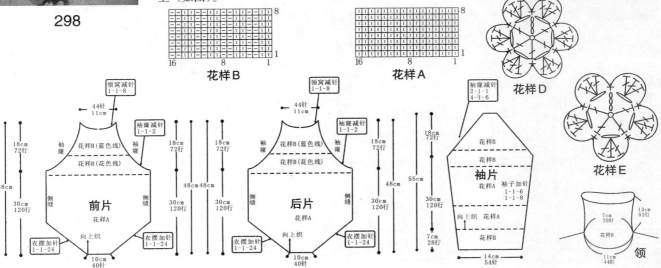

前片　花样A

后片　花样A

袖片

领

299

【成品尺寸】衣长48cm　胸围56cm　袖长45cm
【工具】12号棒针
【材料】红色花股线200g　蓝色花股线200g　拉链1条
【密度】10cm²：42针×42行
【制作过程】1. 后片：用蓝色花股线起88针，织双罗纹花样B7cm后，再织花样A至33cm，后收袖窿，两边各平收2针，然后隔1行两边各收1针，收4次。同时织双罗纹花样B，织37cm后换红色花股线织4行，再换蓝色花股线织4行，再换红色花股线织至45cm后，开始收后领窝和肩，先平收4针，再隔1行收1针，收两行。　2. 左右前片：用红色线起44针，织花样B7cm后，改织花样A，织至33cm后开始收袖窿，同时织双罗纹花样B，两边各平收2针，然后两边各收1针，收4次。织至37cm换蓝色花股线织4行，再换红色花股线织4行，再换蓝色花股线织至42cm时开始收前领窝，先平收4针，每隔1行收1针，收6次，织至45cm后开始收肩（方法同后片）。　3. 袖片：用红色花股线起60针织花样B7cm后，改织花样A，每隔4行两边各加1针，加6次，织至12cm换蓝色花股线织至32cm，再换红色花股线织至32cm后，开始收袖山（同时织花样B，两边各平收2针，然后每隔2行两边各减1针，减1次，再每隔4行两边各减1针，减4次，最后平收），织至39cm后换蓝色花股线织4行，再换红色花股线织4行，再换蓝色花股线织至45cm。　4. 领：缝合前片、后片后，挑起领围130针，织花样B织至7cm后，收针。　5. 门襟：挑起170针织单罗纹1cm，收机器针，两边相同，最后缝上拉链。

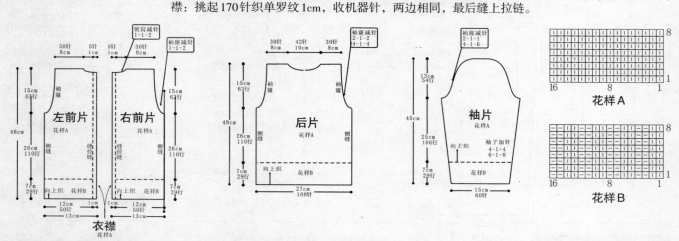

300

【成品尺寸】衣长48cm　胸围38cm　袖长42cm
【工具】11号棒针
【材料】蓝色毛线400g　0.3cm蓝色珠子少量　拉链1条
【密度】10cm²：30针×28行
【制作过程】1. 后片：起80针，织花样A，织至7cm后，改织花样C，织至33cm后收袖窿，两边各平收2针，每隔1行两边各收1针，减2次，织至45cm后，同时留后领窝，先平收4针，再隔1针减1针，减2行。　2. 左右前片：起40针，织花样A后，改织花样B7cm，改织花样C，织至42cm时收前领窝，领窝的收针法是先平收2针，再隔1行收1针，收4次，织至45cm后开始收肩，先平收4针，再隔1行收1针，收2行。　3. 袖片：起50针，织花样A，织至7cm后开始在袖子中间织花样C，每隔4行两边各加1针，加4次，再每隔6行两边各加1针，加6次，织至28cm后开始收袖山，先两边各平收2针，然后每隔1行两边各收1针，收4次，再每隔1行收两针，收8次，最后平收。　4. 帽子：起81针，中间留1针，开始织上针，在中间1针的两边隔1行两边各加1针，织至23cm后收针。　5. 缝合：将前片、后片及帽子。相应处缝上蓝色珠子及拉链。注：缝合时线不要拉得太紧，否则不平展。

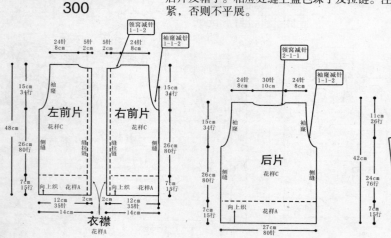

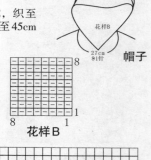

衣袋
2片

14cm28针
12cm34行
袋口
8cm22行
17.5cm35针

【成品尺寸】 衣长38cm　胸围70cm　袖长34cm

【工具】 3.5mm棒针

【材料】 浅绿色、蓝色羊毛绒线　拉链1条　亮片和绣花图案若干
腰带1条

【密度】 10cm²：20针×28行

【制作说明】 1. 前片：分左右两片编织，左前片按图起35针，先织双层平针底边后，改织全下针，并间色，按图示收成袖窿，用同样方法编织右前片。　2. 后片：按图起70针，先织双层平针底边后，改织全下针，并间色，左右两边按图收成袖窿。前、后领各按图示均匀减针，形成领口。　3. 袖片：按图起36针，织5cm双罗纹后，改织全下针，并间色，织至20cm后按图示均匀减针，收成袖山。　4. 缝合：编织结束后，将前片、后片侧缝，并将肩部、袖片缝合。
5. 帽子：另织，并与领圈缝合。门襟边和帽缘边挑针，织3cm下针，折边缝合，形成双层拉链边。　6. 衣袋：另织，袋口挑针，织3cm全下针，折边缝合，形成双层袋口，并与前片缝合。
7. 装饰：缝上拉链、亮片和绣花图案，系上腰带。

301

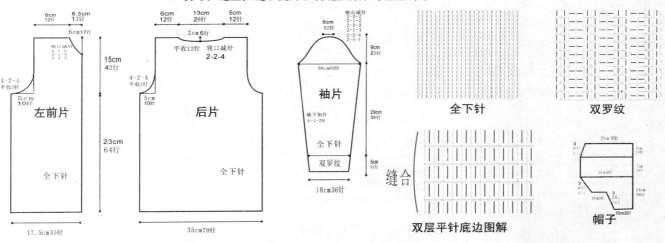

左前片　后片　袖片　全下针　双罗纹

双层平针底边图解　缝合　帽子

【成品尺寸】 衣长38cm　胸围74cm　袖长36cm

【工具】 3.5mm棒针

【材料】 蓝色羊毛绒线　亮片图案若干

【密度】 10cm²：20针×28行

【制作过程】 1. 前片、后片：按图起74针，织5cm双罗纹后，改织全下针，并间色，左右两边按图示收成袖窿。前后领各按图示均匀减针，形成领口。　2. 袖片：分上下两片组成，上片按图起40针，织全下针，并间色，织至12cm后按图示均匀减针，收成袖山；下片按编织方向起针，织全下针，袖口打皱褶后挑针，织5cm全下针，褶边缝合后，形成泡泡袖。　3. 缝合：编织结束后，将前片、后片侧缝，并将肩部、袖片缝合。　5. 领：挑针，织18cm双罗纹，形成高领。　6. 装饰：缝上亮片图案。

302

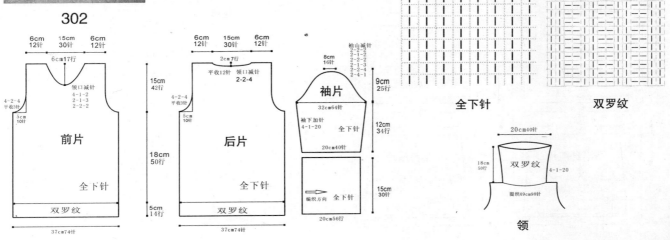

前片　后片　袖片　全下针　双罗纹　领

【成品尺寸】 衣长 38cm　胸围 74cm　袖长 34cm

【工具】 3.5mm棒针

【材料】 蓝色羊毛绒线　亮片图案若干

【密度】 10cm²：20针×28行

【制作过程】 1. 前片、后片：按图起74针，织5cm双罗纹后，改织全下针，并间色，左右两边按图示收成袖窿。前、后领各按图示均匀减针，形成领口。　2. 袖片：按图起40针，织5cm双罗纹后，改织全下针，并间色，织至20cm后按图示均匀减针，收成袖山。　3. 缝合：编织结束后，将前片、后片侧缝，并将肩部、袖片缝合。　4. 领：挑针，织18cm单罗纹，形成高领。　5. 装饰：缝上亮片图案。

303

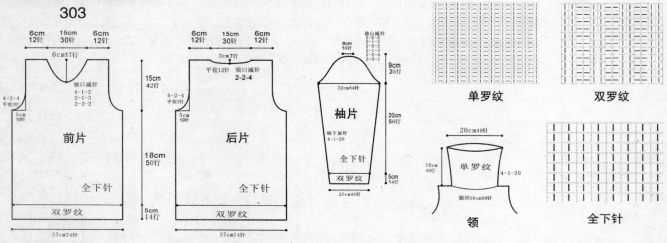

【成品尺寸】 衣长 48cm　胸围 58cm　袖长 45cm

【工具】 12号棒针

【材料】 蓝色花股线300g　淡蓝色细棉线150g

【密度】 上半身10cm²：42针×42行　下半身10cm²：63针×63行

【制作过程】 1. 上半身前片、后片：起88针，织花样D，然后改织花样C7cm，开始收袖窿，两边各平收2针。再每隔1行减1针，减4次。织至16cm后收前领窝，先平收12针，再隔1行两边各减1针，减4次。织至18cm后，开始收后领窝，先平收12针，再隔1行两边各减1针，减4次（收后领窝同时收斜肩）。　2. 下半身前片、后片：起180针，织花样A4cm，将4cm对折挑针织花样A，然后隔行减1针，减32次，剩下88针，继续织至28cm后，收针。　3. 袖片：起54针，织花样D，接着织花样A，每4行放1针，放6次，再每隔6行两边各放1针，放8次，织至32cm后开始收袖山，两边各平收2针，再隔1行收1针，收6次，再每隔1行收1针，收4次，织至44针后，收针。　4. 领：起88针，织花样D，再接着织花样B至12cm，然后全部平收。　5. 缝合：缝合衣片及领（注：下半身缝在上半身里面）。

304

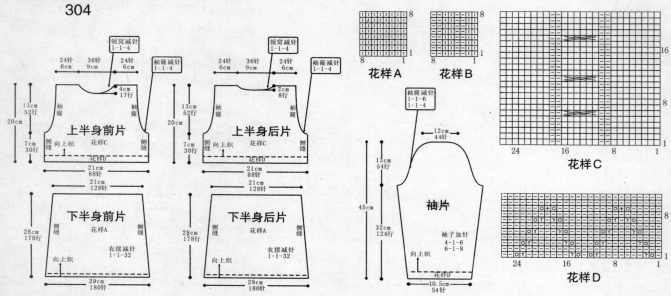

246

编织符号说明

⊠	左上交叉针
⊠	右上交叉针
⋏	中上3针并1针
⋂	滑针
⊙	吊针
⅂	左上下针2针并1针
⅂	右上下针2针并1针
Ⅰ	下针
▣	回形针
+	短针
│	长针
─ = □	上针
◎	1针里面放3针
木	2针减成1针

∞	锁针
⊎	下针的3针滑针
▨▨▨▨▨	右上5针交叉
▨▨▨▨	右上4针与左下4针交叉
▨▨▨	左上3针与右下3针交叉
▨▨▨	右上3针与左下3针交叉
▨▨	左上2针与右下2针交叉
⟩⟨	左上2针下右1针上针交叉
⟨⟩	右上2针下左1针上针交叉
▨▨	右上2针与左下2针交叉
▨▨	右上2针与左下1针交叉
▨▨	左上2针与右下1针交叉
⋒	第1行挂线，在返回行织上针

本书编委会

主　编　谭阳春

编　委　王艳青　李玉栋　罗　超　贺梦瑶　王丽波

图书在版编目（CIP）数据

靓丽学生毛衣365款 / 谭阳春主编. —沈阳：辽宁
科学技术出版社，2011.10
　　ISBN 978-7-5381-7021-4

　　I. ①靓… II. ①谭… III. ①毛衣—童服—编
织—图集　IV. ①TS941. 763. 1-64

中国版本图书馆CIP数据核字（2011）第115941号

如有图书质量问题，请电话联系
湖南攀辰图书发行有限公司
地　　　址：长沙市车站北路236号芙蓉国土局B栋
　　　　　　1401室
邮　　　编：410000
网　　　址：www.penqen.cn
电　　　话：0731-82276692　82276693

出版发行：辽宁科学技术出版社
　　　　　（地址：沈阳市和平区十一纬路29号　邮编：110003）
印　刷　者：湖南新华精品印务有限公司
经　销　者：各地新华书店
幅面尺寸：210mm×285 mm
印　　张：15.5
字　　数：40千字
出版时间：2011年10月第1版
印刷时间：2011年10月第1次印刷
责任编辑：卢山秀　众　合
封面设计：效国广告
版式设计：天闻·尚视文化
责任校对：合　力

书　　　号：ISBN 978-7-5381-7021-4
定　　　价：34.80元
联系电话：024-23284376
邮购热线：024-23284502
淘宝商城：http://lkjcbs.tmall.com
E-mail：lnkjc@126.com
http://www.lnkj.com.cn
本书网址：www.lnkj.cn/uri.sh/7021